目 录

第一章　创意学的理论基础

当今时代是知识经济的时代,更是创意经济的时代。创意可以激发人们革新生产方式和经济理念,甚至可以革新人类的生存方式和发展理念,促进经济转型升级和社会发展,从而使经济与文化、人与社会能全面协调发展。从创意产业的蓬勃发展到创意经济的乘势崛起,再到创意社会的应运而生,充分证明了创意对于人类进步的重要意义。

第一节　创意的概念与性质

在《辞海》中,“创”字的解释是:“第一次做到;前所未有的;通过经营等活动而获取。”这一定义,涉及所有的创新、创造和创意,无一不是对旧的、经验的、已知的、传统的、习惯和固有的东西突破之后而建立起来的一个新价值系统。“意”即新的主意,包括点子、建议、构想、意义、意境、意思等。创意行为的核心即原创、首创和独创。

一、创意的定义

创意即创造新意,创意首先是一种思维方式和思维成果,也就是一种不平凡的、富有创见性的思维方式和一种新鲜的、新奇的思维成果。创意通常有四大思维特征,即冲击陈规、逆反常规、挑战平庸和打破同质。在对创意进行定义以前,须先搞清楚创意与创新、创造,创意与策划、点子,创意与信息、知识、智慧以及高新技术的关系。

创意与创新、创造以及创意与策划、点子的关系是一种承接的、线性的关系:创意是起点,创新是过程,创造是结果。创意是创新的充分条件,创新是创意延伸的必然,在成为创新以前创意是价值有限的思想火花。而创造

则是创意、创新的目标和成果，没能实现创造，创意和创新只能是一个无功的过程。策划是从一个具体问题出发，以逻辑推理来给出解决这个问题的方案。创意与策划是一种并行与互融的关系，无创意策划是一种常规的、平庸的、同质的策划，创意策划则是新颖的、奇异的、独特的策划。至于创意与点子的关系则是从属关系，有无新意的点子是创意与点子是否有关系的决定因素，因为创意都必然是含有新意的，因而创意都包含了点子并大于点子。

至于创意与信息、知识、智慧以及高新技术的关系，则可以这样理解：信息是创意的来源，进行创意工作是需要大量的信息作为支撑的。知识是创意的工具，是制作创意的工具，先进的、强势的知识是最能制造创意的知识。智慧是创意的摇篮，创意是智慧的结晶。创意是孕育高新技术的“软条件”之一，因为高新技术本身就具有逆反常规、挑战平庸、打破同质的特点。高新技术的进步，反过来又为创意更好地发展起到了推进作用。创意越丰富、越发达的企业，高新技术的突破就越快越好，反之亦然。

另外，“创意”这一术语在人们的观念里常被作为美的或艺术的创造来理解或看待，而这种美的或艺术的创造体现在生活中的各个领域，成为人们一种笼统的未经过理论分析的对创意的认识。而对创意概念进行理论层面的归纳，至少要从宏观创意、个体创意和应用创意三方面来进行。

宏观创意是与人类文明史紧密相连的，正如诺贝尔经济学奖得主斯蒂格利茨所说：“文化不仅是艺术、音乐、舞蹈和戏剧，而是整个的生活方式。因此，宏观创意可以被认定为泛指一切可视的创作现象，这种创作现象除了文学艺术外还包括日常生活在内的整个人类的生活方式，即人类文化存在的样式。

个体创意是特指个人的创作。所谓个体的创意，也就是个人用不同方式把自己的情感、灵感、直觉、想象、才情、智慧等通过其语言或不同类型的表达载体进行描绘和叙述。

如果创意与产业目的相联系，其目就不再囿于单纯的个人欣赏和品鉴。在产业化过程中的创意便是应用创意。应用创意是与宏观创意、个体创意

既有联系又有区别，但相对两者又有所超越的一种创意。英国的创意产业特别工作组就曾指出，创意产业的创意行为是“源自个人创意、技巧及才华，通过挖掘和开发智力资源以创造财富和得到知识产权认可的活动”，所以，应用创意就可以理解为来自于个体创意，但又超出了个体创意。在超越个体创意变为应用创意的同时也就成为宏观创意的内容。以应用创意为主体内容的宏观创意是描绘和改变我们生活世界的重要途径。

与上述三种创意相对应，创意观念也就分为文化的创意、审美的创意和产业的创意。也就是说，宏观创意与文化的创意观念相一致，个体创意与审美的创意观念相一致，应用创意与产业的创意观念相一致。这种一致性从逻辑关系上表明，创意术语的使用和对创意观念的认识有着必然的内在联系。

（一）文化的创意

把创意作为文化现象应该是一种很正常的逻辑，文化创意的发生和存在也是人类文化发展的自然阶段。管理学家波特在谈到经济发展的四个阶段时就分析说，在财富驱动阶段即第四阶段里，成为经济发展新主力的是人们对文学艺术、体育保健、休闲旅游等方面的追求，并体现为对个性全面发展可能性的追求①。因而，可以说创意是这种“生活方式”的直接体现。20世纪80年代国人对文化认识的直接表现，主要是在表演艺术和视觉艺术方面，逐渐才在时尚、商标、装潢等诸多领域改变传统的既成观念，以新的方法和手段在新的观念引领下改变日常生活。

对于具有五千年文明的中华民族来说，文化的创意历史悠久、载体丰富。器皿、服饰、文字、书画、风俗、诗词歌赋等无一不是中华文化的代表，而这些表现人类文明的载体的具体意义就在于作为一个民族脱离自然界的程度或与自然界拉开距离的能力，这种能力正是创意的直接表现。中华民族很早就形成了自己对文化特有的理解和认识。成文于战国时期的《易经》说：“观乎天文，以察时变；观乎人文，以化成天下。”这里的“文”字，按汉代许

① ［美］麦克尔·波特著：《国家竞争优势》，李明轩、邱如美译，华夏出版社，2002年版。

慎在《说文》中的解释为："文，错画也，象交文 。"《释名·释言》解释说："文者，会集众彩以成锦绣，会集众义以成辞义，如闻绣然也。"由此可知，"文"是指表现于外的斑纹或图饰，众彩形成斑纹或图饰当然是优美的。以"人文""化成天下"，就是使自然世界变成人文世界，即用优美的"文"来"化"未及雕琢的自然世界，这便是中华古圣先贤赋予"文化"的内涵。当代学术界关于文化本质的理解是"自然的人化"或"人类化"，这种观念是对古典"文化"意义的继承和发展。

从文化学的意义上来理解创意，就是人类实现"自然的人化"，包括外在文化产品的创制和内在主体心智的塑造，所以说文化是人的价值观念在社会实践中对象化的过程和结果。由此，文化可分为技术和价值两大层面。在技术层面，文化表现为文化的物质化；在价值层面，文化表现为一种观念，即精神化的思维方式、审美旨趣、价值取向等。同理，创意亦包括这两个层面，而且是这两个层面的一体化，是这两个层面的高度凝聚和直接体现。同时，创意作为一种文化现象，其文化特质和品性也必然决定了它的审美性质。也就是说，这种文化现象以其充满美感的力量而赢得了自身的审美价值。

（二）审美的创意

美感与文化是密不可分的因素，正因为文化是"会集众彩以成锦绣"的美丽的斑纹或图案，所以文化的事物具有审美价值是必然的。由于创意是以文化为对象和内容的创造现象，因而，创意的审美性质是不言而喻的。

在西方，文艺复兴时期人们根据亚里士多德艺术即"模仿"的观念把相分离的诗与绘画、雕塑统合到一起，形成了"诗如画，画如诗"的观念①。于是，诗与绘画等艺术（技艺）被普遍地统一在"美的艺术"的范围之内。不过，这种美的艺术是从文化中分离出来且诞生于文化之中的。到了 1747 年，法国学者查里斯·巴托在其论著《论美的艺术的界限与共性原理》中又进一步

① 古罗马诗人贺拉斯说过"诗如画"（Ut pictura poesis）的话，意指一首诗在叙述事物时（西方古代史诗多叙述性，直陈其事）就像一幅画。文艺复兴时的意大利画家则反其意而解之为"画如诗"，其目的是为了把画画往"文化性"的诗歌上靠拢。

把诗与绘画、雕塑、音乐、诗歌、舞蹈、建筑和修辞等纳入七种“美的艺术”（beaux arts）之中①。从此，手工艺、科学便都不再是“艺术”，而只有“美的艺术”才能称其为“艺术”了。所以，西方审美的创意观念是从文化的观念中承续下来的。

18 世纪中期，经过认识的不断丰富和积累，创意作为审美为人们普遍接受。理查德 · E. 凯夫斯（Richard E. Caves）指出创意包括书刊出版、视觉艺术（绘画与雕刻）、表演艺术、录音制品、电影电视，甚至是时尚、玩具和游戏。② 人们从这里获得美感是没有人怀疑的，这正如人们对包豪斯（Bauhaus）的建筑设计③、好莱坞的电影等这类具体的创意产业成果是美的艺术的认同一样。实质上，创意产业与作为审美的创意进入美学理论是同步形成的。

在中国，创意审美观念的萌芽可以从文化的“文”这个字的字源来考察。

---

① 西方古代“文化性”的“七种自由艺术”（septem artes liberates）是指文法、修辞、辩证法、算术、几何、音乐（对于古希腊，音乐代表宇宙“数学的和谐”）和天文，没有绘画和雕塑的位置。这“七艺”，是在学校（中世纪多是在教会的“大学”里）教授的。受到过这种“自由艺术”教育的人，都有一种“文化人”的优越感，与我国历史上“士”的崇高社会地位相似。而“画匠”和“雕刻匠”的技艺传授，都是在作坊或工地上进行的，社会地位低下。达 · 芬奇由于其“机械之术”（art mecanique）的地位而终生郁闷痛苦，曾多次提及：“因为我不是文人，一些自以为是的家伙竟然诋毁我，称我不是人文主义者。愚蠢的畜生！他们说我没有文学修养，我就不能告诉他们我所想表达的。”（达 · 芬奇：《论绘画》。参阅郑福洁译《莱奥纳多 · 达 · 芬奇笔记》，北京三联书店，1998 年版）达 · 芬奇把绘画视为所有人类活动中最高贵的行为，他认为画家绘出山川景物，犹如上帝创造万物。所以他作了大量的申诉，要把绘画拉进“自由艺术”之内，使之获有“文化”的尊严。直到 1563 年，佛罗伦萨梅第奇家族的得宠画家瓦萨里，终于在达 · 芬奇设想的思路上创建了西方第一所“画画”和“雕塑”的“学院”（academia），欲与其他“文学”学院和“科学”学院平起平坐。为了要区别于其他工匠的“行会”，这个“油雕”学院开始教一些理论性和科学性的东西，如透视和比例理论等。从此，学习“油雕”者和教授“油雕”者之间的关系变成老师与学生的关系，而不再是“师傅”与“徒弟”的关系。

② ［美］理查德 · E. 凯夫斯著：《创意产业经济学：艺术的商业之道》，孙绯等译，新华出版社，2004。

③ 1919 年 3 月，原撒克逊大公美术学院和国家工艺美术学院合并，成立了“国立建筑工艺学校”，36 岁的德国建筑师格罗皮乌斯被任命为校长。他说，必须有一种崭新的设计观念来影响德国的建筑界，否则任何一个建筑师都无法实现他心中的理想，他只有模仿那些已经司空见惯的古旧的东西。1925 年，格罗皮乌斯在德国魏玛设立的“公立包豪斯学校”迁往德绍，4 月 1 日在德国德绍正式开学。包豪斯是德语 Bauhaus 的译音，由德语 Hausbau（房屋建筑）一词倒置而成。以包豪斯为基地，20 世纪 20 年代形成了现代建筑中的一个重要派别——现代主义建筑，是主张适应现代大工业生产和生活需要，以讲求建筑功能、技术和经济效益为特征的学派。包豪斯一词又指这个学派。

“文”作为斑纹或图式，本身就含有审美的观念。新石器时代不同地域的彩陶文化（如西安半坡出土的人面鱼纹彩陶、临潼姜寨出土的蛙纹彩陶，以及青海大通出土的舞蹈纹彩陶等），无论其陶盆的造型还是其纹饰之美，堪称中国最早的充满美感的创意。进入青铜时代，中国的青铜器、玉器、象牙雕刻、白陶等，造型考究，图案细密富丽，布局严谨整齐，给人以极其充分的美的感受。

中国审美的创意自上古时期开始随着社会的发展而发展，并在发展中得到了高度的重视。例如，宜兴的紫砂壶、景德镇的陶瓷、蜀湘粤苏的刺绣等等，无不是以其充分的美感所独具的价值而流芳于世。这些中华文化的原始形态提供了足够我们汲取的丰富营养。比如说到景德镇瓷器，就充分显示了中国的创意审美意境：“青花画坯，圆琢器皆有之。一器动累什百画者，则画而不染；染者，则染而不画，所以一其手而不分其心也。其余拱、锥、雕、镂，业似同而各习一家；釉红、宝烧，技实异而类近如画。至如器上之边线、青箍，原出镟坯之手；底心之识铭、书记，独归落款之工。花、鸟、虫、鱼写生，以肖物为上；宣、成、嘉、万仿古，以多见为精。幅中画染分处，以为画一。”①南朝萧子显在《南齐书·文学传序》中说到陶瓷器物：“盖性情之风标，神明之律吕也。蕴思含毫，游心内运，放言落纸，气韵天成；莫不禀以生灵，迁乎爱嗜。”这里用“性情”、“神明”、“气韵”、“生灵”等鲜明地表达了其工艺（传统创意）的审美性质。在当代，虽然在设计、广告、书刊出版、时尚、动画、影视等诸多方面和领域的创意深受西方的影响，但在实践中从不同角度探索创意的审美表达却是共同的，其审美追求的民族化也是一致的。因此可以说，创意的审美是创意理论的重要构成内容。

（三）产业的创意

创意最终发展的结果是产业的创意，或者说产业成为创意的对象，可以说产业的创意是创意的最终完成。创意产业作为一个独立的名词产生的时间并不长，但从另一个角度看，由于创意产业是现代工业化的产物，特别是随着现代工业的发生及发展，其地位日益凸显，此时创意才被人们明确地意

① 见《景德镇陶录》卷一之《图说·画坯》。

识到。从这个意义上说,创意几乎是与现代工业相伴并行的,并在现代工业化的进程中慢慢形成。关于产业的创意内容本书后面章节有详解,此处不再赘述。

二、创意的性质

欲探究创意的性质,需从创意的感性、创意的理性、创意的功利性和创意的连续性等几方面进行分析。

(一)创意的感性

人们很自然就能想到创意是一种发散性思维支撑的直觉行为,但是对其进行系统化分析就会发现,创意的概念推理性质也是必然的。在初始阶段,尤其是联系到创意的审美性质时创意是直觉的,而且这种直觉是一种意象直觉。这里所说的意象是创意特有的一种存在形态,它与人们认识活动中的感性形象不同,创意意象既具有感性特征,同时又有想象、虚构、幻想或情感等精神过程。正如黑格尔所说:"在艺术里,感性的东西是经过心灵化了的,而心灵的东西也借感性而显现出来了。"①与科学活动中的概念不同,创意意象总是不确定的,而概念则是抽象的,或者是确证、明确或清晰的。"在真正的诗作品里,思想不是以教条方式表现出来的抽象概念,而是构成充溢在作品里的作品灵魂,像光充溢在水晶体里一般。"②

据上所述可以说创意是直接的、体验的、感性的,而不是间接的、分析的、推理的。恩斯特·卡西尔(Ernst Cassirer)曾指出:"在科学中,我们力图把各种现象追溯到它们的终极因,追溯它们的一般规律和原理。在艺术中,我们专注于现象的直接外观,并且最充分地欣赏着这种外观的全部丰富性和多样性。"③但是,"难道艺术就不需要理智和思考力吗"④?回答是否定

---

① [德]黑格尔著:《美学》,朱光潜译,商务印书馆,1996年版。

② [俄]别林斯基著:《别林斯基论文学》,查良诤译,新文艺出版社,1958年版。

③ [德]卡西尔著:《人论》,甘阳译,上海译文出版社,1985年版。

④ 别林斯基在这里所说的"理智和思考力"即是意识形态的体现。见[俄]别林斯基:"一八四七年俄国文学一瞥",《别林斯基选集》,第二卷,时代出版社,1952年版。

的，我们不难想象，在创意过程中，意识形态氛围的理解、素材分析、受众预测等环节是不可能离开概念推理过程的。所以，如果从意识形态角度看，创意是必须依赖于概念和推理的。意向直觉在成为创意的直接存在形态和方式的同时，就需要进行概念推理。因此可以说创意的内在动力是意向直觉，而在外部起作用的是概念推理。由于创意外部形态的作用方式属于意识形态的内容，而意识形态始终与现实社会关系紧密关联，所以说，创意既是意象直觉的，又是概念推理的。

（二）创意的理性

从另一个角度讲，创意既是一种意象和直觉的评价（指审美评价，是包含在创意活动中的创意者或受众的主观情感态度），也是一种客观的理智的认识，是理性的选择结果，具有审美与实践的双重性。“一个艺术家表现的是情感，但并不是像一个大发牢骚的政治家或是像一个正在大哭或大笑的儿童所表现出来的情感。”[①]美国华盛顿大学的心理学者索耶在他的著作《人类创新的科学》中写道：“灵感源于积累而非灵光乍现……实际上是将过去的观点全都推翻了。许多人认为创造性是一个人智慧的突然闪现，这种‘魔术般的’爆发是一种不同于我们日常思维的精神过程。但我们深入研究发现，当你展示你的创造性时，你使用的大脑部分与平时琢磨怎么绕过交通堵塞没什么两样。”由此可见，在创意过程中，不仅要表达主观情感评价，而且也要表达客观理智认识。所以在创意中，审美评价是直接的，理智认识则是间接的。直接的审美评价是达到间接的理智认识的手段。正如卡西尔在谈到贝多芬第九交响曲时说：“我们所听到的是人类情感从最低的音调到最高的音调的全全音阶；它是我们整个生命的运动和颤动。”[②]

创意思维其实是一个过程，是一个积累、选择和判断的过程。提起创造性思维，人们往往会忽视逻辑思维，认为它的“理性”与“创意”格格不入。实际上，逻辑思维的分析、推论对创意时常起到关键性的作用。通过逻辑思维

① 苏珊·朗格著：《艺术问题》，腾守尧、朱疆源译，中国社会科学出版社，1983 年版。
② 卡西尔著：《人论》，甘阳译，上海译文出版社，1985 年版。

中常用的归纳和演绎、分析和综合等理性的指导，从而使创意具有独特的视角，挖掘潜在的市场需求，引起受众的共鸣①。

阿多诺认为："艺术的本质是双重的：一方面，它摆脱经验现实和效果网络即社会；另一方面，它又属于现实，属于这个社会网络。于是，其具有特殊的美学现象：它自然地始终是审美的，同时又是社会现象。"②所以，创意的审美和认识实践的双重性质可以从两个层次来理解：作为意识形态，创意既是一般意识形态也是审美意识形态；而作为审美意识形态，创意既是审美意识形态也是审美意识心态。在这种双重性质中，审美性质总是直接的、突出的，而认识实践性质（即社会性质）则是间接的、隐蔽的。创意往往会保持一种审美风貌，但是，保持审美风貌并不意味着能超越现实社会之上而变为一种纯审美境界，只是意味着更充分地体现认识实践性质。还有就是，正是由于具有自身特有的审美风貌，创意才能体现出认识实践性质。创意越是审美的，就越是认识实践的，反之亦然。

（三）创意的功利性

作为审美意识形态，创意的目的既是无功利的，又是功利的。为什么呢？"我们观察一切事物，有三种方式：实际的、理论的和审美的。一个人若从实际的观点来看一片森林，他就要问这个森林是否有益于这一地区的健康发展，或是森林主人怎样计算木材的价值；一个植物学者从理论的观点来看，便要进行有关植物生命的科学研究；一个人若只是看重森林的外观，从审美的或艺术的观点来看，就要问它作为风景的一部分效果如何。出于实际目的的人，自然关心森林如何带来物质财富；出于理论探究的人，为森林的科学研究价值所吸引；而出于创意观察的人，则以'审美的或艺术的观点'深深地沉浸于森林外观的美景之中。显然，商人由此激发财富欲，科学家产生探索欲，这两种都是功利的；创意者则获得审美体验，这是无功利的。"③所

① 凌继尧：《艺术设计十五讲》，北京大学出版社，2006 年版，第 232 ~ 233 页。

② ［德］阿多诺著：《美学理论》，王柯平译，四川人民出版社，1998 年版。

③ ［丹麦］乔治·勃兰克斯著：《十九世纪文学主流》，张道真等译，人民文学出版社，1997 年版。

以审美的创意是无功利的,即无论创意者还是受众都没有直接的实际目的,似乎与现实世界无关。就这点,伊曼努尔·康德(Immanuel Kant)曾谈到,“那规定鉴赏判断的快感是没有任何利害关系的”,“一个关于美的判断,只要夹杂着极少的利害感在里面,就会有偏爱而不是纯粹的欣赏判断了”①。由此可以判定,审美的无功利性导致了创意的无功利性。

但是在结合创意的产业过程之后就会发现,创意的无功利性,只是集中体现在创意者的创作活动和受众的接受与欣赏过程中。而在这两个过程之外,也就是这个过程继续延伸的话,创意的功利考虑就开始显现了。因为在最终要付诸产业化进入商品领域被受众消费来看,创意是不可能没有强烈的功利性的。所以严格地讲,创意具有功利与非功利的双重性质。

(四)创意的连续性

由于创意的审美、感性与理性的性质特征,在产业化过程中,创意并非也不可能建立于规划良好的线性程序,而是一个由发散性思维引发继而展开的连续过程。即起源于一个模糊的构想(idea),接着发展成一个基本概念(concept),进而成为一个发明(invention),最后具体成形并商业化。

就构想而言,哈佛大学教授西奥多·莱维特(Theodore Levitt)曾说:“创新,这件事现今的问题,在于萌生构想的人通常有一种看法,即是他们提出构想的时候,他们的责任已完成,而细节和执行问题应该由其他人去做。通常,愈有创意的人,愈欠缺自己动手做的责任感。”②所以我们可以说模糊的构想几乎没有任何价值,无任何意义。通常情况下,创意者心中萌发的构想很少具体成形——它可能是一个突如其来的灵感、一个对于某影像或声音的感触,或是一个脑力激荡的片段…… 但是,加以思考和加工的构想就能初步决定它的重要性。所以,构想必须形成粗略的架构,才足以和他人沟通。将构想化为文字通常情况下是相当困难的,因而,通过反复思索才能使构想

① [德]伊曼努尔·康德著:《判断力批判》,宗白华译,商务印书馆,1987年版。

② [美]西奥多·莱维特著:《营销想象力》(Marketing Imagination, New, Expanded Edition),辛弘译,机械工业出版社,2007年版。

逐渐成形，而最后成形的构想极有可能与当初萌发的构想迥然不同。

那么，如何使一个构想转化为可行的概念呢？通过梳理这个过程就能初步揭示创意的连续性质。

把一个模糊的构想转化为可行的概念，首先须确认可用资源（包括组织内部及外部的资源）、了解组织氛围（创意需要组织氛围支持），然后进行组织能力的评估（包括个人、各个团队、各个部门的能力，以及这几方面汇总成整个组织的能力）和解读信息（涵盖与概念有关的各项资料），紧接着要评估支持单位的能力（包括组织内各个支持单位的技术水准、作业能力，并注明其差异）、进行接口管理（实际落实概念到各个部门），最后整合各人员和各团队的能力成为组织的整体能力（个人能力凝聚为组织能力）。

任何组织，如果没有集中精力努力工作，构想转化为可行的概念是不可能的，组织的能力必须大于各人员力量的总和，因此需要对人员进行经常的管理和训练。另外，几乎没有任何构想，可以只运用单一专业成功转化为概念，而且，一个构想转化为概念并没有明确的公式可循。而一个可行的概念，在形成可行性分析报告以后就转化为概念的初始阶段。这期间，虽然还有很多当时不能解决的问题或问题的答案不明确，但随着新知识和新信息的获取，不确定可以消除或逐渐减少。负责形成概念的人必须广泛搜集新信息，而不是坐在书桌前闭门造车。这样才会使概念进入产业化过程。

三、创意过程与方法

这里所讲的创意主要是指产业的创意。如上所述，创意从产生到最终产业化是一个连续的过程，这个连续的过程可以概括为模糊构想—基本概念—发明或发现—最终形成并产业化。在这个链条中，创意过程是指从模糊构想到基本概念形成这个阶段。

（一）创意的过程

目标在于产业化的创意应该建立在目标群体需求的基础上，而且必须贯穿创意过程的始终。需要注意的是，如果用普通消费群体来评判一个创

意概念，该创意概念大多会被扼杀在萌芽状态。因此，只有与目标消费群在适当场所，采用合适的方法进行沟通，才能得到准确的反馈结果，最终成功激发灵感。

所以，创意过程应该是观察—洞察—产生创意—发展概念这样一个顺序。

观察是有目的、有计划、比较持久的知觉。它是以视觉为主，融其他感觉为一体的综合感知，是知觉的一种高级形式。观察中包含着积极的思维活动，因此，人们也把它称为思维的知觉。观察是人们认识世界、获取知识的一个重要途径，也是科学研究的重要方法。一切科学实验，包括科学的新发现、新规律，都是建立在周密、精确、系统的观察基础之上的。

洞察是指心灵对事物本质的穿透和感知，是人们对个人认知、情感、行为的动机与相互关系的透彻分析。通俗地讲，洞察就是透过现象看本质，变无意识为有意识，是一种理性的创造。

理解洞察和观察之间的关系是理解创意过程的关键。洞察能深入到人们的思想和行为中，洞察针对一个消费热点，代表目标消费群中大多数消费者，发掘一个没有得到满足的需求；观察是一个有趣的小片段、一个现实，或者关于消费的信息，观察是洞察的原材料。将观察转换为洞察需要做很多工作，具体的流程应该包括观察、主题、解释、洞察，最后得出洞察库。最后一步中的洞察库包含目标消费者行为、行为中隐藏的需求和需要解决的产业化阻力，是进行下一阶段即创意产生和概念发展的基础。

在产生创意和发展概念阶段，个人或组织可以在很多方面进行产业化新创造。其中包括品牌或产品定位、传播和广告策略、宣传和公关活动以及包装和设计等。这个阶段的工作通常由专家主持专门的座谈会来完成，参会者主要是针对该项目的消费者群体。此类座谈会通常包含以下几个步骤：

第一步，将一些经过特别筛选和培训的，有创意的目标消费者、非行业内专家、客户以及创意专家集合在一起进行头脑风暴，产生最新、最激动人

心的创意。所有的创意产生都植根于真正消费者的洞察,以保证这些创意和产业化目标紧密关联。具体的产业实施步骤要便于实施并适用于该项目目标群体中的大部分消费者,能紧跟或反映组织的技术水平、赢利,同时要与品牌价值相符,并须包含一系列即时策略以备长期发展。在产生创意和选择最好创意的时候,应该鼓励任何发散式创想,当然创意也必须具备可操作性,并便于实施。

第二步,将这些有潜力的创意表达成书面的产品概念。一个概念包含名称、消费洞察、创意的益处、创意的原因。要采用适当的表达方式使之生动可视。

第三步,精化和优化概念。在进行概念的定性和定量测试之前,将概念介绍给有创意的目标消费者和前卫消费者,使概念进一步优化和精化。在精化和优化概念时需要考虑以下因素:

一是概念需要产生影响并能够被消费者理解。消费者拥护富有想象、内涵睿智和融合直觉的产品。概念需要感受到消费者的想象力,具备足够激发消费者尝试的动力。一个与众不同的创意会产生影响,但其前提是由它生成的概念能被目标群体理解。

二是概念不是孤立的,它需要有归属感并适用于特定的场合。一般来说,让消费者完全改变他们的文化行为来接受一个全新的概念是非常困难的。所以,概念需要为生活增值并在同一领域中与众不同。很多创意的产生是源于对方便的需求、对减小压力和追求更好生活的渴望。

三是概念需要富有个性化和具备较高信任度。消费者对建立在传统价值、因素和习惯上的概念感兴趣,因为他们信任其蕴含的观念。在存在安全隐患的社会中,消费者很难对一个品牌或公司很信任。所以要让消费者对品牌感觉物有所值,满足他们对品牌所寄予的希望。

目标消费群体是驱动创意产业的直接动力。通过目标消费者参与创意过程,才会在一个激发创意的环境下把这些观察提到洞察的高度,然后才能针对这些目标消费需求抽象出一个产品概念,进而将概念进一步精化和优化,并使之具体化和现实化。

(二)创意方法

在我国目前正规的教育生涯中,很少有人能受到创意思维方面的教育,特别是在学校教育中,这可以说是最薄弱的一个方面。另外,长期形成的社会习俗也缺乏强有力的创造性文化,所以,如何进行创意是一个比较复杂的问题。那么,如何充分发挥自己的主观能动性,进行创意呢?

第一,紧密关注消费者就是一个很好的开端。消费者对商品和服务总会发出一些怨言、意见及建议,如果能认真听取这些怨言、意见和建议,并发挥自己的联想能力、创造与革新能力,创意的目标甚至创意的内容就会显现。例如,日本某公司的一位技术员在听到太太抱怨冰箱只有一个门,取点小东西也得全部打开,实在很麻烦时,双门冰箱就诞生了。

第二,对本身所具备资源的充分挖掘也是一种很好的创意方法。例如,在原有的客车上增加空调,在商场的销售中增加现场抽奖,在手机中增加传真、上网新功能,等等。

第三,要靠自己的思维方式。如对现有的许多东西进行新的组合或进行某种新的改进,从而获得 $1+1>2$ 的效果。例如,将原有的旅游和新策划的节日组合起来,将各种修理家用电器的工具组合起来成为一个万能工具包,将单纯的住宅开发改进为新生活方式的开发等,都是组合思维法或改进思维法的创意例证。

第四,从本身的竞争意识中去找寻突破口。例如,汾煌可乐广告中所打造的亚洲最大的龙船,某外国面包商制作的世界最大的面包,意大利汽车商不想追随美日德汽车而独造世界第一流的赛车等,都是强大的竞争意识带来的结果,也可以说,创意本身就是一种强大的竞争意识的体现。

第五,就是要对常规、习俗、权威有反叛的性格,甚至可以故意对其逆向思维。例如,茅台酒分开零卖便是对整瓶才能卖的反叛,仓储式商场便是对精装修商场的逆反,等等。

四、创意行为的经济特点

在目前的文化创意产业实践或创意产业研究中,很少有经济学家专门

对创意行为进行研究。本书在研究创意行为时，很自然会认识到创意过程是一个多方协作的过程，在这些过程里会产生一些需要解决的问题，例如创意行为中的交易和合同的存在方式问题、为什么一些创意行为在组织中产生而另一些在一次性交易中产生等。经济分析法可以解决这些问题，为此必须了解创意行为的经济特点。创意行为有以下一些经济特点。

（一）需求的不确定性

在经济学领域或创意学领域，需求的不确定性非常明显，因为没有人能确定消费者如何评价新推出的创意产品。新产品可能会得到消费者的认可，带来比生产它们高得多的巨额财富，也可能会找不到认可它的买家。如果生产创意产品投入（如电影的投入）巨大，艺术创作人员就会在产品投入生产之前想尽办法调查买家对商品的评价。然而，调查和预测很少见成效，因为创意产品的成功与否，很少能够根据过去的经济发展形势来看其是否会满足现在的需要①。如果投入失败了，投入的资本很难挽回。这一特性表明任何创意产品的投入都蕴含着巨大的风险，风险的分配与承担方式对于生产的组织形式至关重要。这就是好莱坞观察家称为“不可预知”的特性②。对于电视连续剧收视率的研究在很大程度上说明了这个问题。电视网络通过各种渠道为新的电视节目征集广告，电视网络本身也要通过各种渠道了解最近应该放映的剧目。然而，这些渠道并不能以数字的形式预测哪一种节目会获得成功③。

与创意者不同，经济学家关注的是买方与卖方的信息差别问题，对于创意产品亦是如此。需求方的满意度是一个主观问题。尽管生产方十分关注产品的生产过程，但他们不知道也不可能知道其产品是否会得到消费者的

---

① David F. Prindle, Risky Business: The Ploitical Economy of Hollywood (Boulder, Colo.: @ Westview Press, 1993), p. 34.

② William Goldman, Adventures in the Screen Trade: A Personal View of Hollywood and Screenwriting (New York: Warner Books, 1984), p. 39.

③ William T. Bielby and Denise D. Bielby, "'All Hits Are Flukes': Institutionalized Decision Making and the Rhetoric of Network Prime Time Program Development," American Journal of Sociology 99 (March 1994): 1287 – 1313.

认可。组织结构问题主要是用来解决信息差异问题的，但对于信息不对称的问题需十分关注。复杂的创意产品（如电影、通俗音乐唱片等）要经历从构思到成品的一系列阶段，在每一阶段都要投入一定成本。但是随着此类商品市场的发展，出现了一种较为合理的成本分担机制。当甲把半成品交给乙时，甲对半成品的投入便属于滞留成本，但乙还可以决定是否要投入。如果甲和乙同时接到项目的预期赢利报告，乙仍然可以对是否投入或如何投入掌握决策权（此时甲不再有选择余地）①。这种信息的差异充分说明了今天创意产业部门广泛使用有购买权合同的原因。如上例中，乙一旦得到新的消息，就可以自己决定是否要从甲那里把产品买下来继续生产。

（二）创意者的关注

经济学家通常认为，雇佣工人所考虑的只有工资、工作条件以及所需要花费的精力，并不关心他们所生产的产品的特点性能，也不会考虑到产品的式样、颜色或者特性。然而，在创意行为中，创造者（艺术家、演员、作家等）却非常注重产品的原创性、卓越的艺术表现以及艺术的和谐统一。这些对艺术成就的关心虽然与顾客对产品的接受程度并无紧密关系，但艺术产品的质量却与该产品的销售不无关系。例如，音乐家们注重的是演奏的细腻性，而不会特意去迎合观众的品味而改变其演奏方法，尽管可能会因此影响到观众的消费欲望。所以，把创意行为与普通的商业活动相结合就成为更深层次的问题。

有人认为创造性灵感是对浪漫主义的继承，艺术家的产生来源于内在需要。想象和热情是艺术家应具有的素质，二者不能与理智和习俗混为一谈。惟妙惟肖地临摹艺术大家的作品曾一度为人们称赞，现在却成为无能与懒惰的表现。艺术呼吁高度的真实性，真实性则是区分艺术家与普通工

① Georg Nöldeke and Klaus M. Schmidt, "Sequential Investments And Options to Own," RAND Journal of Economics 29 (Winter 1998): 633 – 653.

匠的标准[1]。艺术家如果在某一方面创作过程中需要与普通人合作,艺术家们一般都不会妥协,他们拒绝对将来的艺术创作做出任何承诺,也不愿接受对他们的种种限制,这种差异的主要原因是由于艺术资源的有限性。在不得不妥协的情况下,原则问题是绝对不容妥协的,所以艺术家在交易过程中所思考的往往并非利益最大化问题。

艺术的这种特性说明,如果艺术家重视的只是个人收入,他们就不会创造出如此多的艺术品。他们的实际工资往往要低于他们的能力、技能和教育应得的报酬。从经济学角度考虑,如果工人十分关注产品的质量,那么生产的组织问题就会根本改变。在创意活动中,对于企业家来讲最期盼的就是创造性的成本投入尽可能地减少。他们最不愿意做的是必须同时就创造性产品的特点与雇用条款进行谈判,这些艺术人员通常不愿意事先对他们的产品作出任何承诺。艺术家们在创作之后都很难对他们的审美观点进行描述,更何况是要提前把他们确定下来[2]。艺术家作品的外在表现是为了实现内在构思,并使它具体化,这一事实说明了艺术作品后果不可知的原因。艺术家不知道也不可能预测他们的创作与其他作品是否同样具有竞争力。更重要的是,他也不知道他的构思是否能够把内心想法完全表现出来。他们需要面对的是既要注重创作观点的水平也要注重如何有效地将这些观点表现出来这样的难题。

(三)创意的多技能要求

在创意产品的生产过程中,有些创意产品的生产一个人就可以完成,如油画,而很多产品的生产则需要各种不同技能的专业人员,每个人都可以把个人品味与风格注入产品的质量与形态中。电影拍摄工作就是很多艺术人员共同努力的结果,他们每个人的专攻不同,审美观点不同,喜好也不同,而导演的工作就是负责协调各种差异。个人喜好与品味的不同显然会使组织行为复杂化,这正是艺术至上的表现。

---

① Albert Guérard, Art for Art's Sake(Boston: Lothrop, Lee, and Shephard, 1936), especially pp. 34 – 35; Raymond Williams, Culture and Society, 1780 – 1950 (New York: Columbia University Press, 1958), ch. 2.

② Howard S. Becker, Art Worlds(Berkeley: University of California Press, 1982), p. 199 – 200.

生产功能是联系具体的生产行为和获得产出的纽带。人们通常认为生产投入是可替换的:生产产品只需要两个劳力、一点资金,或是一个劳力、双倍的资金,或是更多的劳力而不需要任何资金。然而,在可增值的生产关系中,如果要得到具有商业价值的产出,每个生产投入必须到位,或是生产行为至少要达到精通或是超出精通水平。零的倍数仍然是零。这就是迈克·科米尔的关联性生产理论①。这种人员的多样性说明了特定创造性项目的人员选择问题以及维持项目内部人员间的合作问题。而在创意产品生产中,如果所有这些创造投入都必须达到或超出熟练水平时才能生产出合格的产品的话,那么这一创作过程就会更加复杂。这样的创意行为被经济学家称为增值生产功能。

(四)创意产品的差异性

一般来讲,对创意产品评价的主要方式就是把它与其他同类产品作比较,这种比较可分为纵向比较和横向比较。如在同时播放的电影中(或在音像租赁店中)可能只有一个节目会得到观众的青睐。世上没有两个东西是完全相同的,它们的不同可以导致截然相反的后果。尝试过同类的两个不同产品之后,买方可能会认为甲产品比乙产品更好,经济学家则把它称之为纵向区别。如果甲与乙销售的价格相同,那么没有人会买乙种产品。文化产品在它们的特性、基调、风格等方面都存在着不同,而这些都是独立于购买者对产品质量评估之外的。两首歌曲、两部动作片,在消费者看来,其特点和质量可能非常相同,但它们又不完全相同,这就是经济术语所称的横向区别。当存在横向区别的产品以同样的价格出售时,人们的偏爱程度是不同的。创意产品通常是横向区别与纵向区别的混合体。大多数创意产品与其他产品的区别方面很多。例如,油画在其大小、颜色、想象方式、制作方式方面有很大的不同。不同方面越多,横向方面的区别就可能越多。尽管所有的人都认为在乙电影中主角的表演比甲电影中的主角出色,但是人们也

① Michael Kremer, "The O – Rings Theory of Economic Development", Quarterly Journal of Economics 108(August 1993): 551 – 575.

会因为其他原因而更喜欢甲电影。

通常这一种类的多样特性可以激发艺术家从各种可能中作出选择，或者是刺激消费者或中间商从一系列真正的具有创意的产品中作出选择。可创意的作品并不是无穷尽的，已经创作出的作品却数目繁多。创意产品是横向区别和纵向区别的混合体，其中横向区别激发创意产品种类的多样性。人们会发现，可能会有两幅作品在创作风格上有很多相似的特点，两部作品的艺术价值也可能不相上下。换句话说，两幅作品的横向区别不是很大，这是限制创意产品种类多样性的一个因素。另外，虽然创作的可能性很多，但并非所有的创作都能变为现实。这是因为，尽管有些创作成本低廉（如歌曲等），但是有些创作却是成本高昂（如大制作电影、歌剧、动漫游戏等）。如果创作成本达到了消费者的消费极限，必然会产生一种不同的组织形式问题。这种情况必须依靠非市场方式加以弥补。

第二节 创意学研究的历史与现状

通过上面的分析，我们可以给创意学下这样的定义：创意学，是研究如何以丰富多彩的文化为源头，以信息化为代表的当代科学技术成果为前提，充分激活人们所独具的睿智才华和非凡的创造潜能，涵盖当代各门相对独立的学科，具有极强的实践性和操作性，并使独特的创造形成产业，从而引领经济发展、文化建设与社会进步的学科。

一、创意学的主要内涵

与前文所提到的创意观念包括创意文化、创意审美和创意产业相对应，创意学的主要内涵包括文化内涵、创新内涵和产业内涵。

（一）创意学的文化内涵

文化是创意学构建的基础与切入点。之所以如此定位，首先是因为人的衣食住行、社会实践、伦理观念以及对其身处世界的认识和改造本已属于

文化形式的活动。因此人类自从进入社会生活,便开拓了高于其自然属性的文化,由此,人的生活方式、风俗习惯、心理特征、审美情趣、价值观念等就获得了历史性和传统性价值。其次,文化包含着丰富而深邃的认识价值。因为文化是人们认识活动和实践活动成果的反映,是人们智能、力量和价值的凝聚与体现,它是人类全部历史创造的精神体系的具体体现。再次,文化是人类感性物质生活和精神生活的沉淀和积累,它对于后续时代发挥着与时俱进的应用价值。所以,文化可说是人类智能力量的持续开发形态,它的生成基础是人类在社会发展过程中物质生活的探索和精神生活的升华。

优秀的文化是人类文明的积累和发展的结晶,是先进社会生产力的反映和体现。文化在其形成和发展的同时又为社会生产力的发展和人类社会的进步提供了思想指导和智力支持。文化存在和发展的形式是人类的思想、道德、风俗、艺术和社会制度等要素的扬弃,在这样一种发展中,文化所独有的特性对不同历史时代和社会生活中会产生相对独立的社会影响,成为调节社会生活的稳态系统。

(二)创意学的创新内涵

著名经济学家熊彼特曾撰文指出:创新是经济演变过程中永不衰竭的动力,能够将一种从来没有过的生产要素和生产条件的新组合引入生产体系;创新是一种企业或产业内在的因素,是一种非均衡的创造性的毁灭过程,这种创新过程是通过企业家实现的。外生的科学和发明通过企业家的活动引起了新产业部门的成长和新需求领域的开拓,成为经济发展的原动力,这种原动力如果汲取上述提到的文化多重附加价值,就能够形成一种新的资本组织形式——创意资本。“创”是创新,是手段和措施,“意”为文化,是附加值的实现载体,“创”与“意”的结合能够实现文化的多重经济价值在创新动力推动下的增值效应,从而形成创意资本①。熊彼特提出的具有划时代意义的创新理论,将创新引入了经济可持续发展的基本要素里。由此可见,创新是现代经济增长的核心要素,而创意与创新的特定关系就决定了创

① 约瑟夫·熊彼特:《经济发展理论》,商务印书馆,1990年版。

意学具有创新内涵的必然性。

(三)创意学的产业内涵

根据目前被普遍认可的创意产业定义——起源于个体创意、技巧及才能,透过智慧财产权的生成与利用,而有潜力创造财富和就业机会的产业(Those industries which have their origin in individual creativity, skill and talent and which have a potential for wealth and job creation through the generation and exploitation of intellectual property.)①,创意学的产业内涵应当是知识、文化在经济发展中地位日益增强的结果。创意产业的直接产生前提是企业以创新为主要手段进行以文化价值增值为目的的资本运营。具体来说就是采取新技术、新材料、新组织形式或新管理方式等创新措施,进行创意产品生产,在此基础上研究潜在市场,分析市场需求,提供文化服务,实现文化价值的市场增值,并且在知识创新进步的基础上不断扩大生产,增强文化创意产品市场的竞争力和控制力,实现创意资本和企业的积聚和集中,从而形成产业化运作。创意产业内涵如图 1-1 所示。

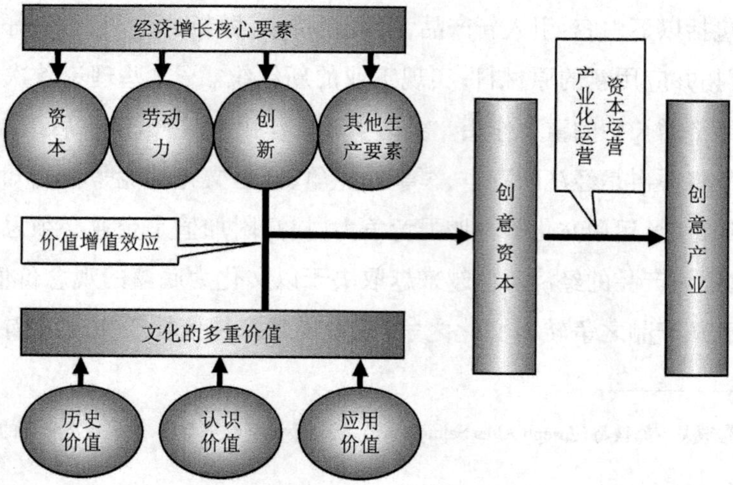

图 1-1 创意产业内涵示意图

① 见 1998 年《英国创意产业路径文件》。

二、创意学的发展沿革

如前所述，创意学的核心是文化，其前提是以信息化为代表的当代科学技术成果，其属性为交叉学科，其特点是具有极强的实践性和操作性，其目的是充分激活人所独具的睿智才华和非凡的创造潜能，其宗旨是使独特的创造形成产业，从而引领经济发展、文化建设与社会进步。因此，创意学是从当代文化的客观发展、科技的进步和经济运作的态势中提炼产生出来的。虽然创意学作为一个独立的名词产生的时间并不长，但是随着经济由外向推动型向内向推动型转变，随着现代产业发展的推进，随着信息化革命的进一步升级，有关创意、创新对经济发展影响的研究必将不断推向深入。

创意研究的鼻祖是著名经济学家熊彼特[①]。早在20世纪初，他就敏锐地指出，现代经济发展的根本动力不是资本和劳动力，而是创新。他在《经济发展理论》中指出："所谓创新，就是建立一种新的生产函数，也就是说，把一种从来没有过的关于生产要素和生产条件的新组合引入生产体系。这种新组合包括以下内容：引入新产品，引入新技术，即新的生产方式；开辟新的市场；开拓并应用新的原材料；实现工业的新组织。"[②]这些理论首次明确了创新在经济增长中的重要作用。美国学者亨廷顿[③]在冷战结束后指出，21世纪的竞争将不再是经济的竞争、军事的竞争，而是文化的竞争。当知识经济向我们逼近时，运用文化资本增强竞争力、提高附加值是企业必须思考的战略问题，因为产品的经济价值越来越取决于以文化为底蕴的观念价值，而市场竞争已从产品之争转向文化之争，或者说越来越依托于文化的辐射力[④]。

---

① 约瑟夫·熊彼特(Joseph Alois Schumpeter)，美籍奥地利经济学家，当代经济学界的主要代表之一。

② 约瑟夫·熊彼特：《经济发展理论》，商务印书馆，1990年版。

③ 塞缪尔·亨廷顿(Samnel Huntington)，美国当代著名的国际政治理论家，现任哈佛大学阿尔伯特·魏斯赫德三世学院教授，哈佛国际和地区问题研究所所长，约翰·奥林战略研究所主任。1996年在《文明的冲突与世界秩序的重建》一书中提出了其"文明冲突论"。

④ 塞缪尔·亨廷顿：《文明的冲突与世界秩序的重建》，新华出版社，1999年版。

著名经济学家罗默[①]也于1986年指出,新创意会衍生出无穷的新产品、新市场和创造财富的新机会,因此创意才是推动一国经济成长的原动力。历史学家戴维·兰德斯[②]在《国家的穷与富》(*The Wealth and Poverty of Nations: Why Some Are So Rich and Some So Poor?*)一书中断言:“如果说经济发展给了我们什么启示,那就是文化乃举足轻重之要素。”诺贝尔经济学奖获得者、前世界银行副行长斯蒂格利茨[③]则从文化的角度阐明了创意的重要性,在他看来“以往的发展经验给我们两个至关重要的教训:一是仅仅依靠发展经济来减少贫困和保护发展的持续性是不够的;二是技术绝对不是解决所有问题的办法。这些提醒我们必须改变错误的观念和行为方式,而改变的源泉就是文化”。他解释道:“文化不仅是艺术、音乐、舞蹈和戏剧,而是整个的生活方式。从某种程度来说,文化是一种提升的过程。”经济学家约翰·霍金斯[④]在《创意经济:人们如何从思想中创造金钱》(*The Creative Economy: How people make money from ideas*)一书中,把创意产业界定为其产品都在知识产权法保护范围内的经济部门。知识产权有四类:专利、版权、商标和设计。每一类都有自己的法律实体和管理机构,每一类都产生于保护不同种类的创造性产品的愿望。霍金斯认为,知识产权法的每一种形式都有庞大的工业与之相应,组成了创造性产业和创造性经济。

马克思主义认为,文化是一定社会经济和政治的反映,同时又对一定社会的经济和政治产生极大的反作用。在目前知识经济社会,文化经济化和经济文化化是其重要特征,文化已经继经济和军事之后成为国家及民族参与国际竞争的重要内容,文化逐渐成为产业进入市场并构成社会生产力的

---

① 约翰·E. 罗默(John E. Romer),现为美国耶鲁大学政治科学系教授,是当代美国著名左翼经济学家和政治哲学家,也是20世纪70年代后流行于英美的分析马克思主义的主要代表人物之一。

② 戴维·S. 兰德斯(David·S. Andes),国际知名学者,哈佛大学历史学和经济学教授,著有《时间的革命》、《摆脱束缚的普罗米修斯》等著作。

③ 约瑟夫·斯蒂格利茨,美国当代著名经济学家。1997年起任世界银行副总裁、首席经济学家。2001年获诺贝尔经济学奖,现任美国布鲁斯学会高级研究员。

④ 约翰·霍金斯(John Hawkins),著名经济学家,国际创意产业办权威,被誉为“创意产业之父”。版权、媒体及娱乐业研究方面的领军人物,知识产权宪章的负责人和提供创意及知识产权咨询的创意集团的主席及创始人之一。兼任林肯大学教授,上海戏剧学院创意学院国际副院长。

基本要素。可以说文化产业化是生产力发展的新的内在推动力，它成为一个国家综合实力和整体竞争力的重要组成部分。

作为一种新经济形态，创意产业不仅局限于文化产业一个领域，它涉及具有高科技含量、高文化附加值和丰富创新度的任何产业，其主要特征是科技含量增高，文化内涵丰富，产品研发、设计环节的投入越来越大，而制造环节的成本却相应地逐渐缩小，高科技带来的文化产品的高附加值，不但能够完成价值转换，更能实现价值增值，从而成为新的经济增长点。由此可见，创意学也将随着创意产业的发展而发展，随着创意社会的形成而完善。

三、创意学的理论品格

正如对创意学定义一样，可以用实践性和开放性来形容创意学的理论品格。

如前文所述，创意学的特点是具有极强的实践性和操作性，其目的是充分激活人所独具的睿智才华和非凡的创造潜能，其宗旨是使独特的创造形成产业，从而引领经济发展、文化建设与社会进步。因而它作为一门新兴学科，便具有鲜明的产业上的应用性（产业化）特征，由此，创意学的实践性品格是不言而喻的。

澳大利亚学者迈克尔·基恩[①]曾言："21 世纪我们（消费者、观众和公众）将会经历利用文化资源方式的空前变化。"文化被生产、传播和消费的方式将越来越取决于知识创新和全球化市场。文化研究这一概念应该脱离批判文化理论的学派并且严肃地作为一种产业——一个可以提供就业、培训、出口税收和外汇的产业来对文化进行思考。事实上，20 世纪末以来，创意产业作为一种以文化为基石，以创意精神或创意意识为统领的产业而逐渐引起关注和重视。创意产业在国际上崛起时，正逢中国经济与国际接轨，中国经济正在融入世界经济之中。在这个背景下，创意学的诞生恰逢其时，它必须就如何促进创意并推进创意走向产业化作出根本性的解答，必须就创意

① 迈克尔·基恩（Michael Keane），澳大利亚创意产业研究与应用中心教授。

产业的本质特征、文化与经济的关系、创意的产业化途径、创意的独创性、创意与新技术的关系、创意环境的建设、创意与中国文化精神的关系、创意的中国特色等当代创意产业的实践所提出的问题作出解答，进而通过对这些理论问题的探讨来推动、指导、影响创意产业。因此，创意学的实践性品格决定了它是一门充满蓬勃生机的科学。创意学本身也将不可避免地研究新问题，进行新的探索和创造。

此外，创意学多学科融合、交叉、渗透的特点决定了创意学理论构建必须具有极大的开放性。也就是说，创意学必须以文化为支撑，从艺术学入手，对系统论、工程学、产业经济学、社会消费学、市场营销学等学科进行综合，所以其开放性是显而易见的。创意学理论构成示意图如图 1－2 所示。

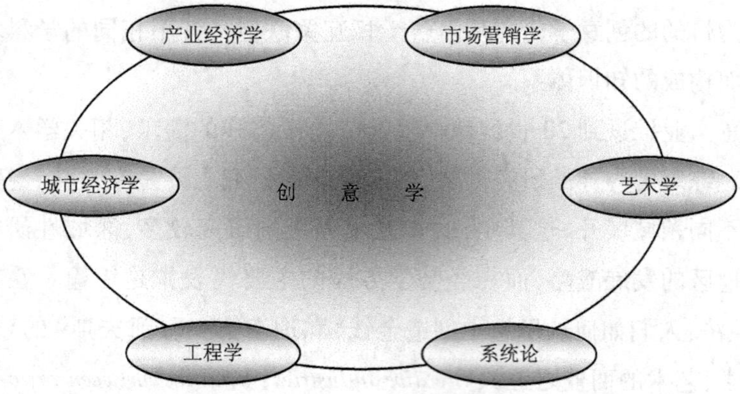

图 1－2　创意学理论构成示意图

因此，创意学在创建过程中必须打破传统学科划分过细、过死的局限性以及某些既定的思维和观念，以开放的态度面对和把握真理性的东西。

第三节　创意学的学科属性与学科定位

1998 年，英国创意产业特别工作组将创意产业界定为“源自个人创意、技巧及才华，通过挖掘和开发智力资源以创造财富和得到知识产权认可”。

在这里,特别强调了创意首先是"源自个人、创意、技巧及才华"这个先决性的条件。所以,与许多新学科的诞生特点一样,创意学必须以锐意进取的姿态和永处尖端的创新意识去运营文化,所以它是一门产生于创意产业实践经验的新兴学科,它涵盖当代多门相对独立的学科,具有极强的实践性与操作性,直接面对市场,其理论与传统意义上的理论不可同论。

一、创意学的学科归属

由于创意产业是在世界经济进入知识经济时代这一背景下发展起来的一种新兴产业,其特点是推崇创新、推崇个人创造力、强调文化艺术对经济的支持与推动,因此其最终的表现也可以归纳为使产业因文化的创意而文化化和文化因创意的物化升华而产业化。因而,以文化的产业化和产业的文化化为目的的创意学研究是由若干相互关联但又各不相同的学科相互融合交叉而构成的知识体系。

创意产业推进到 20 世纪 90 年代末,由于实践的需求,相关学术研究开始展开。综观国内外的研究现状,创意产业的研究主要是在文化、经济和区域三个不同领域展开,这其中,文化艺术领域的研究较多,区域性研究则较注重于地区的发展战略,而在经济学方面的主要代表作是约翰·霍斯金的《创意经济:人们如何从思想中创造金钱》和理查德·E. 凯夫斯[①]的《创意产业经济学:艺术的商业之道》(*Creative Industries: contracts between art and commerce*),国内尚无成熟的研究成果。但可以得出的结论是,创意学就像其他新兴学科一样,是随着经济的全球化和科学技术的高速发展而诞生和发展的。而这些新兴学科,由于其对实践的指导需求,表现出的一个共同特点就是综合性,也就是对以往学科的高度兼容和最大限度的整合。由此可知,创意学理论的学科归属可以这样归纳:创意学是一门在创意产业实践过程中,由实践推动和发展经验总结而成的一门新兴学科,它涵盖当代多门相对独立的学科,具有极强的实践性和操作性,旨在建立以创意的产业化为研究对

① 理查德·E. 凯夫斯(Richard E. Caves),哈佛大学经济学与商业管理学教授。

象的理论分析体系。

二、建设中国特色的创意学理论

随着我国改革开放的深入和经济的持续发展，创意产业在我国已经引起了政府、企业和社会的高度重视，尤其在北京、上海、深圳、香港和台湾等一些国际化程度较高的大中城市，创意产业已经初见规模。于是，如何依托城市文化底蕴、人才优势以及现代高科技和金融业的发展来推动创意产业的成长，就成为这些城市需要解决的突出问题。为了适应这一市场经济的发展大势，中国当代创意学理论的建设便成为一项重要任务。

首先，在创意经济时代，马克思主义的理论是“辩证主义的实践哲学”，发展马克思主义哲学的方向是“共生主义的创造哲学”①。所以，建设中国特色的创意学理论要以马克思主义总体精神和基本原理作为思想的理论基础。

恩格斯在致威纳尔·桑巴特的信中说道：“马克思主义的整个世界观不是教义，而是方法。他提供的不是现成的教条，而是进一步研究的出发点和供这种研究使用的办法。”应以马克思主义的世界观、方法论为指导，考察新情况，回答新问题，作出新结论。马克思主义不是教条，而是行动的指南，因此，不能完全固守马克思、恩格斯等革命导师的现成结论，并按照它来剪裁各种创意。既然马克思主义的理论是辩证主义的实践哲学，那么共生主义的创造哲学就是创意经济时代充分发挥想象力和创造力的理论依据。

---

① 马克思主义在确立辩证唯物主义的思想理论体系的过程中提出了共生主义的基本思想——自然界不是存在着，而是生成着并消逝着——一切僵硬的东西溶化了，一切固定的东西消散了，一切被当做永久存在的特殊的东西变成了转瞬即逝的东西，整个自然界被证明是在永恒的流动和循环中运动着（恩格斯：《自然辩证法》，人民出版社，1971 年版，第 16 页）。共生主义，不是要消解马克思主义，而是要发展马克思主义。马克思和恩格斯揭示了宇宙共生的基本原理——永恒的自然规律也愈来愈变成历史的规律（恩格斯：《自然辩证法》，人民出版社，1971 年版，第 216 页），并认识到人类共生的本质——由于人的活动，就建立了因果观念的基础，这个观念是：一个运动是另一个运动的原因。

综上,我们必须把创意学理论根植于马克思主义总体精神和基本原理,这样才能开创中国特色的创意产业,也才能为构架中国特色的创意学理论夯实基础。

创意学理论的中国特色可以说既是必需的,又是必然的。因为,创意学是以文化为基石,以文化创造价值为信念的。首先,离开中国特有的历史文化而进行创意学理论建设无从谈起,在创意学理论建设中不同时汲取西方的成功范例和总结本国既有的现实经验也是行不通的。中国是一个有几千年历史的文明古国,中国古代文化灿烂辉煌,是世界文化中的瑰宝,她为创意学理论提供了取之不尽、用之不竭的资源。所以,离开中国的历史和文化以及现实的特点或实际情况来谈创意学理论的建设,必然会使全球性的内容与民族性的特点发生矛盾和冲突。诸多事实证明,民族性特点和全球性内容的有机结合,是现代中国社会进步和发展的必由之路,当然也是完成创意学理论建设的必由之路。其次,由于在中国现有的传统理论遗产中没有直接可供创意学理论借鉴的东西,所以必须创建属于我国本土的创意学理论,也正是因为这样,如何处理和使用传统文化遗产,或者说如何创建中国特色创意学理论也是非常重要的。

建设中国的创意学理论,应具有充分的现代性或现代意识,体现出应有的时代精神,并以此精神回应创意经济时代之要求。那么,中国当代创意学理论如何才能具有充分的现代性或现代意识,表现出应有的时代精神呢?第一,进行创意学理论建设,必须在研究中国现实社会经济发展的基础上,概括或提出中国创意产业的发展趋势,这样才能有效应对当代中国社会经济运动提出的新问题;第二,中国创意学理论建设既不能不正视西方创意产业的状况,又要立足于中国创意产业目前的现实,并为发展中国创意产业提供理论依据;第三,要充分利用社会学、文化学、心理学、符号学、系统论、控制论、信息论等20世纪以来出现的众多新学科,把这些理论有效地转化为方法,用以研究创意,从而创建创意学理论及其相关的分支学科,这样才能把创意学理论提高到当代科学的水平上来。

总之,在经济全球化背景下,在世界经济文化与文化经济大潮的推动

下，结合中国独特的历史文化和现实的经验，充分借鉴西方的创意学理念，勇于面对并融入当代创意产业发展的现实，改变过去的观念和思维方式，勇敢开拓创新，中国当代的创意学理论就一定会健康地建立并发展起来。

第二章　创意的社会功能

创意是人类的天赋，人类的创意活动史伴随着人类的进化和文明进步史。创意是想象力达成一定理念框架时的产物。从本质上讲，创意是运用想象力对现存状态在理念上的突破，这是人类主观对客观世界的能动性反映。可以说，一切科学发现和技术发明都源于创意，一切文学艺术创作都源于创意，一切学术研究成果都源于创意，一切管理的战略决策和战术运用都源于创意，一切因地因时因人制宜的行为都源于创意。

从远古时代开始，人类便有了丰硕的“创意”成果——公元前 2500 年古希腊人创立了体育，公元前 1500 年古埃及人发明了 24 个字母符号，公元前 1400 年中国人发明了甲骨文……到了知识经济的时代，特别是人均 GDP 超过 5 000 美元之后，一国教育广泛普及，信息大量流通，资金相对充裕，企业普遍开始高度重视创新和开发，创意、运营和推广三大环节终于在当今时代组成了产业化的“链条”。这个创意产业化链条包括以设计为核心的第一个环节——大量提供改善人类生存的创意理念，以生产为核心的第二个环节——进行产业化开发的策略和运作，以推广为核心的第三个环节——进行可持续的后续开发和营销。这样，教育、研究、开发、生产、销售、消费等领域被有机地组合起来，并把人的创意与产品制造和文化生产直接衔接起来，形成一个不断增值的创意产业链条，在循环往复的发展中迸发出巨大的经济能量。同时，由于产业化的创意活动不仅仅在于物质财富的积累，而且创造了大量可以传承的文化符号，包括音乐、造型、构思、文本、表演等，所以它又具有文化积累的长远意义，并成为后人创意开发的重要基础。

哈佛著名经济学家理查德·凯夫斯经过对文化艺术消费品产业化的研究，创造出了“创意产业”(Creative Industry)名词。从此，包括图书出版、视觉艺术(绘画与雕刻)、表演艺术(戏剧、歌剧、音乐会和舞蹈)、录音制品、电

影、电视等内容的产业开始被推上了产业级别的高端，从而掀起了世界文化创意产业的新风暴。

1912 年美国经济学家熊彼特[①]在他的著作《经济发展理论》中，首次提出了创新的概念。熊彼特认为，“创新”就是把生产要素和生产条件的新组合引入生产体系，即“建立一种新的生产函数”，其目的是为了获取潜在的利润。熊彼特的理论一开始并没有引起足够的重视，直到 1934 年他的作品用英文出版后，才引起了学界的广泛关注。

20 世纪 90 年代，我国把“创新”一词引入了科技界，形成了“知识创新”、“科技创新”等各种提法，进而发展到社会生活的各个领域，使创新的说法几乎无处不在。在汉语言中，经济学范畴的创新(innovation)一词，没有严格对应的词汇，现在使用的“创新”很容易和另一个词“discovery”混淆，特别是在基础科学领域。这种概念的泛化或者说是多元化，有它有利的一面也有不利的一面。这种多元化有利的一面在于社会各阶层、各群体和在社会生活中处于不同角色的人都参与创新行为，也有利于对他们的行为进行非经济学的评估。而不利的一面在于丧失了统一的标准，使很多行为都能被称为“创新”，而“创新”本身也容易成为一个简单的“口号”。

20 世纪六七十年代后，人们越来越认识到创新是一个多主体、多机构参与的系统行为，而不仅仅是一种个人行为。因此，20 世纪 80 年代，人们提出了国家创新系统的概念和理论。冷战结束后，国家之间的竞争转向以经济竞争为主，知识经济的兴起使经济的发展越来越依赖知识和技术的进步。随着知识经济的进一步深化，文化创意产业开始以几个主要城市为中心扩散，创意与创新开始成为一对经常相伴出现的名词，这种形势下，创意产业发展和国家创新系统建设一样成为世界各国普遍关注的重要问题。

创意最直接地表现为一种文化现象，世界上很多国家和地区也把文化产业与创意产业混用，甚至是同等对待。但是，任何一种文化现象都受到种种其他因素的制约，其中尤以经济因素和科技因素的使用最为明显，因此，

① 熊彼特(Joseph Alois Schumpeter)，美籍奥地利经济学家，当代经济学界主要代表之一。

我们在研究以文化为基点的创意的社会功能时理应从文化创新、科技创新与经济发展三个方面来进行。

第一节　创意与文化创新

中华五千年悠久的历史孕育了五千年辉煌灿烂的文化，这五千年来，岁月积淀的人类所创造的一切物质财富和精神财富，就像一颗璀璨的明珠发射出耀眼的光芒。对文化的不同看法来源于人类对外部世界的不同感受，而对这种感受的表达就是一种创造的过程，对文化的理解就是一种创意。自人类产生以来，人们就不断通过创意来改造着这个世界。在蛮荒时代，人类对于世界及自身的起源难以有科学的认识，所以创造出了亚当、夏娃、女娲、伏羲等形象，这些可以被看做是最早的创意。这些创意经过周而复始的累积、传承和再创新后，即成为一种文化。由此可见，文化是与创意密不可分的。

因此，创意是人类文化活动必不可少的组成部分，缺少了创意，也就缺少了文化活动的生命力，缺少了文化创新的根源。文化在交流的过程中传播，在继承的基础上发展，都包含着文化创新的意义。文化发展的本质在于文化创新。从另一方面来讲，一种文化的发展过程，其本质就是应答历史挑战的过程。凡是文化创新活跃的国家，就能兴旺发达；凡是文化创新乏力、囿于固有经验和传统思维的国家，就难以持续繁荣和长远发展。先进生产力的出现不以人的意志为转移，它总要寻找落脚点，而且往往在最具创新意识的文化环境里实现突破。谁在文化创新上占据优势，谁就能在发展中赢得主动。文化的力量是民族生存和发展的强大力量。文化是创新的母体，是经济社会发展的先声。观念的创新、科技的创新、体制的创新，最终无不回归于文化的创新。而观念创新、科技创新和体制创新始于创意，又将为创意营造更为广阔的平台与空间。所以，创意与文化创新是不可分割的一对结合体，推进文化创新也就成为创意发挥其社会功能的必然选择。

那么，如何理解文化创新呢？

文化本质上是人的自由自觉的创造活动，从最贴切的意义上，它表现为心、智、德的进步：一是人的自我意识的发展，表现为人的个性、感情、欲望、意志的丰富，表现为反映人的自由个性、愉悦感性的文学艺术，包括音乐、绘画、小说、诗歌、戏剧及体育竞技水平等的发展；二是人对客体认识的深化，包括人的思维能力的提高和思维内容的丰富，反映为人认识自然、社会以及思维的各类自然科学和社会科学的完善和发展；三是人的德性的提升，也就是"善"的取向和观念的发展，反映为各种关于社会终极理想和宗教信仰的变化。

创新是量变的中断，是质变、飞跃、扬弃。文化创新是原有价值体系、心理定式、思维方式的解构，也是新的观念、知识、体制的建构；是传统的惯性的消解，也是传统的精华的重铸；是社会生活的变革，也是一代新人的涌现。从这个意义上讲，文化创新不仅是文化内容的激活，更应当是文化模式或文化范式的革命性转型。从近代中国封建文化到半封建半殖民地文化到新民主主义文化到社会主义文化直到今天中国特色社会主义文化的发展，就是一次次文化革命性转型的过程。这种模式的转型，要求文化创新必须坚持时代性、整体性、系统性和前瞻性。

一、文化创新中的创意构建

文化创新主要包括文化价值观念创新、文化知识体系创新、文化思维方式创新和文化体制创新几个方面。在文化创新的各个层面里，创意无所不在，其作用对于文化创新来讲起着至关重要的作用。

（一）创意与文化价值观念创新

文化价值是一个民族的思想观念、行为习惯、交往方式等各方面的评价标准和理想取向，是维系民族协调性和统一性的深层的无声的力量。文化价值是文化精神的体现，同时又是文化制度或体制的根据，是人的精神观念客体化以及客体世界主体化的纽带和桥梁。文化的差异在很大程度上来自于文化价值体系的差异，而各种文化价值体系的差异来自于文化结构的差

异。一个民族文化主体，其价值系统是各个价值领域的结合和统一。任何文化的价值体系中都包含道德、科学、政治思想、法律、文学、艺术、宗教等以创意为推动力的方面或要素，但是由于各个价值领域以及价值领域内各价值相互之间的创意方法、连接方式、作用方式、结构秩序不同，从而形成不同价值系统的整体文化特征及功能，并且正是这种结构性的差异规定、制约着其构成要素的存在及其发展变化的方向。不同历史阶段和条件下的社会实践形成不同的社会关系体系和结构，要求着不同物质和功能的价值系统。一定价值系统的转型和重构是社会实践的转型发展所要求的，也是创意行为不断涌现推动的，这种由创意推动的新的社会实践规定了新的价值系统的发展方向。中国一百多年来的现代化进程表明，民族文化价值体系的转型和更新，是中国现代化的关键和标志。

（二）创意与文化知识体系创新

如果说价值观念是文化的核心，那么知识便是文化的基础，是人认识世界和改造世界的工具。知识更新的引擎就是创意。作为一种理性认识的形式，知识的本质是对客观世界及其规律的把握，包括自然规律、社会规律和思维规律，或者说，它反映了文化“求真”的内涵。正是知识使人类在不断的创意行为中从愚昧走向文明，特别是近代以来为征服和改造大自然提供了思维能力前提，可以说，没有近代以来的由创意推动而引发的知识极大发展，就没有工业文明对农业文明的胜利，也就没有资本主义对封建主义的胜利。从20世纪下半叶开始，由信息技术等高新科技发动的知识革命，引领着人类社会从工业文明时代跨进知识经济文明时代的门槛。知识化与全球化相互作用，猛烈地冲击着民族文化的根基，能否追赶知识革命的大潮，创新知识体系，建立起与现代化相适应的创意文化及科学知识体系和人文知识体系，能否为现代化发展提供智力支持和精神支撑，是对民族文化生命力和持续力的严峻考验。

（三）创意与文化思维方式创新

思维方式是人们在无数的实践活动中形成的反映思维对象和整理思维

内容的“格式”，是创意火花的集合，是民族文化体系中的骨架或框架。在民族的文化行为中，那些经常地广泛地起作用的思维方法、思维习惯、对待事物的审视趋向，都是该民族的思维方式。它具有稳定性、普遍性、持久性的特点，是民族在历史发展过程中长期沉淀下来的创意行为方式和文化心理结构。然而，文化思维方式归根到底要适应于实践，随着实践方式的变化或快或慢地发生变化。在全球化时代，人们的生产、交往实践正在发生革命性转型，从而引起文化创意思维方式的变化，这种变化呈现出如下特点：

第一，反思和超越“自我中心论”，形成开放整体思维。“中心论”是一种以自我价值为最高价值，忽视、否定和排斥相关联事物价值的封闭性思维，它与全球化的整体性、依存性相悖。这种思维的表现形式之一是“民族中心论”，它本质上坚持自己民族国家的价值优于其他民族国家的价值，现代化和全球化早期的“西方中心论”是这种“中心论”的典型。全球化的思维方式应是全方位开放的，向人类的一切优秀文化遗产和成果开放，既向西方开放，也向东方开放，既向现代化中心地区开放，也向边缘地区开放，既向过去开放，也向未来开放。

第二，反思和超越“两极对立论”，形成共存互补思维。对立统一是自然界的普遍规律，也是社会历史发展的普遍规律，然而，社会活动是有意识、有意志、有目的的人的活动，因此，同样的规律在社会领域与在自然领域的作用以及发生作用的形式都会有很大的差别。在很长时间内，这个规律被机械地应用于社会历史领域，两极分析、两极对立、两极相争成为社会政治斗争的理论依据和思维定式。在全球化背景下，面对不同群体、集团、民族、国家生存和发展上的高度相互依存，这种不分具体时代和情况片面强调对立、对抗，一方战胜另一方、一方吃掉另一方的思维方式显得不合时宜了；反之，一种主张存异求同的双赢思维越来越为人们所接受。

第三，反思和超越“线性发展”论，形成多元发展思维。与近代形而上学的自然观相对应，社会历史领域也出现了机械决定论历史观，它把历史发展动力归结为个别因素，把历史发展的形式绝对化，它舍弃历史运动中主体精神和意志的一切选择性，否定历史发展中的一切偶然性，无视历史发展中的

跳跃性和曲折性。全球化进程否定了这种机械决定论的线性发展观，显示了社会进步是经济、政治、文化、人、环境等各种要素相互依赖、相互作用的结果，是各种社会制度、意识形态、文化价值长期共存多元发展的结果，是各种政治军事联盟、经济联合体、文化共同体多极竞争和多极合作的结果。反对把一种制度一种模式强加给一切民族，反对把全球化看做是同质化，主张尊重民族和个体政治、文化选择的多样性，做到异中求同，即在承认差异的前提下努力扩大共同点，同时又做到和而不同，在扩大文化价值共识和政治经济合作领域的同时又允许发展形式的特殊性，这种多元发展观已得到世界上多数国家和民族的认同。

（四）创意与文化体制创新

文化体制是文化价值的外化，包括决策、管理、评判、监督等各个环节。文化体制转型是社会现代化以及文化精神、文化价值的转型。与现代化相适应的文化体制为文化的发展和进步奠定制度的保障和支撑，营造一个良好的文化生态环境。中国传统文化体制虽然不断变化，但追踪历史的轨迹，不难看到，与政治上的封建专制相适应，中国传统文化体制是高度集中的文化专制体制。尽管19世纪以来的近代化、现代化运动彻底打碎了封建专制制度，但几千年来形成的传统文化体制的影响仍深深地渗透在现代政治、经济和文化生活中，从决策、管理、用人、投资、经营等方面改革现有文化体制，构建一个与社会主义现代民主政治和市场经济相适应的文化体制，是当代中国文化创新和文化建设的突破口。

在创意行为日益被关注的今天，如何进行文化创新也成为必须探究的重点。总结起来主要有以下三点：

第一，“继承传统，推陈出新”。文化创新要立足于社会实践的发展，其基本途径是“继承传统，推陈出新”。文化创新既是一个取其精华、去其糟粕的改造传统文化的过程，又是一个推陈出新、革故鼎新的创造新文化、发展先进文化的过程，既是一个民族文化相互交流、融合的过程，又是一个借鉴、汲取人类一切优秀文化成果、发展民族文化的过程。

第二,“面向世界,博采众长”。文化创新着眼于文化传播,必然要经历的过程是“面向世界,博采众长”。不同民族文化之间的借鉴、交流和融合,也是文化创新必然经历的过程,也就是说实现文化创新,需要博采众长,进行文化借鉴,学习和吸收各民族优秀文化成果,以发展本民族文化。文化多样性是文化创新的重要基础。在这里要注意相互借鉴、平等交流,要正确处理文化差异和文化竞争与文化合作的关系。另外,要注意正确的学习借鉴方法,即“要以我为主,为我所用”,植根于自己民族的文化土壤,不断实现中华民族的文化创新。

第三,“坚持正确的方向,克服错误倾向”。要保证前两者的实现,从文化创新自身来讲,必须“坚持正确的方向,克服错误倾向”,这是文化创新具体实现的重要保证。要坚持正确的方向,就要认清对待本民族和传统文化中拒绝接受新文化和任何外来文化的“守旧主义”和“封闭主义”,以及一味推崇外来文化,根本否定传统文化的“民族虚无主义”和“历史虚无主义”两种极端的错误倾向,从而树立正确的文化创新方向,立足于改革开放和社会主义经济建设的实践,着眼于人民群众不断增长的精神文化需求,在历史与现实、东方与西方的文化交汇点上,发扬中华民族优秀文化传统,汲取世界各民族文化的长处,在内容和形式上积极创新,努力铸就中华文化的辉煌。

二、创意产品是文化创新的产物

文化的社会认同力与感召力使创意产品更能经受市场考验。凡是受欢迎的创意产品一定是符合文化时代潮流的产物,必然是文化创新的产物。它能为产品提供跨越时间与空间的价值增长潜力。凯夫斯认为,艺术不朽属性标志着创作元素的耐久特点,如视觉艺术、作家的书籍、艺术家表演的电影或录像。拥有者可保存创造性作品或对其定期回顾,以吸引新的消费者或唤起他人的美好回忆。拥有者可以——几乎是同时——在许多不同的市场上得到收入。这些市场可能会被国界或其他界限分隔,或者通过对核心创造性商品以不同体现方式进行重新诠释和包装进行分割。因此,在想象力也可以充当资本投入的创意经济时代,创意作品期望以生动的、情趣化

的和互动的方式来表达一种对历史、现实和未来的独到理解，并通过产业化来达到提高消费者效用的目的。此时，消费者效用除了表现为传统范畴的知识吸收与学习收益以外，更重要的则是在文化认同基础上的共鸣和被感染过程，甚至通过激发消费者的创造力使其自身也扮演起新创意的供给角色，从而将消费者的效用挖掘到极致。反过来，创意产品如果不能做到与消费者互动和得到他们的认同，其市场化过程就会受阻，创意产业则将面临很大的风险。相应地，对文化的包装、输出与内容创新也就成了创意在产业化过程中的精髓所在。

由于产业界限的打破，创意在其产业化过程中得以利用其处于价值链高端的优势，重新组织生产、销售流程，并重塑产业结构。这说明与传统产业不同，创意产业在赢得竞争时凭借的不仅是成本上的节约优势，更主要的则是基于价值链治理的组织优势，它以文化创新为基础、产业融合为依托，使工业化阶段以追求规模经济为主的产业技术范式发生了向后工业化阶段以获得跨领域范围经济为目标的新技术范式的转变。创意产业的发展以资源的反复利用为特征，所以作为最终消费品它不仅高度契合了消费者效用提升的需要，而且在充当中间投入品时也本着顾客价值创造的导向原则，通过对客户需求的创造性把握，来提供多样化的定制生产与服务，以获取异质竞争的利润。此外，以新技术应用为基础的分销形式的出现，取代了传统的批发销售模式，使销售过程变得更加具有计划性，更能够针对购买者情况提供优质、高效和便捷的服务，进而使得上游的内容创新和文化创意能够因时、因地创造产品的附加价值。不仅如此，由于创意产业处于价值链的高端位置，所以它可以通过灵活的组织优势，如外包网络、战略联盟、兼并收购等拥有跨越横向产业和辐射全球的范围经济。

三、文化创新是创意的产业化核心

创意的产业化必须以文化创新为核心，充分利用高新技术、依托严格的知识产权保护、依靠高效便捷的金融服务体系和全球贸易市场，从而完成对各产业所有生产环节的渗透。因此，促进创意产业化发展的关键因素有以

下几个方面。

（一）文化创新是创意产业发展的核心

创意产业实际上有两个部分，一个是创意，一个是产业，所以创意产业本质上就是创意的产业化，是以文化创新作为产业发展的核心。创意产业的出现是知识、文化在经济发展中地位日益增强的结果。推动经济发展的主动力是知识创新。创意产业的创新主要指文化创新，文化创新能够为产品和服务注入新的文化要素，为消费者提供与众不同的新体验，从而提高产品与服务的观念价值。创意产业提供的文化创新与科技创新一起，构成提升产业附加值和竞争力的两大引擎。创意产业一旦失去创新，也就是失去了在产业链上进行价值分配的控制地位，失去了创造价值的基础以及参与市场的竞争力。

（二）文化是创意产业发展的灵魂

文化是一个城市特征的内涵，是一个城市特色的灵魂，文化具有的鲜明民族特性，形成了独特魅力，很难进行引进与模仿，这使得文化特性在全球经济竞争中具有强大的竞争力。伴随着城市复兴兴起的创意产业，深深打上了城市文化的烙印。文化是创意产业发展的灵魂，不仅表现在市场竞争已从产品竞争转向文化之争，文化可以增强产品的竞争力和附加值，提升城市或企业的形象价值，更重要的是以文化为底蕴的观念价值决定了产品的市场价值，并且能够提升产品的辐射能力和品牌亲和力。以文化为灵魂的创意，正是借助于文化的特性、文化的张力，从而能够保持其强大的产业竞争力和生命力。

（三）多元文化在融合与共生中实现创新是创意的土壤

经济中心城市聚集着来自不同国家、不同文化、不同行业的艺术家和设计者，他们相互交流，进行各门类创意设计和信息的相互渗透，形成创意产业内部互动共生和竞争的格局。经济全球化的推进，造成了贸易全球化、产品全球化和文化国际化，这在客观上为创意的产业化发展提供了资源和空间。创意最重要的载体是人，而且是开放的、流动的、具有多元化视角和思

维的人。人的多样性带来文化的多样性，在城市的多元文化中，既包括对传统文化的传承，地域文化的吸收，也包括对时尚元素的驾驭，而创意正是在这种不同文化间的交流、碰撞中产生的，所以说多元文化在融合和共生中实现创新成为创意的土壤，也是创意的活力之源。

（四）文化创新是创意产业链的构建基础

创意产业链是指从最初的创意到最终的创意产品直到消费者手中这一过程中包含各个环节的整个的链条。创意产业在产业价值链中占据高端，通过利润分配实现并决定产业链的发展。因此创意产业链的发展情况，将决定创意产业的发展方向以及创意产业的实际效果。创意产业链的构建，体现为迅速将创意产业化，将创意纳入生产、售卖和消费的轨道，向消费者提供各种创意产品。创意产业链将提供知识服务的创意产业、提供生产制造的制造业和提供销售服务的服务业连接起来，推进创意产业与其他产业的产品融合、技术融合从而达到价值融合的目的。而在这种一系列的连接、融合过程中，文化创新是最关键的基础因素。通过文化创新，使创意产业链通过价值链的垂直一体化来实现规模经济，抑或通过功能模块的分工与每一个价值模块的专业化经营来实现范围经济。

四、以创意为引擎，大力推进文化创新

推进文化创新，是贯彻落实科学发展观、构建社会主义和谐社会的内在需要，是发展社会主义先进文化的重要保证。推进文化创新是一项长期的战略任务，当前应围绕建设和谐文化，重点在以下几方面下工夫：

第一是推进文化理念创新。理念发轫于创意，思想是行动的先导。推进文化创新，首先应推进文化理念创新。推进文化理念创新，就经济社会层面而言，主要体现在创新文化的培育和创新精神的塑造上。应按照现代社会的发展要求，着眼于提升人的素质，积极培育创新文化，大力弘扬创新精神。就文化自身发展而言，主要体现在文化建设观念的更新、文化发展层次的提升上。应立足文化发展的新形势和新要求，牢固树立以人为本、重在建

设的文化建设理念，促进城市文化与农村文化、文化事业和文化产业、传统文化与现代文化、先进文化与大众文化全面发展。

第二是推进文化管理创新。文化管理创新，主要是理顺政府与文化企事业单位的关系，按照内增活力、外强实力的要求，在加强宏观管理的同时进一步放开搞活，通过市场来实现文化资源的配置、资本的投入和人才的聚集。应注重建立健全文化的宏观管理体制，加强对文化建设的依法管理和科学管理；加快文化部门自身职能的转变，建立健康、有序、协调的现代文化管理模式，实现由“办文化”向“管文化”转变；进一步明确公益性文化事业和经营性文化产业的不同功能和作用，有针对性地进行管理与引导；改革文化投融资管理方式，积极推动文化单位与其他社会团体、经济组织的联合，形成多元文化投资格局。

第三是推进文化制度创新。建立规范的体制机制，形成良好的制度环境，是推动文化发展的重要保障。当前，制度建设滞后仍是制约文化发展的重要“瓶颈”。因此，应进一步加大文化立法力度，尽快制定和完善各项文化法律法规，包括产业组织、投资融资、财政税收、分配激励、土地利用和文化资源保护开发、人才培养等方面，逐步使文化法律法规覆盖文化事业和产业发展的主要领域，同时，进一步加大文化执法力度，推动形成健康有序的文化市场环境。

第四是推进文化产业创新。发展文化产业是市场经济条件下繁荣社会主义文化、满足人民群众精神文化需求的重要途径。推进文化产业创新，需要加强对文化资源的挖掘、开发和利用，加强国有文化实体的培育和扶持，化资源优势为产业优势。应积极探索文化产业多渠道投入、多元化发展的途径，努力培育一批文化产业集团。

第五是推进文化技术创新。当今时代，文化发展与新兴技术的结合日趋紧密。推动文化发展，需要广泛采用高新技术提高文化产品和文化服务的科技含量及附加值。应积极采用先进技术改造传统文化产品，提高文化企业的自主创新能力，推动文化企业向劳动、技术密集型转变；积极培育和引进动漫制作、现代传媒等由高新技术支撑的文化产业，努力构建现代文化

产业体系;积极运用现代科技手段加强对各类有形、无形文化市场的监管,尤其是加强对网络的监管,营造良好的文化发展环境。

除了以上五点外,还要在发挥创意这个原动力积极作用的基础上大力推进文化观念创新、文化内容创新、文化形式创新和文化业态创新。

观念是行动的先导,观念不更新,就不会有创新的精神、创新的自觉、创新的行动,就难以实现文化的又好又快发展。内容创新是文化创新的核心,是文化发展的根本。要通过推进文化内容创新,不断创造出更多反映人民主体地位和现实生活、群众喜闻乐见的优秀精神文化产品,创造出站得住、叫得响、传得开、留得下的优秀精神文化产品,创造出经得起实践检验、人民检验、历史检验的优秀精神文化产品,给人民群众带来更多思想上的启迪、身心上的愉悦、审美上的享受。党的"十七大"特别提出设立国家荣誉制度,表彰有杰出贡献的文化工作者。一定的文化形式是任何一种文化生存、传播和发展的必要条件。文化创新不仅需要内容创新,而且需要在形式和手段上不断创新。只有既生产"阳春白雪",又生产"下里巴人",才能满足不同群体、不同层次人们的文化需求。新的文化业态不断涌现是文化发展的规律,是文化生产和传播领域革命的重要表现。文化业态创新既为扩大文化阵地、加快文化发展提供了新的途径,也为各种文化形态的变革创造了新的机遇。

第二节　创意与科技创新

人类具有进步意义的社会行为分成两类:创新行为和复制行为。创新行为,是通过单体突破形成崭新的内涵价值;而将创意和创新兑为现实,加以复制的行为,是通过批量生产和广泛传播实现其普遍的外显的价值。创意唯有着眼于大众化、商业化和社会化,才能最终实现其价值。创意分成两类,即主要具有私人产品与服务意义的创意和主要具有公共产品与服务意义的创意。前者要有直接商业模式,具有短期的、局部的投资价值,以吸引私人投资,由市场力量支持;后者要有间接商业模式,具备长期的、整体的投

资价值，以吸引公共投资，由政府与社会公共力量支持。

一、科技创新诠释

这里的创意，是指文化创意，而不包括科技创新。在经济社会已进入到知识经济发展阶段的今天，知识产业成了经济的主产业，知识创新力成为经济发展的主动力，而文化创意与科技创新作为知识经济的核心，是提升产业附加值和竞争力的两大引擎，是经济增长的双翼。当代科技创新呈现以下几个特点：

一是科学发现、技术突破及重大集成创新不断涌现，呈现出群体突破态势。

二是在学科纵向深入的同时，领域前沿不断拓展，学科间交叉、融合、会聚，新兴学科不断涌现，呈现协同发展态势。

三是科学发现、技术创新到商业应用的周期越来越短，科技对经济社会发展的引领作用愈加显著。

四是科技与教育、文化的关系日益密切，科技教育相互促进趋势明显。

五是国际科技竞争日趋激烈，国际科技交流与合作日益广泛，呈现出各国科学家之间竞争合作与相互依存的新局面。

科技创新在于改变产品与服务的功能结构，为消费者提供新的更高的使用价值，或改变生产工艺以降低消耗和提高效率；而文化创意为产品和服务注入新的文化要素，如观念、感情和品味等因素，为消费者提供与众不同的新体验，从而提高产品与服务的观念价值。在物质生产还不发达时，人们的需求更关注于使用价值，而随着经济的发展，物质生产日益丰富，人们对观念价值的追求也日益重视，于是创意产业的发展就有了广泛的市场基础。科学技术上的创新活动虽然也会融合创意，但是科技创新通常是凭借某种程序或某种方法的使用；而文化创意则是通过观念、感情和品味的传达，赋予文化产品和文化服务某种独特的“象征意义”。

可以说，以文化为基点的创意是科技创新的母体，是经济社会发展的先声。历史经验表明，创意的母体——文化影响着科技的生成、发展与传播，

影响着创新的进程和结果。文化的进步必然包容当时的科技发展和创新成果。所以说,文化创意与科技创新的互动是近代文明演进的主旋律。当代的科技创新在与文化、经济和社会的互动中,扮演着越来越重要和主动的角色。

先进生产力的出现不以人的意志为转移,它总要寻找落脚点,而且往往由最灵动的创意发起,在最适宜的文化环境里实现突破。一个社会的文化氛围和创意环境不仅影响科技知识和成果的出现,更会影响到科学知识的传播以及科技成果向现实的转化。工业化的历程告诉我们:越是创意聚集和创新活跃的地方,就越容易形成产业革命的广阔舞台,越容易形成创意与创新集群以及各类资源汇聚的经济中心,一旦创意环境与创新活力丧失,就面临着在竞争中出局的危险。18 世纪以来,世界的科学中心和工业重心从英国转到德国、再到美国,表面上是地理位置的更替,实质上是创意与创新能力强弱转换的结果,其中无不包含着深厚文化的根由。

17、18 世纪,由于有较为宽松的宗教背景,由培根、莎士比亚等人推波助澜的人文主义思潮,为牛顿、胡克、波义耳等科学家们发掘创意思维进行自由的科学探索并提出有创见的理论提供了优越环境。海上贸易的扩大使先进的市场意识、商贸手段大行其道,为纺织机、蒸汽机等技术的发明和产业化创造了有利条件。科学大师与企业家的竞相辈出,造就了英国当时的世界科学中心和产业贸易中心地位。但在此后,由于绝大多数科学探索活动封闭在皇家学会的小团体里,学术与生产相对脱节,创意土壤逐渐贫瘠,导致英国的科学及工业技术逐渐丧失了早期的领先优势。

德国的科学发展得益于马丁·路德的宗教改革和横扫欧洲的启蒙运动,以及康德、黑格尔等思想家对科学方法的总结和传播,也得益于歌德、席勒等人领导的浪漫主义运动。在 19 世纪,德国科学家将大学教育与专业研究室结合起来,为学院文化注入了创新要素,大批青年人才有机会直接参与科学前沿的探索活动。这一模式催生了现代大学和研究开发机构,开辟了优化小环境、培养创新人才的先河。从这里走出的一大批人才成为德国崛起的重要力量。德国实现了先进的钢铁生产技术和生产体制的变革,促进

了钢铁工业的发展，并在有机化学和煤化学研究方面有所超越，发展了合成化学工业，使之成为重要的出口工业，成为产业技术进步的突破口。1875 年左右，世界科技中心由英国转移到德国。1895 年前后，德国的经济总量超过了英国。但是科学的繁荣不代表国家强大，到后来，德国科学也饱受人种优异论、法西斯政治等极端主义的摧残，两次大战彻底改变了德国的命运和德国人的心态。

美国科技和经济的发展是创意与科技创新互动发展的典范。美国是个移民国家，这决定了其文化的包容性，反过来又变成了创意土壤形成和激发创新的重要条件。开放性的移民文化为各种文化观念的撞击创造了条件，人们在竞争、迁徙中形成的实用主义思想观念，导致了更加重视策略、看重效果的行为模式。因此，以市场机制促进科技成果的产业化，探索管理机制的创新在美国都得到鼓励。20 世纪初，许多技术发明并不是发生在美国，却在美国以最快的速度实现了产业化，如内燃机和电力的普及带动了美国经济迅速发展。美国较早实现了规模化生产和科学管理，高生产率和便宜的商品是美国经济崛起于世界的有力武器。美国企业还较早地将研究开发机构纳入企业，并且成为企业的核心部门，解决了科研和生产的对接问题。在美国，"大科学"和开放式研究机构的形成，使科技与经济、政治、社会，特别是由于美国地位变化所带来的价值观的变化更密切地联系在一起。风险投资不管其源于何处，在美国可得到最快的发展，成功地实现了金融、投资和科技成果、人才的有效结合。第二次世界大战（以下简称二战）后至今，由于其富饶的创意土壤和发达的创意文化，虽然不断受到其他工业化国家的挑战，但美国在主要高技术领域的领先地位仍然不可动摇。

二、创意与科技创新的关系

创意之所以能产业化，创意产业之所以能在全球范围出现并漫延是与科技创新密不可分的。首先，由科技创新而带来的现代科技高速发展提升了人们的生活水平和生活质量，精神性的消费需求得以大量释放，这些消费对象包括出版产品、艺术、快乐体验等。其次，创意的产业化发展必须建立

在信息科技发展的基础上，比如大众传媒技术的广泛出现和发展。一方面，信息技术提供了创意得以产业化的手段，另一方面，大众传媒的发达也激起了文化的大众化消费热潮，进一步又刺激了创意的产业化进程。最后，高度个性化的创意产业领域，一方面需要多样性的文化资源和文化想象力，另一方面也高度依赖现代电子信息技术手段，只有在虚拟的空间里，才能真正比较自由地实现“没有做不到，只有想不到”的个性创意境界，虚拟技术的普及正好与个性化的消费时代合拍，真正实现了个人生产、个人沟通、个人消费的三位一体。

从胡戈创作《一个馒头引发的血案》①引发的一场空间网络热潮到超级女声现象、盛大网游缔造的传奇、网络歌曲创造的巨大产值等鲜活的实例都能看出，在这些看似以内容取胜的例子中，其实背后都离不开科技创新。所以，创意是让科技走向市场的催化剂，科技和创意结合的部分是创意产业最好的生长点。通过科技创新，以内容撬动消费者的心灵，把科技和文化结合，是创意产业化的核心。

但是必须明白，科技与文化结合是创意经济发展最活跃的领域，但却不是创意产业的全部。为什么说科技与文化的结合不是创意产业的全部呢？因为与纯粹的制造业产品创新不同，由创意引发的经济形态既活跃在依赖科技创新的供给主导型创新活动中，也普遍产生于顾客（市场）导向型的创新实践中，而且创意的产业化对于“创新回路”的完整性和闭合性要求并不如制造业技术创新那样苛刻，后者贯穿于新技术开发与应用的整个“创新回路”之中，而前者的创新则可以在多个价值链环节中分别和同时进行。而且，创意在产业化中的创新并不完全依赖于科技创新，它属于渐进创新、增量创新的边际创新范畴，具有相对的独立性。来自于制度、组织、战略、政策等广泛非技术领域的创新动因，起到了协同与保障创意产品或服务市场价

① 2006年，通过互联网，《一个馒头引发的血案》被称为史上最强评论，其剧情紧接《无极》，故事借某法制节目的形式，向大众讲述了整个故事的发展和结局，发人深省。在一定程度上，《一个馒头引发的血案》可以说是草根文化在新媒体时代兴起的一个标志。

值增长的作用，并最终将引起技术创新模式的适应性变革，这不仅会使商品的价值来源更趋多样化，而且还将大大缩短整个创新的过程，大幅提高知识流动、专业化分工的效率和产品的市场竞争力。基于有效整合产业资源的市场能力，创意的产业化过程对传统与高科技产业具有普遍的影响力，既包括由信息技术支持的数字设计业（如网站设计、互动软件的虚拟设计、印刷品设计），也涉及传统的、以提升美学价值为主的手工脑力劳动（如珠宝与装饰品设计等）。

相对而言，创意的产业化活动对发展环境的要求比纯粹的科技创新要更高一些，涵盖面也更加广泛。科技创新的动力主要来自于市场竞争的激励，更容易获得企业、政府和风险资本市场的支持。然而，在技术不发达与消费水平低下的阶段，创意的市场价值很难被发现，即使被发现也往往会被低估，或者缺乏实现的各种条件。停留在个体认知与意识阶段的创意思维在向价值转化之时，只依赖市场竞争机制是远远不够的。由信息经济提供的技术力和传播力作为必要条件，将使个体层面的创意获得广泛受众的积极响应，并成为下一轮创新活动的先导力量，使创新不仅专注于研发等源头环节，而且还贯穿于产品和过程的终端与中间环节，甚至会对创新系统的广义组织架构产生变革性影响。这其中既包括大量的以文化内容产业为核心的非技术创新活动，而且还将带来与创意阶层的自我价值实现和再生产密切相关的城市营销、竞争与发展理念的全面创新。

从后进国家追赶并超越先进国家事例中，可以看出这样一个共同的特点，即后发国家都是以创意为引擎，以科技创新为经济发展的动力。从微观层面，可以这样来描述创意与科技创新：创意是通过内容的创造使人在有限的自我时间中拥有更精彩的体验；科技创新则是通过效率的提高使人拥有更多的自我时间。那么，创意与科技创新又有怎样的关系呢？

一方面，创意在其产品形成过程中，必然有科技创新的成分，也就是说，创意产品是个人创造力与科技创新的集成。创意产品由于其独有的特征、基调和风格，所以拥有了自己的生命力和竞争力，创意是创意产品的灵魂。科技创新则是将创意转化为产品的方法和手段，是创意产品形成的推动力，

也是传播创意产品的重要途径。

另一方面,科技创新一直是生产组织发展的动因之一,对创意的产业化过程来讲,科技创新的影响力更不容忽视。具体来讲,科技创新对创意的产业化过程有以下作用:

第一,科技创新可以极大拓展创意的产业领域。科技创新为创意开拓了全新的产业领域。仅以网络技术为例,就有网络游戏、网络媒体、网络培训、网络教育、网络娱乐等新兴产业类别,而网上的电子竞技体育也越来越受到人们的关注,虚拟世界里的体育比赛同现实世界中的一样令人振奋。这些新产业类别的生产组织方式和具体生产过程都与传统产业有着较大的区别,它必须充分利用科技手段予以支撑。

第二,科技创新能积极促进创意的产业分工。创意在其产业生产过程中,随着科技手段的广泛应用,特别是随着数码技术的应用,产生了新一轮的分工。例如,在建筑设计领域,产生了数码模型制作;在广告制作中,产生了三维动画制作。这些新的分工促进了生产组织内部的合作,提高了生产效率和产品质量。

第三,科技创新不断改进创意的产业生产方式。科技创新对创意的产业生产方式的改变是巨大的。仅仅利用数字技术,报刊书籍的制作过程就有了质的飞跃;传统摄影、电影拍摄也开始进入数字技术阶段;电视也开始进入数字时代。这些生产方式的变革不仅提高了生产效率,而且极大地提升了产品的质量。

第四,科技创新大大降低创意的产业生产成本。科技创新在改变创意产业生产方式的同时,也降低了生产成本,提高了生产效率。例如,在戏剧的生产过程中,传统上要用手工操作的模式来进行舞台设计,现在,利用先进的计算机技术可以在“演艺虚拟实验室”里展现舞台的各个要素,包括场景、灯光、人物、道具、服装、特技等。这些要素被存储在相应的数据库中,编导可以根据需要随时方便地调用这些元素,构建舞台场景,这不仅加快了制作周期,而且大大降低了创作成本,同时还丰富了编导的艺术创作,增强了作品的艺术效果。

创意不仅需要丰富的文化内涵，更需要科技创新。科技创新是创意产业的巨大助推器，创意在其产业运作过程中运用现代科技构筑竞争的壁垒，科技的发展不断拓展着创意的产业领域，并使创意产业的竞争力得到不断提升。

第三节　创意与经济发展

著名经济学家罗默[①]早在1986年就曾撰文指出，新创意会衍生出无穷的新产品、新市场和财富创造的新机会，所以新创意才是推动一国经济成长的原动力。1990年，著名经济学家波特[②]提出了经济发展四阶段论。这四个阶段是：经济发展的主要驱动力来自廉价的劳力、土地、矿产等资源的"要素驱动阶段"；以大规模投资和巨大规模生产驱动经济发展的"投资驱动阶段"；以技术创新为经济发展主要驱动力的"创新驱动阶段"；追求个性的全面发展，追求文学艺术、体育保健、休闲旅游等生活享受，成为经济发展新的主动力的"财富驱动阶段"。随着经济发展的主要驱动力的变化，21世纪迎来了知识经济时代。创意经济是知识经济的核心内容，是新经济的重要表现形式，没有创意，就没有新经济。阿特金森和科尔特1998年明确指出，美国新经济的本质，就是以知识及创意为本的经济（The New Economy is a

---

① 约翰·E. 罗默（John E. Romer），现为美国耶鲁大学政治科学系教授，是当代美国著名左翼经济学家和政治哲学家，也是20世纪70年代后流行于英美的分析马克思主义的主要代表人物之一。

② 迈克尔·波特（Michael Porter）先后获过威尔兹经济学奖（Wells Prize in Economics）、格雷厄姆—多德奖（Graham and Dodd Award）、亚当·斯密奖（Adam Smith Award）、查尔斯·库利奇奖（Charles Coolidge Parlin Award）等，还4获麦肯锡奖（McKinsey Awards）。波特博士不仅是瑞士信贷波士顿第一银行（Credit Suisse First Boston）、杜邦（DuPont）、英特尔（Intel）、爱德华·琼斯（Edward Jones）、Navistar、宝洁（Procter & Gamble）、壳牌（Royal Dutch Shell）等公司的顾问，也在政府和国际组织的政策制定中扮演重要角色。1983年，他应邀出任里根总统（Ronald Reagan）的产业竞争委员会主席，开创了企业竞争战略思想，引发了美国乃至世界的竞争力讨论热潮，带动了美国当时的经济复苏。作为最备受推崇商学大师之一，波特博士撰写过17部书及70多篇文章。其中，《竞争战略》（Competitive Strategy：Techniques for Analyzing Industries and Competitors）一书出版了53次，被译为17种文字；另一著作《竞争优势》（Competitive Advantage：Creating and Sustaining Superior Performance）也再版32次。

knowledge and idea based economy)①,新经济往往被视为知识经济的同义词,这两位学者再次将知识经济等同于创意经济。

经济发展分为外延型经济增长和内涵型经济增长两种模式。外延型经济增长模式是依靠要素投入推动经济发展的。这种增长模式在经济发展初始阶段会促使经济快速增长,但发展到一定阶段后,将对能源、原材料的需求大大增加,经济发展势必会陷入受能源等供给制约的窘境。内涵型经济增长模式是通过要素的重新组合和技术的进步,以较少人力、物力和财力的消耗来促进经济发展的。在当今时代,由于信息、智力、知识在经济结构中的地位日趋重要,包含各种创意的信息文化、科技文化以及文化艺术正在不断扩张,强力渗透到经济之中,并参与经济循环、促进经济增长。这种由创意引发的内涵型经济发展模式最终成为一个国家和地区的首选和必选模式。

一、通过创意实现产品的价值增值

创意产业化的核心是创意产品。创意产品是生产经营者向消费者提供的与科技、文化、艺术价值广泛关联的产品和服务。创意产品除了和普通商品一样的特性外,还具有其特有的持续增值性,而这个特性也正是使得创意产业具有不同于其他产业特性的源泉。那么,如何通过创意实现产品的价值增值呢?

第一,创意产品在其生产与销售过程中,其内在的知识价值和文化价值会不断地实现自我提升和增值。创意产品中的文化价值是使用者在思想、艺术和审美等精神上获得的价值,它是极具个性化和特性化的,不会因使用而减少,反而能够经过使用者的价值转化而产生新的文化价值。创意产品中的知识价值具有很明显的潜在增值性,它是通过创造者的复杂脑力劳动和依附的体力劳动转化而来的。知识总是在不停地运动着,而且不停地在

① [美]罗伯特·D. 阿特金森(Robert D. Atkinson)、雷纳夫·H. 科尔特(Ranulph H. Court)著,《美国新经济——联邦与州》,焦瑞进、刘新利译,人民出版社,2000 年版。

更新、替代。当创意产品中的知识价值发挥作用时,往往会产生更先进的知识,出现知识价值的自我提升和增值。

第二,创意产品具有的知识和文化价值,能够提高劳动者的素质以及经济增长的潜质。创意产品能够帮助人们了解和掌握自然规律和社会历史发展规律,能够使人们从中获得知识、技能、生产经验和社会生活经验,能够使人们愉悦性情,获得娱乐和美的享受。此外,更重要的是,创意产品的知识和文化内涵能够对经济的发展产生反作用,它可以影响物质产品的创新含量,影响劳动者的整体素质等。

第三,创意产品的内涵是知识和文化的传播及扩散的一种形式。这种传播、扩散的社会作用,可以塑造一股创新的风潮,并且营造积极向上的文化氛围。这是因为创意产品所蕴含的思想、知识、精神、情趣等最终会影响消费者的思想观念,从而影响其他人的行为,进而作用于社会并形成一定的创新风气和社会文化环境。

第四,创意在产业化过程中不仅会使本产业产品实现增值,而且通过对其他产业的投入和产出使创意产品生产的上、下游产业都实现了增值,并实现了知识、技术和文化创新的有效扩散,能不断地实现知识、技术和文化的再创新和多次创新扩散,从而创造更多的社会需求。这些社会需求通过诱导和激发,将通过创意复制和再创意激发巨大的市场机会与空间,也就进一步形成了巨大的商业化源泉,从而获得更多的价值增值。

二、通过创意转变经济增长方式

在知识经济和信息时代,经济的增长主要依靠技术和知识的投入,以创意为核心的产品无论是作为技术样式的存在,还是作为知识形态的存在,都显示了在经济增长方式转变中的特殊地位和作用。

文化因素在经济发展中的一个显著作用,就是增加现代商品中的文化含量和文化附加值。以创意为中心的产业是高附加值产业,并具有很强的渗透力和辐射力。创意可以与任何一个产业结合,并产生强大的生命力,它不会破坏已有的产业,只会在很大程度上促进既有产业的发展,给原来单纯

的产业集体带来高额增加值。具体地说,创意与传统产业结合,可以大幅度提高传统制造业产品的文化和知识含量,进而提高产品附加值,提升传统产业的品牌知名度和国际竞争力,有利于促进传统产业的结构调整,进而推动传统制造业向高增值产业升级。

由于创意具有很强的渗透性,因此能够将技术、商业、创造和文化融为一体,使制造业得以延伸,有利于拓展制造业的发展空间。创意在生产环节上不仅占据了价值链的高端,而且有广泛的产业关联性,其核心职能是为众多行业生产提供服务,在创造自身价值的同时必然带动相关产业的发展,这使创意成为众多产业的高成长基础①。

此外,创意可以提高消费中文化的含量,其强大的辐射力,不仅有利于扩大产品与服务的市场,还有助于推动消费方式的转变和消费结构的升级,并进一步促进产业结构的优化和升级,从而促进经济的增长。同时,发展创意产业有利于培育新的经济增长点。创意可以直接促进产业繁荣并扩大消费需求,实现消费需求与经济增长之间的良性循环,促进社会经济发展。

创意还可以带来经济结构的根本性变革。除了对传统制造业的促进作用之外,对原有的包括服务业在内的第三产业结构有着巨大的提升和催化作用,还促使传统的第三产业迅速裂变出新的产业群,由此将第三产业结构提升一个档次,推动城市的综合服务功能攀升到更高境界,从而大大促进城市经济的发展②。

由此可见,创意不仅可以迅速提高第三产业在 GDP 中的比重,而且还可以优化第三产业本身的内部结构。此外,通过文化创造与商品经济的结合,创意不断制造和输出反映艺术时尚、意识形态和生活方式等文化符号的产品和服务,进而获得更高的经济效益。由于其特有的知识与文化以及创新含量所带来的大幅提高产品附加值的能力,以及通过设计、展示及广告传媒

---

① 陈立旭:《都市文化与都市精神——中外城市文化比较》,东南大学出版社,2002 年版。

② 林拓:《世界文化产业与城市竞争力》,见林拓、李惠斌、薛晓源:《世界文化产业发展前沿报告》,社会科学文献出版社,2004 年版。

等手段提供商务中介服务的能力,创意在日益发展的现代服务业及新一轮产业升级及产业结构调整中扮演着不可或缺的重要角色。

三、通过创意促进经济协调发展

文化是保持国民经济及社会发展持续稳定和协调的重要因素。创意就是以文化为基础,以文化消费为出发点,强调文化艺术的表现,最终促使文化市场化、商业化,所以说创意既能继承和发扬文化传统,又能带来社会经济和文化的繁荣。

知识经济时代,随着整体生活水平的提高,精神文化层面的需求越来越旺盛,人们开始追求时间与智慧的价值,在恩格尔系数不断降低的同时,文化消费在日常支出中所占的比重不断增大。在21世纪,文化活动在社会生活中所扮演的角色已经发生了变化,它可以作为一种产业,通过文化产品的生产、传播、消费等来达到提供就业、增加出口、提高税收、创造财富等目的。而文化产业的核心动力就是创意,由创意驱动的文化产业不仅在经济上有很好的效益,而且在社会协调发展方面的作用也是非常突出的。

创意不仅能营造出新的现代时尚生活,而且还可以通过其产业化来改善经济环境和社会面貌。一方面,创意通过其本身的发展和产业化促进了城市创造力的提升,从而带动了经济的发展,也提高了人们的生活质量。另一方面,创意的发展需要宜人、快乐、尤其是宽容的社会环境。因此,创意离不开宽松愉悦的社会环境,而宽松愉悦的社会环境正是创意的出发点和归宿。

创意所信托的,不仅仅是精英文化,更有大众文化。创意在产业化过程中所起到的协调社会结构等功能,使文化不再是一种辅助性行为,而变成了一种社会驱动力。

创意行为(包括创意的产业化过程)具有教化功能,它通过为人们提供一系列关于对与错、善与恶、美与丑、真与假、好与坏、是与非等思想观念,从而形成一定的人格修养,规范和影响人们的社会行为。另外,创意行为在为

大众提供各种文化娱乐和文化服务的同时(空余时间消费、肌体放松、感情宣泄、心理平衡等功效),起到了维护社会稳定的作用。再就是创意在产业化中形成的商品同时还具备学术、艺术的特性,因此,人们在消费这种产品的同时也受到了感官的刺激和心灵的陶冶,所以,创意行为有利于精神文明的建设。

创意经济的发展,必须以科学发展观为导向,以实现最广大人民的根本利益为最高标准,以产业化为途径,极大地促进先进文化转化为先进生产力,从而真正落实城乡发展、区域发展、经济社会发展、人与自然和谐发展、国内发展和对外开放的五个统筹。创意的最大现实意义就在于最大限度地满足人们的精神文化需求,实现经济效益和社会效益的统一。

四、通过创意促进经济可持续发展

创意的基础和过程,尤其是其产业化的基石只能是知识,所以是不存在其他产业产生的环境污染问题的。创意产业与传统产业的最大不同点就是传统产业对土地等自然资源有着巨大需要,而创意的产业化不受土地等相对稀缺资源的限制,消耗的物质能源少,取得的效益大。在环境日益恶化的今天,创意的产业化对经济发展和保护环境来说具备着独一无二的优势。它显然是最有利于促进经济可持续发展的产业增长点。

除了对自然资源的保护以外,创意在其产业化过程中还可以保护现存的文化资源,它对已有文化资源的继承和对现在资源的利用也可以体现出创意产业是一个面向未来、可持续发展的朝阳产业。创意工作者通过自己的努力,把很多传统产业所废弃的资源加以改造和利用,形成了一个又一个令世人瞩目的创意佳作。如,美国曼哈顿的“苏荷”(SOHO)①、英国泰晤士

---

① 闻名于世的文化创意产业集聚地。二战前这里是纽约的老工业区,二战后纽约制造业逐渐衰退,“苏荷”地区闲置了许多厂房和仓库,一批艺术家稍加改造后作为创作、展示和经营文化艺术的场所。纽约市政府曾想拆除,改建现代化的办公楼和高级公寓,但遭到民众反对。20 世纪 70 年代,市政府终于决定将“苏荷”列为历史文化保护区,明确规划这里以艺术经营为主,“苏荷”重新走向繁荣。

河南岸[①]、德国柏林的哈克欣区[②]、加拿大温哥华哥兰桂岛[③]、日本北海道小樽运河[④]、北京的798艺术工厂[⑤]以及上海的泰康路[⑥]等。

这些创意产业集聚区，不仅利用了现有建筑创造了创意的产业发展平

① 伦敦泰晤士河南岸地区是伦敦市最迷人的地区之一，拥有全国最好的艺术、文化中心，是一个多元的富于活力的工商业和住宅混合区。南岸地区还拥有了如“伦敦眼”、OXO塔楼等伦敦最著名的建筑。位于该地区著名的泰德现代艺术馆是由原本可能被拆除的火力发电厂改建而成的。经过近4年经营发展，这里成为全世界吸引游客最多的美术馆、英国文化创意产业发展的典范，同时带动泰晤士河南岸地区从贫困衰退的旧工业区走向富裕的文化繁荣地区。

② 德国柏林由7座大院组成的哈克欣区原来十分萧条，今天已经改造成为多功能的休闲区，它的阿埃德斯建筑画廊已经成为世界著名的建筑展览中心。

③ 加拿大温哥华正在经历后工业化时代的产业结构调整，工厂、码头和仓库占据的岸线正让位给城市生活，距市中心步行仅10分钟距离的煤港已经变成居住区。位于内河边的歌兰桂岛原来是温哥华的工业区，工厂搬走以后，这里曾一度萧条，现在已改造为充满活力的都市蒙太奇和城市绿洲，受到当地市民和游客的青睐。岛上有公园、旅馆、餐厅、酒吧、航海和划艇俱乐部、美食广场、啤酒厂、工艺创作室、画廊、剧院、儿童天地市场和各种商场，其间还有一家美术设计学校。在街心广场上，人们可以欣赏来自世界各地的街头艺人的说唱弹跳。

④ 小樽在北海道西部，面临石狩湾，20世纪初叶，小樽便已成为与欧洲和俄罗斯进行粮食贸易的重要港口，不少银行和企业纷纷来此发展，甚至被人称为“北方的华尔街”。昔日运河里曾拥挤着无数装卸货物的舢板，沿岸都是砖石结构的仓库，一派繁忙景象。如今这些仓库建筑都改成了玻璃工艺品商店、茶馆、餐厅和大型商铺。到了傍晚时分，石板街道和两旁亮起的汽油灯使城市充满了怀旧气氛，让人感到十分亲切温暖。

⑤ 2000年12月，原700厂、706厂、707厂、718厂、797厂、798厂六家单位整合重组为北京七星华电科技集团有限责任公司。七星集团是北京市及电子城园区最早一批认定的高新技术企业，由于对原六厂资产进行了重新整合，一部分房产被闲置了下来。为了使这部分房产得到充分地利用，七星集团将这些厂房陆续进行了出租。2002年2月，美国人罗伯特租下了这里120平方米的回民食堂，改造成前店后公司的模样。罗伯特是做中国艺术网站的，一些经常与他交往的人也先后看中了这里宽敞的空间和低廉的租金，纷纷租下一些厂房作为工作室或展示空间。“798”艺术家群体的“雪球”就这样滚了起来。由于部分厂房属于典型的现代主义包豪斯风格，整个厂区规划有序，建筑风格独特，吸引了许多艺术家前来工作定居，慢慢形成了今天的798艺术区。

⑥ 上海泰康路有三个特点：一是保存了老上海的风貌特色和历史上遗存的许多建筑；二是形成了以艺术家为主体的视觉传达艺术设计中心、服装设计中心以及艺术创作与展示中心；三是已经成为上海发展知识经济的新的增长点。泰康路是多元的模式，这里有陶艺工作室、美术设计公司、服装设计公司、画室、摄影工作室、建筑设计事务所、室内设计工作室、出版社、广告公司、艺术馆、健身房、武术房、书店、古玩店、服装店、咖啡馆、酒吧、娱乐中心……既是中国近代工业的一个缩微博物馆，又是现代生活的展示场所，有各种兴趣爱好和知识背景的人都可以在这里找到知音。现在，泰康路已经成为一个国际社区，一个“小世界”，来自英国、美国、澳大利亚、丹麦、南斯拉夫等国家及国内各城市、港台地区的艺术家、建筑师和设计师在这里一起创业。这里有大牌艺术家，也有目前还名不见经传的年轻艺术家，他们的共同点是把艺术作品和艺术思想介绍给全世界。他们在中国文化中寻找灵感，使中国的传统工艺和艺术国际化。

台,而且还保护了历史文化财产。工业老厂房、老仓库运用新的模式设计和改造为历史的留存注入了时尚、创意的元素,使保留的旧厂房成为现代城市景观的新景象,也促进了创意价值链的形成,是城市历史与未来承接的良好典范。创意在一定程度上避免了城市文脉的中断,不仅保留了具有历史文化价值的建筑,而且通过历史与未来、传统与现代、东方与西方、经典与流行在这里的交叉融汇,为城市增添了历史与现代交融的文化景观,对城市经济的发展产生了巨大的推动作用。可以说,创意是城市健康发展的新的激励因素。不需要占有和使用新的资源,仅仅靠人才的创造力和集聚效应就能使面临废弃的老城区焕发青春,这正是创意在提升地区文化品位、保护环境、保护历史和实现区域经济协调发展方面巨大推动力的具体体现。

五、通过创意增强城市综合竞争力

创意的本质是创新,这种创新具有裂变效应。创新能力是国际竞争力的核心能力之一。20 世纪 90 年代以后,随着知识经济的深入发展,文化商品生产与消费的大幅度增长以及创新速度的加快,都将城市与区域推向了全球竞争的前沿。创意在其产业化过程中所体现的正是区域经济的创新能力,这种创新能力也正是国际大城市的比较优势所在。综观全球,有影响力的世界级城市无一不是创意产业最集中、最发达的地区,都以独具特色的创意产业闻名于世。在文化层面上有意识地、贴切地反映地区发展的利益诉求以及提升消费的质量和数量都成为创造地域奇迹的关键因素。在竞争中胜出的城市或区域则得以摆脱传统的要素与物质资本驱动的增长模式,步入创新和财富驱动的道路。

创意的快速产业化促使现代城市经济产生了一系列重大变化。一方面,创意产业以其巨大的文化附加值及其对相关产业的带动作用,正在使整个城市增值(包括提升城市形象、吸引国际资本进入、增加旅游收入等)。另一方面,创意产业在其快速发展过程中改善了城市的运转机制(包括加快人员、资金、物资、信息的流动等),大大提升了现代城市的集合扩散功能。此外,创意产业使人们在文化消费、文化生活和文化内涵等方面得到提高,逐渐使人们的精神

面貌和整个社会的面貌发生了改变,进而提升了城市的内在品质和外在形象。

创意的兴盛和创意产业的繁荣导致一批创意产业集聚地的形成。创意产业的空间集聚对城市环境的良性作用主要体现在:从外在形象上提升城市影响力,使城市形象得以重塑,在城市内在布局上优化城市吸引力,使城市发展布局得以优化。总而言之,一方面,城市中心区的文化地位更趋凸显,博物馆、歌舞剧院、电影院、图书馆、音乐厅等向城市中心区不断集中,城市中心区成为文化和艺术创造力的焦点和中心;另一方面,不同类型的创意产业又在不同城市区域中集聚,形成了不同的文化氛围。虽然由中心和边缘导致的地价有级差,但创意的巨大产业附加值空间可以为不同区域的土地增值,并对地价杠杆不断调整。创意正是以其产业功能使城市运转机制产生一系列变化,从而调整城市内部结构,提高城市竞争力①。

创意可以推动城市功能再造,为城市规划提供新思路,创造新的城市文化氛围,同时也为旧城改选提供了新的契机,使城市更具魅力,给人以国际大都市的繁华感、文化底蕴的厚重感和时代的生机感。

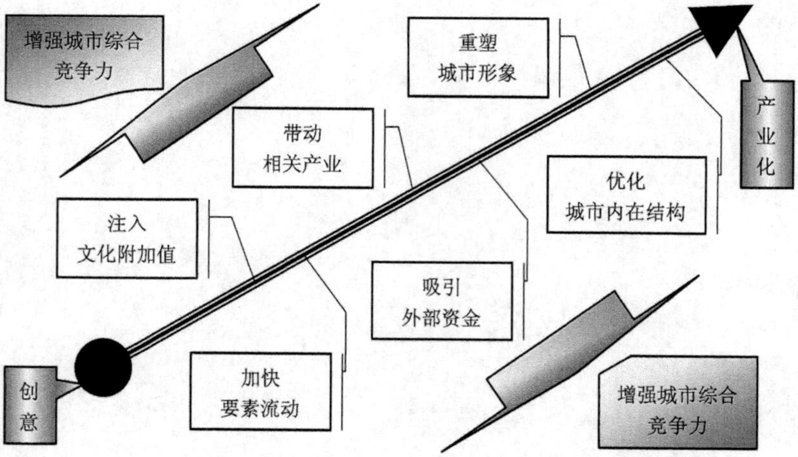

图 2-1 创意与增强城市竞争力示意图

① 林拓:《世界文化产业与城市竞争力》,见林拓、李惠斌、薛晓源:《世界文化产业发展前沿报告》,社会科学文献出版社,2004 年版。

在全球化趋势不断加强，国际竞争日趋激烈，文化经济化和经济文化化进一步加剧的今天，创意已经不再是一个艺术名词，而是一个有着巨大经济效益和社会效益的经济名词和产业现实。把创意和产业更好地结合起来将有助于使人类的智慧与人类的生活和实践达到最大限度的融合。因此，要力促创意的产业实现，充分发挥其创新性、渗透性、高附加值和强辐射力，充分发挥高科技的优势，促进经济全面、协调可持续发展。

第三章 创意的形成与推广

前文已经指出,创意具有无功利性与功利性的双重特性。作为一种带有审美色彩的思维本身,创意是无功利的,但作为创意产业的源头与开端,它又是功利的,以获得良好的市场回报为目标。在创意产业已经成为国民经济重要支柱性产业的宏观环境中,创意的功利性特征日渐明显。

当今时代,作为创意产业的源头与开端,创意并非创意者的自娱自乐,而是要在创意的基础上形成以物化形式存在的产品,并获得市场成功。因此,如何将观念性的创意活动转化为物化产品并获得良好的市场回报,即创意的形成与推广过程,也成为创意学研究的一个重要课题。创意的形成与推广过程应该分为策划、知识产权保护、生产、营销和品牌化等五个阶段。其中:策划是创意的形成阶段;知识产权保护是创意市场化的前提和基础;生产是创意的物化过程;营销是创意产品的价值实现过程;而品牌化则是创意产品所追求的目标所在。

第一节 策划:创意的形成

《孙子兵法》云:"夫未战而庙算胜者,得算多也;未战而庙算不胜者,得算少也。多算胜,少算不胜,而况无算乎?"意思是说,开战之前就预计能够取胜的,是因为筹划周密,开战之前就预计不能取胜的,是因为筹划不周。筹划周密,就能够取胜,筹划不足,就难以取胜,更何况不做任何筹划呢?正如作战一样,创意及其产品化、市场化过程也需要严密的前期筹划,没有好的筹划,对活动或产品生产过程中遇到的各种情况预见不足,创意产品便难以获得好的市场回报。策划,便是创意活动的前期筹划活动。

应该说,策划也如同创意一样,伴随人类历史的始终。原始部落的人们

在打猎之初,便会根据地形特点、动物活动规律等,对狩猎过程进行较为严密的部署,以求获得更多猎物。这种前期的部署,也属于广义的策划活动。

当代社会,随着创意时代的来临,策划的重要性日渐增加,关于策划的研究也越来越多。对于策划的定义,可谓众说纷纭:

策划是一种从无到有的精神活动。

策划是一种程序,在本质上是一种运用脑力的理性行为。

策划是通过实践活动获取更佳成果的智慧或该智慧创造的行为。

策划是为实现特定目标,提出新颖的思路对策,并制定出具体可行的方案,以达到预期效果的综合性创新活动。

……

综合以上种种定义,可以说策划是指一种科学的创意思维过程,在这一过程中,人们为了达到预期目标而在实际行动前进行的一系列构思、探索和设计活动。策划是创意的开端,没有好的策划,也就不可能有好的创意产品。

一、策划的过程

作为科学过程的策划活动与"拍脑门"式的灵机一动有着重要区别。它需要严格的前期评估与调查,在策划活动的过程中也需要根据实际情况进行调整。简单来说,策划活动可以分为以下几个阶段。

(一)前期评估与调查阶段

作为一种具有创造性的思维活动,策划应尽量保持开放性,不拘束于已有事件或活动。但是这并不意味着策划是一种随意而为、天马行空的思维过程。策划必须面向当前的社会时代氛围,必须以充分的前期评估与调查为基础。

在策划的前期评估与调研过程中,应掌握各个方面、各种要素的情况,确保策划的主观性与客观性、创新性与实践性的统一。唯有通过前期评估与调查,准确把握市场需求,才能比较准确地把握策划过程中可能发生的情

况，预测到设计传播后可能产生的效果。

（二）策划思维阶段

策划思维阶段，是指在前期调查与评估的基础上，针对活动或产品的特点，在头脑中形成一定的观念性操作过程。在这一阶段，策划仍停留在观念阶段，尚未形成固定的方案。

（三）成型阶段

策划成型阶段，是指在观念性、思维性策划过程的基础上，形成固定的、文字化的策划方案。观念性存在与现实性存在之间有着一定的距离，在落实成文字的过程中，原有的观念也会有所变化。对于策划活动来说，策划文案是其最直观的表现。

（四）后期调整阶段

世界上任何事物都始终是处于运动变化之中，策划也不例外，是一个动态的过程。因此，在进行策划时，要充分地考虑到影响策划活动的社会环境和其他各种因素的发展变化，使策划活动能够因时而变、因势而动，相应地作出适当的修正和调整，始终立于不败之地。

二、策划的原则

（一）客观性原则

任何创意都必须从实际出发，根据不同的客观条件制定不同的方案，策划也不例外。策划活动应该根据不同的环境、产品性能等客观因素制定不同的策划方案。

首先，策划必须服从外在的客观环境。区域经济发展水平、民族文化心理、消费习惯等等，都构成了一定的客观环境。策划活动必须从所处区域、时间等客观环境出发。比如，目前我国农村经济发展水平较低，宗族、伦理等文化观念很强。如果在农村市场策划某种活动或产品宣传方案，就必须从这种实际出发。将豪华商品、前卫性活动等放在农村市场就很难获得成功。其次，策划必须从产品、活动本身的实际情况出发。再次，活动步骤安

排、内容设置等方面也必须遵循客观性原则。

（二）针对性原则

由于策划的目的、对象各有不同，因此，策划的具体内容也有所不同。针对性是策划活动的一个重要原则。广告大师奥格威在谈到广告策划时曾经指出：那些企图面面俱到的广告策划会“使品牌落入一个完全丧失个性的下场，欲振乏力，一事无成，在今天的商场中，一个四不像的品牌很难立足，就好像太监无法当皇帝一样”。

任何策划活动都必须针对不同的产品、活动，明确目标，有的放矢。唯此，才能在竞争日益激烈、信息日渐庞杂的市场上立足。如果一味求全，就会丧失策划的风格、个性，也会脱离策划对象的实际。

（三）差异性原则

从一定程度上说，有针对性同时也意味着对差异性的强调。除此之外，在今天这样一个注意力时代中，差异性原则显得更为重要。托马斯·达文波特和约翰·贝克在《注意力经济》一书中指出，在今天这样一个信息庞杂的社会中，人们很难有足够的注意力去关心社会上所有的信息。在注意力稀缺的情况下，“假如你想在目前的经济大潮中有所作为，你必须擅长吸引别人的注意力。”[①]要在信息庞杂而注意力奇缺的时代中吸引受众的眼球，就必须在差异性方面做足工夫。千篇一律、毫无特色的信息很难在刹那间抓住人的注意力。

（四）法律道德原则

无疑，策划活动必须充满鲜活的创意，但这种创意也不能哗众取宠，甚至违背道德观念和法律准则。

首先，策划活动必须遵循法律原则，以法律为准绳，在合法化的基础上展开各种策划活动。具体而言，策划活动要重视社会公共利益，维护民族尊严，不能具有反动、淫秽、丑恶、迷信等内容。

---

① 托马斯·达文波特、约翰·贝克：《注意力经济》，中信出版社，2004年版，第13页。

其次，策划活动必须遵循伦理道德，不能违背所处国家、地区的价值观念、宗教信仰、图腾禁忌、风俗习惯等。如果没有遵循伦理道德，即使有好的创意也难以获得好的市场回报，甚至会引起公众抗议。比如，日本丰田汽车在南非的一则广告，就因为具有违背穆斯林风俗的画面而引起强烈抗议，最后丰田公司不但对广告进行了修改，还进行了公开道歉。

各民族在长期的经济社会生活中形成了独特的宗教信仰、风俗习惯、图腾禁忌，这些甚至被看做是一个民族的标志而存在。因此，策划者只有充分了解所在国家、地区的价值观念、道德准则等，才能使策划产品获得好的市场回报。

（五）效益原则

首先，策划活动必须以社会效益为前提，起码不能具有危害社会效益的负面内容存在。要通过策划使其产品、活动对于社会主义物质文明建设和精神文明建设都能产生积极的推动作用。其次，策划还必须讲求经济效益。在社会主义市场经济条件下，很多策划活动都以经济效益为目标，特别是企业生产和销售领域的策划活动，更是有着极为明确的经济目标。在这些策划活动中，必须追求效益原则，通过周密策划，尽量减少成本支出、获得经济效益最大化。

三、策划的创意方法

策划是创意的形成阶段，也是以创造性思维为基础的提出问题、分析问题、解决问题的一系列思维过程。对于创意的方法，根据不同的标准可以有多种分类方式。在本书中，我们以创造性思维的方法运用为基础，对几种常见的策划创意方法进行简单介绍。

（一）模仿法

在谈到自己在物理学方面所取得的成就时，牛顿曾经指出：自己是站在巨人的肩膀上。这并非只是牛顿的谦虚之词。在人类历史的发展过程中，任何创新都以原有方法、经验、成就为基础。在策划的过程中，创新固然重

要,但善于模仿也不失为一种好的策划方法。当然,这里所说的模仿,并不是墨守成规,更不是对其他创意产品的照搬乃至抄袭,而是在已有创意产品的基础上进行要素重组,并通过这种重组产生更好的创意。

(二)联想法

策划中的联想法主要是指在策划过程中,充分运用联想思维,由此及彼,在已有产品、事件、营销模式等的基础上产生新的策划创意的方法。所谓联想思维,是由此想到彼,并同时发现了它们共同的或类似的规律的思维方式。通过联想,可以使两个原本看上去毫不相干的事物建立联系,从而产生创新设想和成果。

就形式而言,联想思维包括相似联想、接近联想、对比联想等几种。在策划创意过程中,可以充分运用这几种联想方式,产生新的策划创意成果。

1. 相似联想在策划创意过程中的运用。所谓相似联想就是由某一事物或现象想到与它相似的其他事物或现象,进而产生某种新设想。在策划创意的过程中,也可以以产品、活动本身的特点为出发点,进行相似联想。比如,德芙巧克力在广告中强调它的“丝般柔滑”,便是根据德芙巧克力本身的特点进行的相似联想。

2. 接近联想在策划创意过程中的运用。接近联想是根据事物之间在空间或时间上的彼此接近进行联想,进而产生某种新设想的思维方式。在策划创意的过程中,创意者也可以根据产品、活动的特点,积极挖掘头脑中的素材,寻求与策划对象接近的事物。比如,有一则《鲜鸡蛋》的广告,在策划创意的过程中便使用了接近联想。在广告画面上,一堆鸡蛋横卧在草丛之中,其中一只在一边碎开,蛋清、蛋黄流淌在地上,在破碎的蛋壳边上,有一对清晰的鸡爪印记,这对鸡爪印使人联想到一只刚生完蛋的母鸡,它在笨拙离去的时候,一不小心踩碎了这只鸡蛋,由此,鸡蛋之“鲜”被表现得淋漓尽致。

(三)逆向思维法

逆向思维就是与常规不同,用“倒过来”的方式思考,从一般思维的反方

向中得出创意概念和策划成果。采用这种方法得出的创意策划成果，往往能给人带来一种耳目一新的新奇感觉，充分满足人们求新求奇的心理需求。大家熟知的“司马光砸缸”的故事，就是逆向思维方法的一个典型案例。按照常规思维，在营救落水人的时候，通常采用的方法是“救人离水”，而在当时的情况下，如果采用这种方法，不但很难救出落水儿童，救人的孩子也有可能产生危险。于是司马光转换为另一手段，果断地用石头把缸砸破，“让水离人”，救了小伙伴的性命。

在当代策划创意、市场营销创意的过程中，也有着大量运用逆向思维法取得成功的例子。比如，有一年美国一家苹果种植园，由于闪电，冰霜交替侵袭，大量的苹果表皮上出现了点点斑痕。按照常规，这些斑痕会给消费者带来不快，从而取消购买行为。但苹果商在宣传方案中，却采用了逆向思维，将这些一般人看来是不利条件的斑痕当成宣传的卖点所在。苹果商所做的广告是：“好的苹果都应该有斑痕，因为那是下冰雹所碰到的痕迹。它证明：这些苹果都生产在寒冷的高山上，而唯有在寒冷的高山上，才能生产出香甜、爽口、清脆的苹果。请你马上来品尝这种特殊味道的高山苹果吧！”广告刊出后，得到了广大消费者的认同，他们争相购买。

（四）头脑风暴法

头脑风暴法是20世纪40年代，由美国BBDO广告公司副经理Alex Osborn提出的。头脑风暴强调采用集体思考的方式，针对某一议题进行着重讨论，互相激发思考，鼓励参与者在预定时间内构思出大量想法，并从中引发新颖的构思。

百事可乐的一则针对可口可乐的广告，在策划过程中就采用了头脑风暴的方式。可口可乐与百事可乐一直是直接的竞争对手，为了争夺百事可乐的市场份额，可口可乐决定推出新配方的可乐，令他们没想到这种新配方可乐竟然伤害了老可乐迷的感情，在美国引起一场轩然大波。百事可乐抓住这一良机，投入600万美元广告费，委托BBDO公司做一系列的反击广告。下面就是BBDO在头脑风暴会议上的记录。

“选一个男孩做主角。”

“选一个女孩,一个男孩对一种可乐感到失望,只表示他无能。”

“倘若一个姑娘被一种可乐背弃的话,她就像在舞台上无人理睬一样。”

“应该让这个遭冷遇者显得更可怜一些。”

“一个坏女人的儿子真令人心碎。”

“带给可口可乐的口信。”

最后的脚本确定了——

一位女孩站在可口可乐的易拉罐上,显得很难过。“有谁能告诉我,他们为什么这么做吗?”他们说过他们生产的是真正的可乐,他们说过他们的产品都是真货色。但后来他们却突然变了,如今她找到了百事可乐,当她喝了一口后,表现出非常惊奇的神色,并感到极为满意。她对着镜头说:“现在我明白了。”百事可乐这种咄咄逼人的广告攻势,获得了巨大的成功,把更多的消费者吸引到百事可乐上来①。

第二节　知识产权保护:创意市场化的前提与保障

作为凝结一定程度知识产权的创造性产品和服务的生产、扩散、聚合体系,创意的核心内容是创新活动,其走向市场、获得产业化发展的关键却在于通过创新获取收益。而没有法律的认可和保护,这种依靠创意获取的收益便不可能实现,因此,加强知识产权保护,是实现创意市场化、产业化发展的前提和关键。被称为“创意产业之父”的约翰·霍金斯反复强调:知识产权是创意产业的货币。在《娱乐营销革命》一书中,埃尔·李伯曼和帕特丽夏·埃斯盖特也指出:“创意元素是娱乐的灵魂,但版权保护才是赢利的关键。”②相对于传统产品而言,创意产品在知识产权保护方面有着自己的特

① 臧丽娜:《广告创意与案例分析》,山东美术出版社,2005 年版,第 35 页。

② 埃尔·李伯曼、帕特丽夏·埃斯盖特:《娱乐营销革命》,中国人民大学出版社,2003 年版,第 4 页、第 8 页。

征，创意产业发展对知识产权保护的要求也更为严格。

一、创意产品的知识产权特征

知识产权概念的定义一直以来都存在着诸多不同。中国社会科学院法学研究所编的《法律辞典》[①]将知识产权定义为："自然人或法人对自然人通过智力劳动所创造的符合法定条件的智力成果，依法确认并享有的权利"。有学者在对知识产权的各种不同定义进行了较为深入的分析，指出知识产权具有这样5个特征：①知识产权由法律直接创设；②知识产权的内容对智力成果具有直接支配性；③知识产权依附于无形的智力成果；④在有的情形下，可以由多个主体同时对同一智力成果享有知识产权；⑤知识产权可以由多人同时行使。从上述特征出发，进行深入分析和思考，可以总结出以知识产权为核心价值的创意产业有以下几个值得关注的特点。

（一）创意具有无形性，必须在法律保护的基础上形成人为的稀缺性

创意具有无形性，在一开始它只是存在于意识、观念层面的一种无形智力成果。创意产生后，却可以被无穷复制并广泛传播，它并不因为使用、接受、消费次数的增多而产生任何损耗。也就是说，创意在产生之后不具有一般产品所具有的天然稀缺性，从而难以成为财产。在这种情况下，必须在法律保护的基础上使创意形成人为的稀缺性，从而成为经济学意义上的财产。

（二）创意具有高初始成本、低复制成本的特征

任何具有广泛应用前景的创意，其产生都不是"拍脑袋"式的随意而发，而是创意者多年知识积累、冥思苦想的结果。因此，创意的产生一般都具有较高的初始成本，是创意者的智慧结晶。然而，创意一旦产生，其复制成本却往往较为低廉。如盗版软件，其主要成本在压盘和销售两个环节，压一张盗版光盘的成本大致是1元钱，出手至少是2.5元，而最终销售价格每张盘

① 中国社会科学院法学研究所：《法律辞典》，法律出版社，2003年版。

至少是5～6元，毛利率超过200%。因此，如果一个国家、一个地区不能保护创意者的经济利益，文化创意产业就不可能得到高效的发展。再以图书为例，盗版书不用支付版权费和上缴税收，因此，它的成本只包括三部分：制版费、纸张、印刷费。以印刷5 000册为前提，如果盗版成君忆《渔夫与管理学》一书，三者成本加起来的制作成本仅为3.5元左右，而该书的正版定价为28元，即使以两折的价格批发出售，盗版书也可获得57.3%的收益率，这比美国军火商洛克希德·马丁制造的当今世界最先进的战斗机——F－22猛禽的收益率还高①。

（三）创意活动的相关权利具有法定专属性

创意活动是创造性的活动，目的是运用知识和创造力来创造财富。知识产权保护的并不是知识本身，而应当是与知识相关联的权利。作为私有财产，知识产权是法律设定的，而不是天然产生的。在知识产权法律诞生之前，私有财产并不包括知识产权。没有法律规定，知识和信息难以作为财产进行市场估价和交换。有形财产则是天然产生的，其私有财产属性早在法律诞生之前就已形成。法律的作用仅仅是加以认可和规范而已，所以法定专属性是知识产权与有形财产权的重大区别之一。知识产权的排他性、时间性及地域性等，都是由于"法定"而产生的。

（四）很多创意产品的消费具有一次性的特点

很多文化创意产品如影视录像、表演艺术等，人们常常以欣赏的态度进行一次性消费，就不可能重复很多次，这与传统产品的不断重复消费，进而不断重复生产，有着不同的经济含义。因此，从这个意义上来讲，更需要加强文化创意产业发展中的知识产权保护，严厉打击侵权行为，以保护创意主体的合法权益，激励其创意活动，保障行业收益，促进行业发展。

总之，文化创意产业的自身发展特点及由于其活动的创新本质对经济发展的重要贡献，决定了在知识产权成为一个国家或地区提高自主创新能

---

① 张国忠：《盗版图书市场调查——一名"伪盗版书商"的震撼历程》，《中国图书商报》，2006年11月7日。

力的重要战略资源的时代发展背景下，需要更加关注文化创意产业的知识产权保护，以大力促进我国文化创意产业的发展。

二、国外对创意的知识产权保护策略

进入21世纪以来，随着经济全球化进程的加快和科学技术的快速发展，知识产权已经成为各国增强国家经济、科技实力和国际竞争力，维护本国利益和经济安全的重要战略资源。知识产权保护日益受到各国和各地区的高度重视，美国、日本等发达国家已经相继颁布了面向未来的知识产权战略，对知识产权的保护已成为一个企业乃至国家在竞争中取得优势的关键因素。

（一）美国：知识产权创造巨额文化财富

美国之所以成为世界创意产业强国，与其强有力的知识产权保护措施有着不可分割的联系。早在1789年，美国宪法便已经明确规定："为了促进科学与实用技术的进步，国会有权赋予作者和发明者各自的对其文字作品和发明享有一定期限的专有权。"1790年，美国国会正式颁布了第一部统一的联邦版权法。随着美国文化创意产业的逐步发展，美国版权法于1831年、1856年和1865年先后在版权作品的序列中增加了音乐作品、戏剧作品和摄影作品，在版权主体类别中增加了音乐作者、剧本作者和摄影作者，扩大了版权保护受益者的权利。此后，版权法分别于1873年、1891年、1909年和1976年进行了四次比较大的修改。特别是1976年《版权法》的制定和修改，使得美国版权制度对文化创意产业的保护不断强化，与国际版权保护的发展趋势保持一致，并逐步趋于国际领先的水平。在1976~2000年间，版权法先后又进行了46次修改和补充，其中出台了一些重要的版权制度：《1980年计算机软件保护法》、《1984年唱片出租修正法》、《1988年伯尔尼公约实施法》、《1990年视觉艺术家权立法》、《1994年乌拉圭回合协议法案》、《1997年反电子盗版法》和《1998年跨世纪数字版权法》等。通过对版权法的修改和完善，美国的版权制度已经成为世界各国版权法中规定较为详尽、立法技

术较高、保护范围较为广泛的知识产权制度之一。

20 世纪 70 年代以后,美国的文化创意产业获得了巨大的发展,国际版权保护对美国经济的意义也迅速显现。在文化产品出口的推动下,美国开始谋求加入国际版权保护体系,并大力推动版权保护的国际化进程,将知识产权保护与国际贸易挂钩,帮助其文化创意产品占领国际市场。由于美国的版权保护水平长期低于欧洲的保护水平,所以美国在 1988 年以前一直没有参加《伯尔尼公约》。随着美国文化创意产业发展的需要,美国也开始对《伯尔尼公约》的成员国提供高水平的版权保护。美国撤销了“印制条款”,为《伯尔尼公约》的成员国在美国取得版权保护提供制度上的保障。但是《伯尔尼公约》对版权保护的原则和标准,已经不能满足快速发展的美国文化创意产业的需求,因此美国同时采取双边和多边机制,积极谋求美国文化商品的国际市场。一方面,美国根据美国国际知识产权联盟提供的对美国版权保护不力国家的名单,利用《1988 年美国综合贸易法》中的特别 301 条款,迫使其他国家加强对美国版权的保护;另一方面,从 1986 年开始,美国利用《关税和贸易总协定》乌拉圭回合谈判的机会,全力推动建立与国际贸易相关的国际版权保护体制和机制。1994 年《与贸易有关的知识产权协议》协议的达成,不仅大大提高了国际保护版权的整体水平,而且为越来越多的国际版权纠纷建立了争端解决机制。美国将版权保护纳入国际贸易体制的要求最终被 WTO 的规则确定了下来。与贸易有关的知识保护协定(TRIPS 协议)使美国日益强大的文化创意产业获得了广泛有效的国际保护机制。美国政府充分利用这些双边的和多边的贸易手段,来支持其文化商品占领国际市场。特别是近年来,美国积极推动文化商品的所谓贸易和投资领域自由化,为其文化商品输出提供双边和多边规则的法律保障①。

从 1988 年以来,中美之间也历经多次知识产权交锋,在 1991 年、1994 年、1996 年的三次交锋中,美方就曾举起贸易报复的大旗,向中国提起了 12 亿美元、28 亿美元、30 亿美元的报复清单。在中国加入 WTO 之后,中美之

---

① 凌金铸:《版权与美国文化创意产业》,《皖西学院学报》,2005 年第 3 期。

间的知识产权争论愈演愈烈。2004 年,时任国务院副总理吴仪访美,其焦点就是解决美国唱片业协会针对中国网络歌曲侵权盗版行为的指责。此后,2005 年和 2006 年,美国对中国知识产权保护的力度再次提出了疑问,并扬言将中国推向世界贸易组织(WTO)法庭。2007 年 4 月 10 日,美国贸易代表苏珊施瓦布宣布,美国政府向世界贸易组织提出了针对中国的两项贸易诉讼,分别指责中国打击盗版不力和限制美国电影、音乐和图书产品进入本国市场。这是美国首次将中国告上世界贸易组织知识产权法庭。

美国强有力的知识产权保护措施,对文化创意产业特别是版权产业的发展起到巨大的推动作用。目前,以好莱坞电影为代表的美国文化创意产业已经占据世界文化市场的主要份额。美国的电影产量仅占全球的 6%,而市场占有率却高达 80%,美国电影的主要收入也是来自于国际市场。2010 年 3 月 12 日,美国电影协会(MPAA)发布的《2009 年电影市场统计报告》显示:2009 年美国电影全球票房收入达到 299 亿美元,其中北美票房为 106 亿美元,占全球票房的 36%;海外票房收入 193 亿美元,占全球票房的 64%,是国内票房的近两倍。

(二)日本:知识产权立国

在日本,文化立国和知识产权立国战略一直是相伴而行的。日本政府认为,知识经济时代,拥有自主知识产权的高新技术及其产业化不仅是企业生存和发展的必需品,而且是世界各国争夺的制高点,必须对之加以重点保护和推动。

在深入调查研究和充分论证的基础上,2002 年 7 月 3 日,日本政府的知识产权战略会议发表了《知识产权战略大纲》,将“知识产权立国”列为国家战略,同年 11 月 27 日,日本国会通过了政府制定的《知识产权基本法》,共有 4 章 33 条,2003 年 3 月 1 日生效,为“知识产权立国”提供了法律保障。

在组织上,2003 年 2 月 25 日,日本政府决定在内阁增设知识产权战略总部,作为过去直属首相的咨询机构——“知识产权战略会议”的延续,由全体内阁成员和 10 名在知识产权方面有专长的成员组成。首相小泉纯一郎任

部长,副部长由内阁官房长官、负责科学技术的大臣、文部科学大臣、经济产业大臣担任。有专长的成员包括三菱电机等大公司的总裁、著名大学和研究所的专家学者以及律师等。

2003年3月19日,日本知识产权战略总部召开首次会议,就战略大纲实施提交报告,决定3年内对知识产权制度集中改革。当年7月8日,日本知识产权战略总部公布了《有关知识产权创造、保护及其利用的推进计划》(日本知识产权界称之为"知识产权战略推进计划")。该推进计划是根据《知识产权战略大纲》和《知识产权基本法》制定的,内容包括知识产权创造、知识产权保护、知识产权利用、发展多媒体内容产业、人才培养和提高国民意识五大部分,其中包括270项措施①。

有力的知识产权保护,推动了日本文化和创意产业的发展。如今,日本已经成为继美国之后的世界文化创意产业强国,其动漫、网络游戏等文化创意产业在国际市场上具有强大的竞争力。

三、中国创意产品知识产权保护的重点

(一)增强对创意的知识产权保护意识

知识产权保护不力,已成为目前中国文化创意产业发展的重要"瓶颈"之一。应通过多种形式,加强宣传和教育,增强全社会对创意的知识产权保护意识,促使文化创意主体自觉地将知识产权保护工作纳入到企业发展战略中去,对知识产权进行有效的保护,及时制止、制裁侵权行为,从而不断激励人们的创意活动,促进中国文化创意产业的发展和自主创新战略的实施,提升国际竞争力。

(二)完善知识产权制度建设,优化文化创意产业发展环境

加强文化创意产业的知识产权保护工作,必须完善知识产权的制度建设,为文化创意产业的发展提供良好的环境。

---

① 李顺德:《日本知识产权战略》,《南方周末》,2006年5月9日。

首先,应进一步理顺知识产权管理体制。同文化创意产业一样,知识产权保护工作也涉及众多行业和管理部门。目前,中国的知识产权保护工作涉及国家知识产权局、国家工商总局商标局、国家版权局等不同的国家部门。这种各职能部门条块分割的管理体制,难以形成有效的沟通和协调,不利于知识产权工作的开展。因此,应当有效整合现有知识产权相关管理部门的管理职能,尽快实行知识产权工作的归口管理,将专利、商标、版权等知识产权工作合为一体,提高知识产权管理工作的效能,同时也利于与国外知识产权工作机构的对口交流和合作,更有效地处理涉外知识产权事宜。在中外知识产权摩擦和纠纷不断增多的时候,这一点尤为重要。

其次,应建立健全符合国际惯例、门类齐全的法律法规和政策体系。加入 WTO 后,中国知识产权保护工作更应遵守国际惯例,真正实现规范化、法制化。文化创意产业更多地依托商标权、著作权、专利权等知识产权要素,而在信息技术日新月异的今天,知识产权保护工作则面临着更多新的问题。针对新形势下中国法律中的不明晰地带,应按照 WTO 的要求尽快制定和修订有关法律法规和规章,并在具有优势的领域参与有关国际规则的制定,为文化创意产业的国际化发展奠定良好的基础。

(三)确定重点部门,有针对性地加强知识产权保护工作

文化创意产业包含多种产业门类,各产业门类的发展前景对知识产权保护的要求有所不同。中国应选择具有广阔发展前景、对知识产权保护要求较高的行业和部门,加以重点保护。结合国家科技创新战略及文化创意产业发展的现状,对文化创意产业中的以下行业尤其要加强知识产权保护。

1. 影视创意中的知识产权保护。影视产业是文化创意产业的主要门类之一。目前,中国影视产业发展水平仍然较低,具有十分广阔的发展空间,但盗版已经成为威胁当代中国电影产业发展的一个严重问题。中国社会科学院美国研究中心发布的《中国电影盗版对经济的影响研究》表明,盗版音像制品的市场份额与正版音像制品市场份额的比例大概约为 9:1。2003 年,中国正版音像制品(包括电影、电视节目及音乐等)的发行量为 2.6 亿张

(盒),如果以9:1 的比例计算,盗版音像制品的发行量大约在23.4亿张(盒)左右。粗略统计,1995~2004年期间中国大约收缴盗版电影光盘3.5亿张左右。调查显示,90%以上的电影业内受访者认为,流通领域内,盗版电影市场规模正在继续扩大。其中56%的受访者认为,虽然盗版电影的市场规模在扩大,但是扩张速度在减慢;44%的受访者认为不但盗版电影的市场规模扩大了,而且速度也加快了①。

在网络技术日益发展的情况下,影视产品面临着更为严重的盗版问题,有人甚至认为,当今电影已经进入了一个"网络盗版时代"。受网上非法下载影响,仅2005年,中国香港地区整体票房流失就高达2亿元。中国内地影视产业的网络盗版问题也十分严重。有关调查数据显示,近年来,中国国产电影的盗版损失率已高达55%(其中相当一部分是网络盗版),其次才是美国,损失率为24%,从这个数字可以表明,真正受侵害的、损失最大的,并不是美国电影协会的成员公司,而是中国的电影产业②。在产业本身并不发达,盗版途径越来越多的情况下,必须将影视产业作为重点行业,加强知识产权保护工作。

2. 网络运用中的知识产权保护。随着信息技术的发展和人们生活工作方式、休闲娱乐观念的不断改变,游戏、动漫产品的需求市场越来越广阔,并逐渐发展成为新的产业方向,韩国、日本网络游戏和动漫产业的发展历程,已经充分证明了这一点。随着中国网络化的逐步普及,中国网民数量不断增加,中国互联网络信息中心(CNNIC)发布的中国互联网最新发展状况显示,截至2009年6月底,中国网民规模已达到3.38亿,位居世界第一位。大多数网民主要将互联网用于休闲和娱乐,中国网民使用互联网应用更多的是网络音乐。前七类网络应用的使用率排序是:网络音乐(85.5%)、网络新闻(78.7%)、即时通信(72.2%)、搜索引擎(69.4%)、网络视频(65.8%)、

① 中国社会科学院世界经济与政治研究所美国研究中心:《中国电影盗版对经济的影响研究》,http://www.uschina.org/public/documents/2006/07/cass_piracyimpact_c.pdf。

② 王晓雁:《网络盗版成为危害电影产业的毒瘤》,法制网(http://www.legaldaily.com.cn/misc/2007-04)。

网络游戏(64.2%)、电子邮件(55.4%)[①]。在所有娱乐性互联网应用中,网络音乐居中国各项网络应用之首,有85.5%的网民,即2.88亿网民收听过网络音乐。由此可见,网络文化产业已经成为人们日常生活的重要组成部分,同时也是知识产权保护的重点问题领域之一。由于复制和下载在网络时代变得越来越容易,"某些行业,如计算机游戏或设计,已经进入一个非常严峻的时代。"[②]在英国,有10%的网民通过使用界面友好的软件程序获取盗版内容,大约80%的音乐下载是没有付费的。今后,中国应建立健全网络文化产业方面的知识产权保护法规,并采取更为严厉的打击措施,加强网络的知识产权保护力度。

3. 软件产品的知识产权保护。随着计算机的普及,对软件产品的市场需求越来越大,软件产业已经成为世界创意产业的一个重要组成部分,软件行业在全世界的产值已达6 000亿美元。软件设计开发是创意性很高的产业领域。近年来,软件产品也因知识产权保护问题而产生了巨大损失,据BSA(商业软件联盟)调查,仅2007年一年,全球因盗版而造成软件行业的销售损失就达480亿美元,大多数国家都存在很高的盗版率。在中国,近年盗版率虽然呈不断下降的趋势,但盗版问题仍然不可忽视。BSA一直以来把中国列为世界上盗版率最高的国家之一。根据其数据,2008年度中国软件盗版率高达80%,尽管国内有关机构对其统计方法、统计结果多次提出质疑,但软件盗版问题严重却是不得不承认的事实。互联网实验室发布的《2009年度中国软件盗版率调查报告》的研究结果表明,2009年度中国盗版软件按市价折算的经济价值为1289亿元,较之2008年的1 318亿元稍微有所下降,但下降幅度甚微,整体危害仍然不可小视。软件的产品特点决定了其容易被复制、改编、盗版,而且整个过程迅速、隐蔽,极易造成侵权行为的

① 中国互联网信息中心:《第24次中国互联网络发展状况统计报告》,http://www.cnnic.cn/index.html。

② 英国职业基金会,英国文化媒体体育部:《站在前列:英国创意产业的经济表现》,见张晓明、尹昌龙、李平主编,《国际文化产业发展报告·第一卷(2007)》,社会科学文献出版社,2007年版,第171页。

发生。作为软件工程中关键的创意活动,软件设计需要有相应的知识产权制度对其加以保护,以防止侵权行为的发生,为软件市场的良好运行提供制度保障。

第三节　生产创意:物质产品的差异化过程

一、生产创意:注意力经济时代的必然选择

创意,是一种观念性的无形存在,在一般情况下,它很难直接成为具有市场前景或社会影响的产品,必须经过物化即生产过程之后,创意才能走向市场和大众的日常生活,因此,生产过程,可以说是创意走向社会、市场过程中十分关键的物化阶段。

在所谓的注意力经济时代,生产过程中的创意变得更为重要。1997 年,迈克尔·戈德海伯在《注意力购买者》一文中,明确提出了"注意力经济"的概念。戈德海伯认为,互联网的出现导致当今社会的信息泛滥,信息不再是一种稀缺资源,前面对庞杂、泛滥的各种信息,人们的注意力成为一种稀缺资源。2002 年 9 月,托马斯·达文波特和约翰·贝克合作推出《注意力经济》一书,进一步推动了注意力经济的研究热潮。达文波特和贝克认为,企业的组织目标影响着管理层的注意力分布和注意力的有效使用,而经理人决定并引导着员工注意力的集中和分散,从事销售和服务的员工决定着客户注意力的方向和密集程度。因此,他建议,好的企业使命可以促使管理层良好地使用其注意力,好的中层管理体系可以发挥员工的注意力,并提高他们注意力产出的生产力,而好的员工执行能力和理解能力又决定和影响着客户的注意力及其对企业的忠诚度。

其实,从总量而言,人们的注意力并未减少,所谓注意力稀缺只是相对信息的过度庞杂而言。当今社会,各种信息大量出现,使得人们在庞杂的信息面前无所适从,很多注意力被无用的信息所吸引。在这种情况下,一种产品要想在大量的信息中脱颖而出,必须加大产品中的创意成分,以差异化的

方式迅速抓住目标受众的注意力。

二、工业生产与创意的结合

在“消费社会”(波德里亚)中,产品稀缺的时代已经一去不复返了,取而代之的是产品的极大丰富。走进任何一家大型超市,我们都会看到成排的货架上堆满了各种琳琅满目的商品,在同类的商品中,使用价值之间的区别已经变得极小,技术的进步使得满足消费者生理需求和物质需求变得非常容易。在这种情况下,任何一种商品要想被顾客购买变成真正的消费品,就必须在琳琅满目的同质化商品中脱颖而出,迅速抓住顾客的眼球,即它必须在使用价值相似的大量商品中凸显其“个性化”、“差异化”特征。正如波德里亚所说:要在消费社会中“成为消费品,物品必须变成符号,即它必须以某种方式外在于这种与生活的联系,以便它仅仅用于指意:一种强制性的指意和与具体生活联系的断裂;它的连续性和意义反而要从与所有其他物类符号的抽象而系统的联系中来取得。正是以这种方式,它变成了‘个性化的’,并进入了一个系列。它被消费,但不是消费它的物质性,而是它的差异性”①。所谓“个性化”是指在生产中瞄准个性化的要求,进行一系列的设计和安排,而“差异性”则是指物品作为符号对社会地位的不同区分。因此,“‘差异性’和‘个性化’是指物品符号的具体含义和凝聚这种含义所必需的生产要求”②。

“个性化”、“差异性”是消费社会中对产品生产的必然要求,否则,产品就会淹没在大量的类似产品之中,难以抓住顾客眼球,实现其预期的市场回报。要使产品与众不同,就必须在产品中注入大量创意,而不是按部就班地盯住顾客实用性需求进行生产,苹果、索尼等公司的成功也充分说明了生产过程中创意的重要性。

---

① Jean Baudrillard. Selected Writings. Mark Poster (ed), California: Stanford University Press, 2001, P25.

② 吴兴明:《反思波德里亚:我们如何理解消费社会》,《四川大学学报:哲学社会科学版》,2006年第1期。

（一）苹果：用创意设计占领市场

据美国零售研究公司 NPD Group 的有关数据显示，苹果 iPod 的强劲销售使其在 2006 年 12 月获得了美国便携式音乐播放机市场 72% 的份额，仅在圣诞节期间，iPod 数字音乐播放机销售量就达 2 100 万台，销售收入达 34.3亿美元。尽管面临 Zune 播放机等产品的激烈竞争，iPod 的市场占有率仍居高不下，霸主地位难以撼动。iPod 长期雄霸音乐播放机市场的原因，正是以杰出的生产创意和工业设计作为支撑。iPod 针对当代消费者多维度、娱乐性的电子消费需求，设计风格简洁时尚，首创在播放器中集成了类似笔记本触摸板的转轮，并达到了前卫设计与计算机硬/软件技术、在线音乐、电子商务的完美结合，让消费者在使用中感受到无限轻松随意的审美愉悦。

苹果公司的创新理念和创意设计不仅仅体现在 iPod 产品中，iMac、iBook、the PowerBook G4、iphone、ipad 等苹果公司的产品无不充满创意，它们往往一经推出，便能迅速占领市场，获得全球消费者的青睐。苹果公司首席设计师乔纳森·伊夫被称为“掌握苹果设计魔力的幕后人”，为苹果公司的产品设计做出了卓越贡献。在与《快速公司》的交谈中，乔纳森·伊夫指出，技术的力量已经变得非常强大，所以，苹果公司在与客户的交流过程中并不太关心技术问题，而是“更加关注其他特征并倾注大量的精力在其中”。在苹果公司的员工看来，创新是企业唯一重要的因素，管理和营销尚在其次。苹果的技术人员因为崇拜乔布斯和沃兹的神话，坚信一条原则：一个人，一张桌子，一台电脑，就能改变世界！因此，著名工业设计师阿米特（Gadi Amit）说：“苹果伟大的贡献在于它证明你能通过贩卖情感而成为亿万富翁，证明设计也是一种有效的商业模式。”①

从消费者的角度也能看到苹果公司创意设计为顾客消费带来的巨大吸引力。在关于苹果公司的文章中，罗永浩为我们提供了一个从消费者角度看待苹果公司产品的生动个案。罗永浩说：“最初注意到苹果电脑是在 90 年代末，那时候第一代 iMac 风靡一时（主要是在国外），这台中看不中用（杂

---

① 田茗：《苹果的印记》，《财经时报》，2007 年 11 月 16 日。

志上的评测是这么说的)的电脑实在是太漂亮了,如果不是因为我太穷,它多半会是我的第一台'苹果'。"的确,苹果的大部分产品,包括操作系统的界面,"都以漂亮得不像话为人所知",这并不是单凭有钱或者技术先进就能做到的。财大气粗的微软应该雇得起这个世界上最好、最贵的设计师,但微软总是能把图形界面设计得让用户装完系统后第一个念头就是想"美化"它。ipod 的完美设计,使消费者可以把"这辈子的所有唱片收藏全都装在一个比磁带随身听还小得多的精美手持设备里别在腰上",消费者只需要动几下拇指就能从成千上万的歌曲中找到想要听的那一首。我们不得不承认苹果公司的产品为消费者带来了梦幻般的用户体验。

(二)索尼:"创意中心"推动产品生产

1946 年 5 月,索尼公司的创始人井深大和盛田昭夫共同创建了"东京通信工业株式会社",后于 1958 年,更名为索尼株式会社,总部设在日本东京。索尼在立足电子领域的基础上,开展多元化经营,不断向新制度挑战,做"别人所未做"的"挑战型企业"。

1979 年,索尼推出了世界上最小的便携式磁带录音机——Walkman。当时年轻人非常流行户外活动,他们希望在户外活动时能够随时随地听音乐,而传统磁带式录音机无法满足顾客的这一需求。年轻人的需求触发了索尼研发人员的创意。他们在磁带式录音机上加上耳机,还研制出双声道,使音乐听起来不错,感觉很好,于是世界上第一台便携式立体声双声道录音机就诞生了。Walkman 的诞生在当时具有爆炸性的创新,它带动了整个产业,甚至引发了新的文化浪潮,改变了人们的生活方式。在今天,当人们回顾自己使用的电子产品时,Walkman 随身听、T1 数码相机、T15C 笔记本电脑等索尼产品,都可以载入消费电子发展的史册。

作为一家全球著名的跨国消费电子制造商,不断创新是索尼保持活力并在时尚界出尽风头的原动力。根据日本 Macromill 调查公司对日本以外 8 个国家的 20 岁以上调查者的问卷调查,对于"能够想起的日本企业名"这一问题,回答"索尼"的最多,至于为何选择索尼,回答"设计好"的被调查者占

据总数一半以上。出色的、充满创意的设计是索尼的文化特征,也是它能获得持续发展的原动力。索尼产品那些充满灵性的设计,精巧易用的功能,不仅将消费者的占有欲望吊到极致,也将竞争对手——所有的消费电子制造商们的好奇心激发到极致。

在索尼的成长过程中,创意中心(Creative Center)的贡献功不可没。创意中心的发展轨迹与索尼的业务拓展密不可分,在索尼瞄准目标进行市场拓展的同时,我们都会发现索尼创意中心的跟进。早在1961年,索尼公司就在日本东京成立了第一个创意中心。1960年末期,在索尼的美国业务不断拓展的情况下,索尼在美国成立了第二家创意中心。在随后的10年时间,索尼将触角伸向欧洲,在1980年顺理成章地成立了欧洲创意中心。20世纪90年代,索尼嗅到了亚太地区的商机,于1993年将创意中心开到了新加坡,主要是开发以亚洲为市场的设计。20世纪90年代末至2000年以来,中国市场的消费电子市场不断扩大,索尼高层认为在设计领域面临巨大的挑战,为了强化在华的设计开发力量,完善设计集团功能,终于将第5家创意中心设在中国。2005年8月,隶属于索尼中国设计工程集团的创意中心在上海成立,主要为索尼在中国设计的产品进行外观、界面及创意等工业设计,其设计团队将根据中国消费者的需求、喜好还有生活方式量身设计各类消费电子新品,范围涵盖家庭娱乐、专业安防设备、大屏幕彩电到便携产品等索尼的全线产品。

索尼产品的创意设计流程主要包括六个步骤:①成立设计委员会。有了设计需求,创造中心就会指定一个设计师负责完整的项目,另外三四个设计辅助人员和他共同组成一个委员会,以辅助设计师完成设计。②市场调查。主设计师会先分析市场需求,了解用户需求,以进一步细化设计需求。③设计草图。设计师会充分发挥自己的想象力,创作出数百份设计草图,在其中选定设计方向。④设计审议。根据基本确定的设计方向和草图,邀请大量设计师参与,不分级别、职位,随意提问和发表建议,目的是让产品尽量完美并具备索尼特色。经过这个环节,设计的每一个细节都可以确定下来。⑤制作模型。根据审议的结果完成设计,并制作实体模型。⑥管理层确认。

产品的设计师直接与高管沟通,有时会是井深大本人,征得公司高层管理人员的确认与建议。至此,一项产品的设计就基本完成了,当然,后面的产品制造、推广等环节设计师也会参与。

在设计的过程中,索尼创意中心从目标市场群体的消费特征、审美观出发,非常重视设计美学的本土化。“Of the Chinese, For the Chinese, By the Chinese”是索尼中国创意中心的核心理念。在立足本土实施“全球本土化”战略的同时,索尼还将设计理念指向那些引领未来的消费群体,比如索尼认为未来引导中国消费电子时尚的是十几岁、二十几岁的年轻人,如大学生、时尚先锋青年等,索尼通过大量调查了解他们的需求希望设计出让他们心动的产品①。

在持续创新的努力下,索尼的品牌形象被不断强化,成为当今电子消费领域中最为知名的龙头企业。1990 年代,在日、美、欧等世界范围内的品牌调查中,索尼在“评价度”上居于世界第一位,在“知名度”上仅次于可口可乐居第二位。根据 2006 年公布的哈里斯年度调查结果,索尼连续第七年荣登“哈里斯年度调查最佳品牌”榜首。索尼的成功不仅仅是技术进步的结果,生产创意和设计创新所起到的作用更为巨大。回顾索尼 60 多年的发展历程,在每一个发展阶段,都有充满创意的新产品推动索尼的发展。索尼精神的核心就是:甘当先锋,善当先锋,“做其他人没做过的事情”,永远在未知的领域率先开拓,并率先取得成功。

第四节　营销创意:产品的价值实现与品牌生成

过去,消费者与商品的关系更多是一种使用与被使用的关系,商品的使用价值对消费者是最重要的。在消费社会中,消费者在选择商品时,除使用价值之外,还要求商品必须具备超越其使用价值之上的符号价值,甚至其符号价值已经超过使用价值,成为消费者在众多商品中进行选择的第一要素。

① 刘晖:《挖掘创造源泉——索尼中国创造中心揭秘》,《微电脑世界》,2005 年第 10 期。

因此，商品营销过程必须紧紧抓住消费者的这一心理，在商品和企业个性化塑造方面下工夫。当然，商品和企业的个性化塑造并不单单是营销过程的任务，而是应该从原材料选用、产品功能、包装方面入手，形成产销一条龙，共同为商品和企业形象提升及个性塑造服务。前文已经对商品生产过程中的创意设计进行了论述，在本节着重从营销环节入手，分析创意性投入在当代商品营销过程中的作用。

一、从"4P"到"4V"营销理念的演变与创新

市场营销理论的产生是市场竞争日渐激烈的结果，同时，市场营销理论的演进、发展也同商品经济的发展、企业经营哲学的演变密切相关。

在传统的营销理念中，企业的策略组合就是以厂商主权论为代表的4P理论，其中4P是Production（产品）、Price（价格）、Place（地点）、Promotion（促销）。在20世纪八九十年代，企业营销运用更多的就是4P策略。4P策略之后，因为服务业在20世纪70年代迅速发展，有学者又增加了第5个"P"，即"人"（People）；又因为包装在消费品营销中的重要意义，而使"包装"（Packaging）成为又一个"P"；之后，"营销管理之父"菲利普·科特勒在强调"大营销"的时候，又提出了两个"P"，即公共关系（Publications）和政治（Politics）；当营销战略计划受到重视的时候，科特勒又提出了战略计划中的4P过程，即研究（Probing）、划分（Partitioning）即细分（Segmentation）、优先（Prioritizing）、定位（Positioning），营销组合演变成了12P's。但4P's依然作为营销基础工具，依然发挥着非常重要的作用。从本质上讲，4P's思考的出发点是企业中心，是企业经营者要生产什么产品、期望获得怎样的利润而制定相应的价格、要将产品的何种卖点传播和促销、并以怎样的路径选择来销售。这其中忽略了顾客作为购买者的利益特征，忽略了顾客是整个营销服务的真正对象。

随着商品市场由卖方向买方的转移，从顾客的角度又提出了以消费者主权论为代表的4C's组合以及4R's营销组合的营销观念与理论。4C's包括Customer（顾客的需求和期望）、Cost（顾客的费用）、Convenience（顾客

购买的方便性）以及 Communication（顾客与企业的沟通）。4R's 即与顾客建立关联（Reliance）、提高市场反应速度（Response）、运用关系营销（Relationship）、回报是营销的源泉（Reward）。4R's 营销组合是以竞争为导向，在新的层次上概括了营销的新框架，根据市场不断成熟和竞争日趋激烈的态势，着眼于企业与客户的互动与双赢。

进入 21 世纪以来，高科技产业迅速崛起，高科技企业、高技术产品与服务不断涌现，互联网、移动通讯工具、发达交通工具和先进的信息技术使整个世界面貌焕然一新，原来那种企业和消费者之间信息不对称状态得到改善，沟通的渠道多元化，越来越多的跨国公司开始在全球范围进行资源整合。在这种背景下，4V 营销组合论应运而生。4V 是指差异化（Variation）、功能化（Versatility）、附加价值（Value）、共鸣（Vibration）的营销组合理论。

4V 营销理论首先强调企业要实施差异化营销，一方面使自己与竞争对手区别开来，树立自己独特形象；另一方面也使消费者相互区别，满足消费者个性化的需求。其次，4V 理论要求产品或服务有更大的柔性，能够针对消费者具体需求进行组合。最后，4V 理论更加重视产品或服务中的无形要素，通过品牌、文化等以满足消费者的情感需求。

奢侈品是符号价值最为明显的一种产品类型，也是 4V 营销策略运用最多的一种产品类型。在奢侈品消费的过程中，消费者要获得的不仅仅是产品本身的使用价值，更重要的是要通过产品的符号价值，凸显自己的身份、地位和品位。如果奢侈品的附加意义不能被他人所了解，产品消费本身就会失去很多乐趣，甚至会产生某种程度的失落感。比如，在香港有一种高级打火机，售价在 5 000 ~ 6 000 港币，它的目标消费者当然不是一般的老百姓。于是这家企业坚持在针对高级消费群的媒体上做广告，在一定程度上推动了产品的销售，但是一般的老百姓并不知道有这么一种打火机的存在。有一天，这家企业的某位高管到餐厅吃饭，拿出那个五六千元的打火机把玩，这时服务员却拿出价值一块钱的打火机为他点烟，对那个五千块钱的打火机视而不见。这让这位高管有点恼火，因为这位服务员忽视了他的档次，也忽视了他的品位，让他错过了一次与众不同的体验。

二、创意营销的策略寻求与卖点定位

(一)创意营销与符号价值塑造

菲利普·科特勒提出整体产品的概念,最基本的层次为核心产品,这是顾客购买产品真正所要求的东西。有形产品有五种特征:质量水准、功能特色、式样、品牌以及包装。在消费社会中,人们购买商品越来越多是出于对商品符号价值和附加意义的考虑。

法国当代社会理论家让·波德里亚在分析当前发达的资本主义时,更为明确地提出了"符号价值"的概念。波德里亚认为,19世纪以来社会经历了急剧而根本的变化,一个与传统资本主义不同的消费社会时代已经来临,在消费社会中,"物"进入到"物体系"中成了"符号物"。这时人们消费的已不只是物的"使用价值",而重在于其"符号价值",即人们从对"物"的消费转入对"符号"的消费,从对"物"的实用性的消费转为对"符号"的象征意义的消费。在这种情况下,有钱人在购买宝马汽车时,看重的不是其作为汽车的交通性功能,而是其作为"宝马"品牌的象征性意义和地位炫耀功能。因此,在消费社会中,物要想成为商品,必定具有符号价值,并将这一价值固定在符号结构的逻辑中,从而使商品通过符号价值派生出风格、身份、地位等各种意义系统。在这种情况下,消费者与商品之间的关系产生了巨大改变。过去的消费模式是"人—商品",而现在则转向"人—符号—商品","在这里,形象自身与商品无关,只是一种人为的、虚拟的意义陈述编码。商品与商品形象的关系是被包装与包装的关系、被虚拟与虚拟的关系"①。在"人—符号—商品"的消费逻辑中,如何将商品转化为符号,使差别性、个性化的意义附加并凝固在物质性的商品之中,便成为营销创意的一个重要着眼点。

派克钢笔便是通过一系列的创意营销,将派克笔塑造成为国际笔类产品顶级品牌的。20世纪40年代,派克钢笔生产厂家为扩大销路,在消费者心目中树立派克笔名贵高雅的美好形象,曾经利用罗斯福总统在文件上签

---

① 鞠惠冰:《商品生命与消费符号的转换》,《中国广告年鉴》,2001年。

字的照片做广告,广告口号为"总统用的是派克"。20 世纪 80 年代末,历史悠久的派克钢笔为成功打入苏联市场,利用全球关注美苏两国首脑签署销毁中程导弹条约的机会,于 1988 年 1 月在前苏联的《莫斯科新闻》上刊登了派克钢笔的整版广告,广告标题用大号字排出"笔比剑更强"五个大字,下面刊登了美苏两国首脑里根和戈尔巴乔夫签署条约后互赠签字笔的大幅照片,在照片下方附有派克钢笔的说明图。几乎与此同时,美国派克金笔香港总代理也在香港报纸上用一个整版刊登了这幅具有世纪影响的大幅照片,而且照片下面写着:"千军万马难抵大笔一挥,大笔乃派克"。派克笔的这些广告都将派克产品与国际重大历史事件、国际顶级政治人物相联系,为派克笔注入了"至尊"、"顶级"的象征意义。

另外很多国际知名品牌也通过各种策略,将高贵、奢华的象征意义附加在产品之中。比如,世界表类顶级品牌百达翡丽(Patek Philippe)的平均零售价达 13 000 美元至 20 000 美元,其经典广告语之一便是:"没人能拥有百达翡丽,只不过为下一代保管而已"。这一广告语突出了百达翡丽品牌的持久性传世价值,在"看时间"的手表使用价值之外增添了更多的符号价值。在其产品的介绍中,它对其起源、历史、手工等内容进行了格外强调。在产品的介绍中,可以看到:百达翡丽表的起源是来自于"波兰贵族 Antoine de Patek 的理想与远见";它利用"黄金等贵重金属"和"最先进的器材"进行生产,是"全球唯一"仍用手工精制钟表的制造商。"贵族"、"黄金"等特征,为百达翡丽表增添了更多的符号价值,手表的符号价值进一步辐射到其拥有者身上,使得百达翡丽手表也拥有了"尊贵"的身份定位。

很多商品生产者还进一步将符号价值的差异性、个性化功能推到极致,以"唯一性"彰显其独一无二的符号价值,为商品带来更多的附加值。比如,百达翡丽 PatekPhilippe 始终保持着每年只手工制造一只表的传统,要拥有这只表,唯有耐心等待 8 ~ 10 年时间,且价格不菲。

在消费社会中,商品的符号价值开发与塑造,成为商品在营销过程中最为关注的创意点,在奢侈品营销过程中尤其如此。商品的符号价值一旦形成,便为商品打上了独特烙印,使商品在大量的同类产品中脱颖而出,迅速

以身份、地位、品位的独特诉求抓住消费者。生产者有意识的符号价值的宣传,反过来又无形中增大了商品的价值,从商品价值到符号价值再到商品价值,这个过程不断循环,既巩固了商品在消费者心目中的地位,也获得了单靠实用价值无法获得的巨大附加值。

(二)创意营销与商品的审美重构

在《重构美学》一书中,德国美学家沃尔夫冈·韦尔施指出:当今时代,传统的艺术态度被引进现实,日常生活被塞满了艺术品格。并且,这种日常生活的审美化并非艺术家在象牙塔中的自娱自乐,它们"大都服务于经济的目的"。"一旦同美学联姻,甚至无人问津的商品也能销售出去,对于早已销得动的商品,销量甚至是两倍或三倍地增加。……那些基于道德和健康的原因而滞销的商品,通过审美提高身价,便又重出江湖,复又热销起来。"①

约翰·费斯克对消费社会中日常生活审美化的内在机理进行了更为详细的论述。在费斯克看来,消费社会中的任何商品都既有实用价值又有文化价值,因此商品具有两种不同的功能:"物质的"功能与"文化的"功能。比如,牛仔裤的物质功能,是要对保暖、大方、舒适等的需求,其文化功能则要构造有关自我、社会身份认同及社会关系的意义②。

商品的"物质功能"是由生产过程所产生,而其"文化功能"则更多的是由营销过程所赋予。"商品化使价值同质化,而文化的本质在于区别"③。消费社会中,商品生产者往往通过营销过程将纯粹物质性的商品转化为具有象征意义的,将文化功能放大、凸显甚至是强加给物质商品,从而为商品打上独特的烙印。进入市场后,由于对商品的审美重构,"象征性文本"而不是商品本身成为顾客接受的主要对象。正如可口可乐公司所说:"我们生产的是可乐,而顾客买的是广告"。如果没有广告,可口可乐就是一杯糖水,通过广告文本的转化后,可口可乐成了快乐的代名词。消费者在面对可口可乐

---

① 沃尔夫冈·韦尔施:《重构美学》,陆扬、张岩冰译,上海译文出版社,2002 年版,第 7 页。

② 约翰·费斯克:《理解大众文化》,王晓珏、宋伟杰译,中央编译出版社,2001 年版,第 18 页。

③ 伊戈尔·科普托夫:《物的文化传记:商品化过程》,见罗钢、王中忱主编:《消费文化读本》,中国社会科学出版社,2003 年版,第 407 页。

时,首先想到的也不再是它的物化功能,而是清凉、快乐的情感意义。

在对物质商品进行审美重构时,故事化和相关性是营销者所采用的两个主要策略。所谓故事化,就是以讲故事的方式描述商品的使用价值特性,并在讲故事的过程中注入大量“意义”和“快感”,用温情脉脉的面纱包裹住商品生硬的物质性功能,以“有情”而不是“有用”来打动消费者。所谓相关性,是指商品的审美重构过程必须与受众的日常经验密切相关,“使日常生活的体验得以与之共鸣”,“它着眼于读者的社会情境”,“受到时间与空间的制约”①。而且,故事化过程和相关性选择也必须充分结合,即商品必须讲述与广大受众密切相关的故事,使它们能以最贴近的方式感动消费者,从而诱使其作出消费的选择。

作为国际化品牌,可口可乐在中国的市场营销过程便充分运用了相关性的故事化策略。在我们熟知的可口可乐广告刘翔篇中,可口可乐公司在人物选择、主题定位等方面都重点考虑了与中国市场的相关性。刘翔是国人家喻户晓的明星人物,而“带我回家,欢欢喜喜过春节”的广告主题,更是将“过年”、“亲情”、“回家”、“欢欢喜喜”等中国传统元素融入其中,让人看过之后会产生一丝隐隐的感动。2008 年可口可乐奥运主题曲也重点彰显了这一策略。

舒肤佳、佳洁士等日用品广告中,也不乏相关性故事的身影。比如,舒肤佳的广告创意是这样的“故事”:从 20 世纪 70 年代的一个小男孩开始,家庭贫困但是父母给予他生活上无微不至的关怀,渐渐的小男孩在幸福家庭中长大成人,成就了自己的事业,并娶妻生子。在车上、饭桌上、家里的浴缸中,男主人公总也难忘的还是那浓浓的家庭幸福,还有默默陪伴自己的舒肤佳沐浴乳和香皂。“有舒肤佳的地方,就有舒服家。”结尾的画外音将舒肤佳品牌形象得以感性提升。

佳洁士品牌的电视广告几乎在同一档期与舒肤佳交相呼应:“佳节是”

① 约翰·费斯克:《理解大众文化》,王晓珏、宋伟杰译,中央编译出版社,2001 年版,第 154,155 页。

取代了佳洁士成为核心的广告台词——佳节是朋友的欢笑,佳节是恋人间的笑语,佳节是亲人的聚会……广告画面中人们舒心的欢笑、皓白的牙齿依然必不可少,然而佳洁士品牌"笑容传中国"的核心诉求却在无形中得到升华。

舒肤佳和佳洁士广告不仅充分运用了汉语中的谐音,将"舒肤佳"="舒服家"、"佳洁士"="佳节是",还以日常生活为主题背景,融入亲情、感恩、佳节、欢笑等中国传统文化因素,让受众感受到一种浓浓的亲情。面对这些富有创意的营销文本,受众或许已经不会再想起:可口可乐的口味如何?舒肤佳真的有消毒作用?用了佳洁士牙齿会不会变得同明星一样雪白?这些都不重要了,重要的是:它们以温情脉脉感动了你,走进超市时受众会情不自禁地走向这些品牌。

消费时代的竞争日益加剧,新一轮的产能过剩已经将企业再次推向了微利时代。于是,以富有创意的营销抓住消费者,为企业求得持续生存与发展的空间,成了现代企业迫切需要探求的问题。市场竞争,从深层次来讲就是人的智慧较量,通过创意设计出一个别出心裁的营销策略,往往在打开销路的同时为商品提供更多的附加值,赢得更大的市场效益。

三、品牌化:创意生产与营销的目标

(一)品牌:差异化的固化指称

对于何谓品牌,目前理论界的定义可谓众说纷纭、莫衷一是。但几乎所有的品牌定义中,都在强调品牌的差异化和标示功能。菲力普·科特勒认为,品牌不同于一般意义上的产品。产品(Product)是能引起市场注意、获取、使用,或能够满足某种消费需求和欲望的任何东西,而品牌(Brand)是一个"名称、专有名词、标记、设计,或是将上述综合,用于识别一个销售商或销售群体的商品与服务,并使之同其竞争的商品与服务区别开来"[①]。从词源

① 凯文·莱恩·凯勒:《战略品牌管理》,李乃和等译,中国人民大学出版社,2003年版,第8页。

学的角度讲，品牌的英文单词 Brand 源出古挪威文 Brandr，意思是“烧灼”。人们用这种方式来标记家畜等需要与其他人相区别的私有财产。到了中世纪的欧洲，手工艺匠人用这种打烙印的方法在自己的手工艺品上烙下标记，以便顾客识别产品的产地和生产者。

随着消费社会的来临，人们在消费过程中越来越重视差异化、个性化、时尚化等因素。在这种情况下，人们即使在消费物质产品时，所追求的已不再仅仅是满足自身的生理需求，而是将消费的过程看做是彰显身份、凸显个性的差异化过程，品牌就是这一差异化区分的重要标志。或者说，品牌是产品使用价值之外的符号价值的固定化指称。几乎每一种知名品牌中都附带有使用价值之外的象征化意义。比如，法拉利是现代赛车文化的标志，阿迪达斯意味着“Nothing is impossible”，爱玛仕蕴含着法兰西文化的优雅和浪漫，而可口可乐和麦当劳几乎成为美国文化的代名词。

品牌的象征性功能一旦形成，就会反过来将这一功能延伸至购买和消费过程，进而辐射影响到消费该品牌的人，从而形成“品牌—消费过程—消费者”的文化元素延展渠道。在这一过程中，购买“高端品牌”意味着“高端消费”，进而使得高端消费者也成为“高端”人群或“有品位”的人群。在西方流行一种观念——我消费，我存在，这一观念就是从品牌到人之品位这一延展过程的良好注解。“我买什么，则我是什么”，我买名牌，就证明我是买得起名牌的特殊消费群体。购买、消费的过程本身产生了一种行为上的“符号价值”。“购买宝马车”—“开宝马车”—“有钱人”，三者之间产生了一种内在关联，难分你我。经济学家凡伯伦在《有闲阶级论》中早已深刻地揭示了这一点。在凡伯伦看来，有闲阶级把钱投入到象征他们高人一等的实物（产品）消费即所谓“炫耀性消费”，“在明显消费的整个演变过程中，不论从财物、劳务或人类生活方面来看，其间一个显著存在的含义是，为了有效地增进消费者的荣誉，就必须从事于奢侈的、非必要的事物的消费。要博取好名声，就不能免于浪费。”这种消费并不是维持生活必需的，而是特殊化的。

进一步讲，品牌的购买行为是短暂的，而品牌的消费行为则是长期的。只有存在长期的消费过程，品牌的符号价值才具有实现的时间和空间。刷

卡的购买行为可能只要几秒钟的时间，而开宝马车、戴劳力士表、拿 LV 皮包等过程，却可以持续几年、几十年，甚至可以“为下一代保管”。品牌消费过程的持久性，或者说彰显身份的持久性，是品牌消费的关键所在，也是为什么一次性消费产品中难以出现奢侈品牌、高端品牌的原因所在。正如品牌消费的长久性一样，任何品牌的形成也不是短暂的事情，它需要长时间的积累、沉淀，更需要大量创意的不断注入。

（二）创意：品牌形成与巩固的关键

戴维森提出“品牌的冰山”理论，认为品牌的标志、符号等是品牌浮在水面上的部分，仅占冰山的 15%，而冰山藏在水下 85% 的部分是品牌的“价值观、智慧和文化”，冰山的冲击力正是来自于庞大的水下部分[①]。国内也有观点认为：品牌就是用 99% 的资源塑造出 1% 的差别。任何一种产品要成为品牌，就必须在“价值观、智慧和文化”上下工夫，通过背后的大量创意性投入，为产品注入差异化、个性化特征，并最终在这种差异化和个性化与品牌之间建立固定的联系。可以说，品牌化是创意产品独特性的重要标示，是其拥有持续生命力和市场竞争力的保证，同时，品牌形成后也必须通过不断的创意性活动进一步巩固、发展。

应该说，当今市场上的所有品牌都与创意息息相关，以至于有人认为，品牌成长的关键就是“创意，创意，创意”。就产品本身而言，必须在质量、外观等方面与众不同；就产品营销而言，必须足够吸引受众的眼球。无论是产品本身还是销售过程，都离不开创意。

不是所有的创意都能成为品牌，成为品牌的要素是要求产品要有足够的市场和社会竞争力。品牌的塑造必须首先明确该品牌区别于其他产品的独具优势的核心竞争力所在，然后围绕核心竞争力进行大量创意性生产、营销，并进一步通过跟踪调查不断修正产品性能，从而获得受众认可，切实巩固品牌形象，实现品牌价值。

---

① 朱立：《品牌文化战略研究》，经济科学出版社，2006 年版，第 91 页。

（三）品牌:附加值的提升

在当前的消费社会中,品牌不仅能够使产品呈现出与众不同的差异化特征,使得消费者在众多的同类型产品中迅速获得品牌认知,作出消费选择,而且能够对同样的产品产生不同的附加值,使企业获得持续的经济效益。在欧美大学商学院 MBA 教材或品牌管理理论中,“品牌”是作为“高附加值”还是“低附加值”商品的主要判断标准。“高附加值”的“品牌”可以视为“名牌”,“低附加值” 的“品牌”可以视为“非名牌”。

作为国内知名品牌,恒源祥就非常重视品牌提升,并将品牌看做是使产品获得高附加值的一个重要因素。恒源祥的领头羊刘瑞旗常给员工讲这个故事:同样研发并生产一台汽车冰箱,如果这台冰箱是装在奔驰轿车中,那奔驰汽车的零售价可能为此上涨 10 000 元,奔驰品牌让这台冰箱拥有 9 500 元的溢价;如果这台冰箱是卖给奥迪公司,奥迪品牌让这台冰箱拥有的溢价可能只有 5 000 元;而这台冰箱卖给国内的某些汽车公司呢？可能就不会产生太多的溢价。为什么同一台冰箱会有不同的价格命运呢？就是因为它是装在不同的品牌内①。

---

① 顾红蕾:《创意 · 持续 · 品牌——恒源祥的知识产权战略》,《上海企业》,2007 年第 4 期,第 11 页。

第四章 创意产业概述

创意的最终目的是要去实现它，并且产业化，否则创意只能停留在空想阶段。创意产业正是创意最典型的体现。而今，创意产业已经成为世界发达国家经济的重要组成部分，它所形成的产值也越来越高，在世界各国 GDP 中的比重也越来越高。据统计，1999 年，全球创意产业的产值有 2 200 亿美元，占全球国内总产值的 7.5%；到 2005 年，创意产业全球市场超过 3.04 亿美元；预计到 2020 年，该部门产值将达到 6.1 万亿美元。创意产业的增长速度是其他经济部门的两倍。就英国来说，1997～2000 年间，创意产业的年增长率为 9.0%，远大于这一时期 2.8% 的整体经济增幅。2000 年，英国创意产业占国内生产总值的 7.9%，到 2005 年，这一比率达到了 10%[①]。从这些数据中可以看出创意产业对整个世界经济发展的推动作用。在中国，创意产业虽然起步比较晚，但也越来越受到上至中央、下到地方各级政府的关注和支持。2006 年被称为中国“文化创意产业元年”，在这一年，国家出台了《国家“十一五”时期文化发展规划纲要》，明确提出要大力发展文化产业，并把文化创新摆在重要的位置，这对推动中国文化创意产业的发展无疑具有重大的推动作用。随后，各个省市几乎都出台了一系列扶持文化创意产业发展的新政策和措施，并开始建立各种创意园区。2009 年 7 月 22 日，我国第一部文化产业专项规划——《文化产业振兴规划》由国务院常务会议审议通过。这标志着文化产业已经上升为国家的战略性产业。国家将重点推进文化创意、影视制作、出版发行、文化会展等相关产业发展。可以说，创意产

---

① 所引数字可参阅约翰·哈特利编著：《创意产业读本·序言》，曹书乐等译，清华大学出版社，2007 年版，第 15 页及“总论”部分，以及贺寿昌主编：《创意学概论》，上海人民出版社，2006 年版，第 57 页。

业已经成为世界经济发展的新的增长点和发展趋势。本章我们将对创意产业的概念、创意产业的兴起、创意产业的特征等问题进行分析，以使我们对创意产业有一个整体的了解。

第一节 创意产业的界定

一、什么是创意产业

“创意产业”源自英文中的“Creative Industries”[①]，有人也叫“文化创意产业”（Cultural Creative Industries）、“创意经济”（Creative Economy）等。“Creative Industries”作为一个术语出现于20世纪90年代，但创意产业的理念可以追溯到德国经济思想家熊彼特（Joseph Alois Schumpeter，1883～1950）。早在1912年，他就明确指出，现代经济发展的根本动力不是资本和劳动力，而是创新。所谓创新，就是“建立一种新的生产函数”，也就是把一种从未有过的关于生产要素和生产条件的“新组合”引入生产体系。创新的关键就是知识和信息的生产、传播和应用[②]。著名经济学家保罗·罗默（Paul M. Romer）也在1986年撰文指出[③]，知识具有组织创造无限财富的潜能，创意会衍生出无穷的新产品、新市场和创造财富的新机会，所以创意才是推动一国经济成长的原动力。但作为一种国家产业政策的创意产业概念最早明确提出的，则是英国的“创意产业特别工作小组”（Creative Industries Task Force）。1998年和2001年，该小组两次发表《创意产业图录报告》（Creative Industries Mapping Documents），对创意产业的概念作出了界定，创意产业这个概念由此而被正式正名，并快速在几年内被新加坡、澳大利亚、

① “Creative Industries”这一术语有的翻译为“创意工业”或“创造性产业”等，但目前比较固定的翻译就是“创意产业”。

② 关于熊彼特的创新理论，可参阅他的《经济发展理论》，该书目前国内有多个版本可以查阅。

③ Paul Romer，“Increasing Returns and Long－Run Growth”，in Journal of Political Economy，94（5），1986，pp. 1002－1037.

新西兰等国家调整之后采用。近来,中国的台湾与香港以及中国内地也搭上这班列车,极力推行“文化产业”和创意产业的发展。

那么到底什么是创意产业呢?在这里,先看几个关于创意产业的代表性的定义。目前人们比较普遍接受的关于创意产业的定义,来自英国“创意产业特别工作组”的定义。这一小组在1998年和2001年两次发表的《创意产业图录报告》中,把创意产业定义为:“那些源于个体创造力、技能和才华,通过知识产权的开发和利用,具有创造财富和发挥就业潜力的产业。”①这一定义最大的特点,就是突出出了创意产业本质特征:创造性,但这一定义没有很好地把创意产业与一般所谈的文化产业区分开来,这一点本书在后面将重点分析。

创意产业的倡导者约翰·霍金斯(John Hawkins)特别注重知识产权,在《创意经济》一书中,他把创意产业界定为其产品都在知识产权法的保护范围内的经济部门,包括版权行业、专利行业、商标和设计行业。霍金斯说,正是这四种行业一起构成了创意产品或创意经济②。在这个定义下,创意产业组成了市场经济中非常庞大的部门,每一类都有自己的法律实体和管理机构,每一类都产生于保护不同种类的创造性产品的愿望。霍金斯在四大类创意产业中列出15种作为核心创意产业。这15个部类是:广告、建筑、艺术、工艺品、设计、时装、电影、音乐、表演艺术(戏剧/歌剧/舞蹈/芭蕾)、出版、研发、软件、玩具和游戏、电视和收音机、视频游戏。

约翰·哈特利(John Hartley)在其所编著的《创意产业读本》一书中指出:“‘创意产业’这一概念,试图以新知识经济中的新媒体技术发展为背景,描述创意艺术(个人才能)和文化工业(大规模生产)在概念和实践层面上的融合,供新近才实现互动交流的公民—消费者所用。”③约翰·哈特利对创意产业的描述,非常准确地把握住了创意产业的两大要素,这就是个体创意和

① http://www.culture.gov.uk/NR/rdonlyres/338EFCBC－F706－4191－A1A4－CCB7EFF7EDAE/0/foreword.pdf。

② 霍金斯:《创意经济:如何点石成金》,洪庆福等译,上海三联书店,2006年版,第6页。

③ 约翰·哈特利编著《创意产业读本》,曹书乐等译,清华大学出版社,2007年版,第4页。

产业化生产，并且强调了消费者在创意产业中的积极作用。也就是说，在知识经济的趋势与新媒体科技的发展之下，创意产业把公共艺术和商业市场，把艺术（即文化）直接与传媒娱乐（即市场）等大规模产业联系了起来，在某种程度上解决了两者的对立，并极大地超越了两者，从而衍生出更多的市场可能性和机会。

我国台湾给予“文化创意产业”的定义是：“源自创意或文化积累，透过智能财产的形成与运用，具有创造财富与就业机会潜力，并促进整体生活环境提升的行业”[①]。台湾地区的这一定义与英国对创意产业的界定并没有太大的区别。他们基本上还是沿用了英国政府所提出的创意产业的概念范畴。

综上所述，本书试对创意产业作如下界定：

创意产业是在世界经济进入知识经济时代这一背景下发展起来的一种新兴产业，是个体创造性劳动与现代大规模文化生产紧密结合的产业。它推崇创新、推崇个人创造力、强调文化艺术为现代文化工业生产提供具有知识产权的、可转化的创意设计和构思，由此而支持和推动经济的发展。

二、创意产业与几个相近概念的区分

与创意产业相近的概念有很多，如文化产业、内容产业、版权产业等，这些概念在很多时候往往混杂在一起，所包含的产业门类也往往重叠在一起，使人难以区分，正如哈特利所说的，“创意产业中术语太多，难怪未经训练的观察者觉得这个领域的唯一特点就是分类混乱”[②]。不过，尽管如此，他们之间还是有一定区别的，并不能完全等同。

（一）创意产业与文化产业

创意产业与文化产业（Cultural Industry）是两个非常接近甚至经常相互换用的概念，这就使得这两个概念容易混淆。实际上，创意产业与文化产业

① 张京成主编：《中国创意产业发展报告（2006）》，中国经济出版社，2006 年版，第 7 页。

② 约翰·哈特利编著：《创意产业读本》，曹书乐等译，清华大学出版社，2007 年版，第 24 页。

还是有着一定的不同的。

文化产业指的是按照工业标准生产、再生产、存储以及分配文化产品和服务的一系列活动。中国国家统计局于2004年发布了《文化及相关产业分类》的文件,在这份文件中,文化及其相关产业指的是“为社会公众提供文化、娱乐产品和服务的活动,以及与这些活动有关联的活动的集合”,并在此基础上把文化产业分成了六类:一是文化产品制作和销售活动;二是文化传播服务;三是文化休闲娱乐服务;四是文化用品生产和销售活动;五是文化设备生产和销售活动;六是相关文化产品制作和销售活动。总之,文化产业是产品的文化内容和工业化制造的一种结合,而创意产业显然强调的是产业的内容,而且是具有创意的内容。两者的具体区别如下:

首先,创意产业的最终结果虽然与文化产业所指的产业基本一致,如广告、建筑、艺术、古董市场、手工艺、设计、时尚设计、电影、互动休闲软件、音乐、电视和广播、表演艺术、出版和软件等行业,但创意产业已经从上述产业部门中分离出来,成为独立的产业部门,它所生产的主要是如上行业产品的创意,如广告、建筑、服装、手工艺生产中的设计创意,电影、电视生产中的题材构思、出版和软件制作中的选题策划、艺术表演的导演形式、各种产成品的生产工艺、标准以及销售模式等等,如果没有了创意,创意产业也就不可能存在下去,而如何实现这些创意,则是文化产业和其他产业部门所要去完成的。从这一意义上看,可以说创意产业位于文化产业生产的上游,是对传统文化产业的一种超越。文化产业的生产是创意产业成果的产品化,是对创意的实现和实践。创意产业的成果如果不能转化为实践或产品,那么这个创意也就失败了。

其次,创意产业与文化产业的联系不是由产业链来决定的,而是由价值链[①]定律来完成的。创意产业正居于这种价值链高端地位,而不是简单的文化产业流水线上的一部分或一个阶段,它对于文化产业具有通过分配利润

① 关于价值链理论,可参阅迈克尔·波特《竞争优势》(华夏出版社1997年版或2005年版)中的相关阐述,以及其他相关文章。

而不是通过生产来获取更多利润的特权。从更广义的角度看,创意产业也是创新产业,它在客观上已成为知识经济时代的一个标志性产业。创意产业的边界将涉及具有高科技含量、高文化附加值和丰富创新度的任何产业。

再次,创意产业具有知识产权,而文化产业并不一定具有知识产权,如一些文化活动、网吧经营、古籍出版等等,这一点很重要。具有知识产权的文化产业显然具有更高的附加值,可获取更多的利润,这就是文化产业走向创意产业的根本原因。

尽管作了上述区分,但在具体操作上,尤其是在一些政府的实际操作上,并没有对文化产业与创意产业作出严格区分,二者甚至可以互换使用,但有时也把文化产业包含在创意产业之内。比如,全球文化多元化联盟(Global Alliance Cultural Diversity)就强调创意产业包含文化产业。创意产业除了包含传统的文化产业,如印刷、出版、多媒体、视听产品、设计产品等之外,文化及艺术所生成的作品,不论是原始的还是加工成为单一的作品,都可称为创意产业的内容项目,所以,只要包含了实质的创意或艺术的元素,都可成为创意产业[1]。新加坡同样也把文化产业包含在了创意产业之内,并用图表展示了两者加上版权产业的区别和联系[2]。如图 4－1 所示。

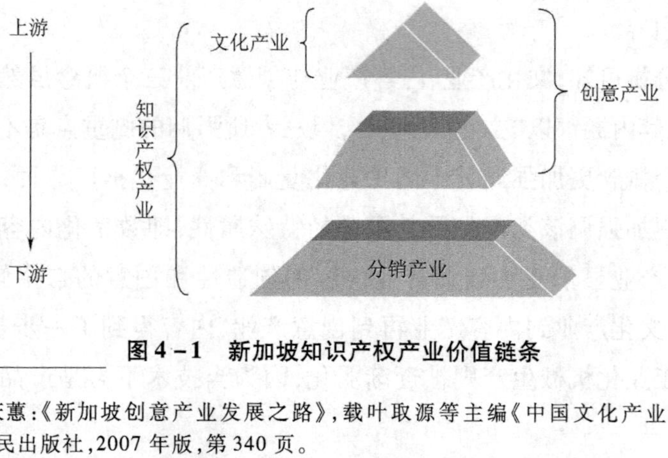

图 4－1　新加坡知识产权产业价值链条

① 孙庆蕙:《新加坡创意产业发展之路》,载叶取源等主编《中国文化产业评论》(第 6 卷),上海人民出版社,2007 年版,第 340 页。

② 厉无畏主编:《创意产业导论》,学林出版社,2006 年版,第 8 页。

在这里,创意产业就包括了文化产业在内,但它比文化产业具有更强的延伸性,或者说更具产业化,与营销产业靠近。这样,由上游的创意到企业化的产品开发,再到下游的营销,就形成了一个完整的产业链条,构成一个创意经济实体。

(二)创意产业与内容产业

"内容产业"(Content industries)这一提法是在1995年"西方七国信息会议"上首次出现的。次年欧盟《信息社会2000计划》(European Commission,info2000)把内容产业定义为制造、开发、包装和销售信息产品及其服务的产业,其产品范围包括各种媒介的印刷品(书报杂志等)、电子出版物(联机数据库、音像服务、光盘服务和游戏软件等)和音像传播(影视、录像和广播等)。1998年,经济合作与发展组织(OECD,中文简称为经合组织)发表《作为新增长产业的内容》(Content as A New Growth Industry)专题报告,把内容产业界定为"由主要生产内容的信息和娱乐业所提供的新型服务产业",具体包括出版和印刷、音乐和电影、广播和影视传播等产业部门。该专题报告进一步把"内容"划分为两类:一类是旧媒体,也就是传统的视听和音乐内容,以"一对多"形式由单一生产者向众多受众传播;另一类是新媒体,综合了数字文本、资料、视听内容等多媒体服务,通过数字化终端或互联网传送①。由此,内容产业主要包括媒体内容及其服务产业,尤其是数字化产品的文化内容。

由上分析可知,文化产业、内容产业与创意产业三个概念虽然外延大致相同,而且其内涵都以"文化"为核心,但三者所强调的侧重点是不同的。文化产业这个概念更加强调其中的工业化复制和商业化推广方面;内容产业这个概念更加强调该类产品及其服务的特殊属性,即数字化内容和区别特征;而创意产业显然更加强调产业内容的创造性和创意的自主知识产权。应该说,从文化产业到内容产业再到创意产业,内容得到了一步步地强化,而最初的工业化机械生产则被逐渐弱化,因为当技术不再是产品生产的制

① http://www.oecd.org/dataoecd/32/48/2094064.pdf.

约性因素后,产品的内容,尤其是具有创造性的内容,则直接关系到产品的市场和价值。创意产业这个名称就表明了,这个产业不是进行文化产品的简单复制,而是一个充满创造性的领域,而这将直接导致产品的价值增值。

第二节　创意产业的兴起与发展

"创意产业"虽然有了一定的界定,但需要注意的是,创意产业作为一个概念或术语,并不是绝对的理论概念,而是一个历史性的概念。根据哈特利的分析,创意产业这一概念可以追溯到 18 世纪时的"创意艺术"和"文化工业"概念,它也吸收了"消费者"和"公民"这些概念长期发展而来的变化。20 世纪 90 年代以来的世界经济和技术的发展,以及交互媒体的广泛使用,使创意产业这一概念得以产生和发展。在一些国家,创意产业又迎合了政治家和政策制定者的想法,他们想推动"就业与 GDP",因而创意产业这一思路在政策制定中获得青睐。而在高等教育中,对创意人才的培养也越来越受到重视,进一步推动了创意产业的快速发展①。下面,我们具体分析创意产业兴起与发展的几个因素。

一、知识经济与创意阶层的崛起

在 20 世纪 90 年代左右,世界经济形态发生了深刻的变化,这就是由传统的机械加工制造业向以信息处理为核心的知识经济转变,商品的经济价值已不是来自至少不是完全来自对材料的加工(如将钢铁变成汽车),而是来自对信息的处理,如电脑的运行系统和应用软件系统。这一经济形态转变的典型体现就是微软的崛起。在 20 世纪早期,国际商用机器公司(International Business Machines Corporation 简称 IBM)依靠生产打字机和电脑等信息处理机械设备而生意兴隆,但到了 20 世纪末期,微软迅速崛起,比尔·盖茨几乎成为无人能与之相比的世界富豪。但促使盖茨致富的并不是他生产

① 约翰·哈特利编著:《创意产业读本》,曹书乐等译,清华大学出版社,2007 年版,第 4,5 页。

了计算机(计算机是其他厂家生产的),而是微软控制了计算机里面的运行系统,这很好地证明了财富是由信息创造的,而不是来自机械性的生产加工,这正是知识经济的典型体现。

知识经济(Knowledge Economy),就是以智力资源为首要依托,直接依赖于知识和信息的生产、传播和使用的经济形态,也即"以知识为基础的经济"(Knowledge - Based Economy)。知识经济理论萌生于20世纪80年代初期,以美国加州大学教授保罗·罗默提出的"新经济增长理论"为代表。罗默认为,知识是一个重要的生产要素,它可以提高投资的收益。"新经济增长理论"的提出,标志着知识经济在理论上开始形成。

1996年,经合组织发表年度经济报告《以知识为基础的经济》①,第一次正式提出"知识经济"这一概念。报告指出,各国的经济发展越来越建筑在知识和信息的基础上,知识已被认为是提高生产率和实现经济增长的驱动器。知识经济直接依据于知识和信息的生产、分配和使用。信息、技术、学习和创造在经济活动中的作用已成为人们关注的焦点。"知识经济"这一术语的提出,体现了人们对知识和技术在经济增长中作用的充分认识,体现了人力资本中的创造力和技术中的知识是经济发展的核心。在各国的资本投入中,知识资本的投入比例已开始大于货币资本的投入,知识资本占国民生产总值的比例也在逐步提高。据估计,知识经济在经济合作与发展组织(OECD)的主要成员国中,已占其国内生产总值(GDP)的50%以上。DECD国家投入研究的经费占国内生产总值的2.3%;教育经费占OECD国家政府支出的12%;职业培训方面的投入,德国和奥地利等国占GDP的2.5%,这些国家还有学徒职业培训系统。

在这里需要注意的是,知识经济并不是以拥有知识量的多少来衡量,而是以知识如何创造财富为指标,这其中显示了知识经济的内在发展。哈特利用"基础设施→连接性→内容→创意"这一发展过程,阐述了知识经济的发展过程以及创意产业的兴起。最初,人们更多的是在基础设施上投

---

① 这个报告的中文版见《中国工商管理研究》,1998年第7期。

资,生产和购买大量的电脑和计算机,但仅有基础设施是不够的,还需要把它们连接起来,这就是由“信息技术”(IT)向“信息传播技术”(ICTs)的转变。信息中增加了“传播”(Communication),而单数形式的“技术”(Technology)变成了复数形式的“技术”(Technologies)。互联网、电子邮件、聊天室等的出现,正是强调连接性的体现。但只有连接,缺少真正的内容也不可以,面对如此庞大海量的信息,如何有选择性地传播,或者说传播什么内容,如何传播,将是信息处理的一项重要任务。没有可以让大家关注和认可的内容,就难以体现相关经济意义。由此,创意便成为知识经济的重要内容和重心①。创意的主体显然是人、人才,因此,有创意的人才成了知识经济的核心,也是企业争夺的对象。这就是创意阶层的崛起。

佛罗里达在《创意经济》(2005 年)一书中指出,越来越多的国家开始认识到,长期的经济优势在于吸引和留住人才的能力,而不是单纯的商品、服务和资本的竞争。现在,全球各地对于创造型人才的竞争正在火热进行并持续升温,全世界大概有 1.5 亿人(占世界人口的 2.5%)居住在他们出生地以外的国家。在这场新一轮的人才争夺中,创意阶层正在崛起。

佛罗里达在《创意阶层的崛起》②中指出,在创意经济时代,美国的社会阶层构造发生了重要变化。除了劳动者阶层(Working Class),服务业阶层(Service Class)以外,一个新的阶层在悄然兴起,那就是创意阶层(Creative Class)。佛罗里达把创意阶层分成“具有特别创造力的核心(Super - creative Core)”和“创造性的专门职业人员(Creative Professionals)”两个组成部分。前者包括科学家、大学教授、诗人、小说家、艺术家、演员、设计师、建筑师,引导当代社会潮流的小说家、编辑、文化人士、咨询公司研究人员以及其他对社会舆论具有影响力的各行各业人士。后者包括高科技、金融、法律及其他各种知识密集型行业的专门职业人员。佛罗里达指出,在大多数欧洲国家,

① 约翰·哈特利编著:《创意产业读本》,曹书乐等译,清华大学出版社,2007 年版,第 16,17 页。

② Richard Florida, The Rise of the Creative Class : And How It's Transforming Work, Leisure, Community and Everyday Life, New York: Basic Books, 2002. 中文译本为:《创意新贵:启动新新经济的菁英势力》,邹应瑗译,宝鼎出版社有限公司,2003 年。

创意阶层都在以一种相当快的速度增长。在14个欧洲国家中有7个国家的创意阶层占其劳动人口总数的25%还要多，尤其在3个国家——荷兰、比利时和芬兰，其创意阶层几乎由本国30%的劳动人口组成，其中芬兰在创意阶层增长率方面远远超过了其他所有的欧洲国家，而且自1995年以来，每年都在以7%的速度增长。就美国来说，其创意阶层在经济中的比例也呈上升趋势，而美国工业阶层的人数从1960年到2000年则下降了15%。

从这些略显枯燥的统计中可以看出，创意阶层已经成为社会发展的重要力量。不仅如此，佛罗里达还分析了这一阶层对城市社会结构、城市发展所带来的影响。他指出，创意阶层在选择工作时，除了对工资的关注以外，还特别重视工作环境、工作的意义、工作的灵活性与安定性、同事的尊重、技术要求以及公司所在城市等因素。比如，他们会对城市的音乐、艺术等人文环境，对城市气候、湿度，以及绿化等各种城市生活便利条件的需求会越来越高。此外，在业余文化生活方面，比起像棒球、篮球等观赏型的体育运动，创意阶层更喜欢参与型的体育运动，比如像自行车、攀岩、潜水、滑雪等运动。这些在工作与业余生活方面的价值取向变化会对城市和社区产生深刻的影响，同时促进了城市在这方面的建设和改进。今后，能满足创意阶层多种兴趣爱好和生活方式需要的城市，会吸引越来越多的人力资本，实现城市的发展和繁荣，否则的话，城市会逐渐因人力资本枯竭而走向衰退。由此，地方政府与其为了吸引企业投资而实行各种减税政策，还不如投入一些资金用于城市创意性的建设，从而吸引创意阶层，因为他们才是经济发展的主要推动力。

二、城市复兴与国家政策的推动

哈特利曾指出："事实上，首先开始注意并辨识出创意产业的人，并不来自创意产业内部，而是来自像政府和教育部门这样的公共机构。"[①]这说明了政府在推动创意产业发展中的重要作用。

① 约翰·哈特利编著：《创意产业读本》，曹书乐等译，清华大学出版社，2007年版，第21页。

创意产业的兴起的确与各个国家的城市复兴计划有着密切的关系。就英国的情况来说,英国曾是工业革命的故乡,19 世纪时其制造业居世界首位。但从 20 世纪初开始,特别是二战以后,由于受到国内市场规模和人口数量的制约以及外国同行的激烈竞争,英国的传统工业,如制造、加工等产业日趋萎缩,在国民经济中的比重迅速降低,呈现一种不可挽救的衰退之势。产业结构的"老化"导致制造业集中的城市普遍出现衰落现象,工厂大量倒闭,失业人口剧增,就业机会减少,大量人口外迁,而英国政府也没有制定完善的产业政策,对科技成果的商业应用及教育和人才培养等方面重视不够,使工业进一步走下坡路。在战后相当长的一个时期里,英国处于高通胀、高失业率、低经济增长的严重不景气状态,工业投资水平较低,投资环境较差,老化的工业结构以及设备更新缓慢直接影响劳动生产率的增长。英国经济增长乏力,产生了被称为世界经济中的"英国病"现象。到 20 世纪 70 年代,英国不得不承认只是欧洲的二流国家,1998 年制造业居经济合作与发展组织国家的第五位。经济上的衰落,引起英国国内政局动荡,劳资纠纷、罢工运动此伏彼起,英国在世人的心目中几乎快成为保守、沉闷的代名词,而解决城市衰退的唯一出路就是进行经济结构调整。事实证明,随着世界经济一体化趋势的日益增强,文化产业、文化创意产业越来越成为世界经济发展的新的推动力。拉动城市经济增长的主要动力已不再是制造、加工和传统服务业,而在于科技创新、创意产业、高科技产业和服务产业的发展。在这种情况下,英国政府从 1991 年开始重视创意产业的发展,1994 年布莱尔任工党主席后提出了"新工党,新英国"的口号,拉开了"新英国运动"的序幕。1997 年 5 月布莱尔出任英国首相,第一件事就是成立了"创意产业工作小组",推动英国文化创意产业,提倡和鼓励原创力在经济中的贡献。在这样一种背景下城市复兴计划被提出来。

如今,世界很多国家都非常重视创意产业,并制定一系列的政策推动创意产业的发展,比如韩国就是这样。韩国自从 1990 年设立文化部时,即设有文化产业局,1997 年的金融风暴促使韩国政府开始改革,一方面大刀阔斧地去整顿企业、金融界;另一方面把文化当成最重要的产业,由政府主导并全

力支持。文化产业局的设立即是为了提升国家文化产业的竞争力,以政府的力量投入每项文化领域的基础设施,如动画、影视产品、出版品等,协助文化产业增加附加价值、打入国际市场、把人类资产转化成创意产业。同时通过立法协助文化、娱乐、内容产业,并设立奖励措施吸引民间业者的投入。文化产业局还附设有十二个附属机构,其中,文化产业振兴院是为了协助将创意文化内容衍生成文化产品的一个辅助机制。总之,通过政府推动,韩国的文化创意产业在影视、动漫等方面取得了令人瞩目的成绩。

三、交互技术与公民—消费者身份的融合

对于创意,大家一般以为就是那些创意阶层的事情,实际上,随着社会的发展,随着技术尤其是数字交互媒体的发展,消费者也会参与到创意中来,甚至成为最有活力的创新来源。消费者的创新可能会以某种研发的形式反馈进入未来的商业开发中,比如电脑游戏产业等,有的产品创意显然就直接来自消费者的启发。消费者这一地位和角色的转变,来自于消费者和公民两种身份的融合。

在发达国家的经济从制造业到消费者引领的转变中,消费者的地位受到了极大的重视和提高,生产者总是尽最大力量满足消费者的需求,甚至不断通过市场调查来分析消费者的消费需求和消费心理。但在这里,消费者还并没有被看做是经济发展的动因,消费者并没有真正参与进生产中去,生产的唯一目的只是把产品卖给消费者,只要能售出产品就可以。这样,消费者与生产者之间还是对立的,消费者还只是生产者、企业家的"他者"(Other)。在哈特利看来,这还只是一种以生产活动和生产力为核心的经济模式。在这种生产模式下,消费者还是被动的,甚至是可以被愚弄的,他们的声音被封杀了。

随着经济的发展与社会的进步,人们开始对这种生产模式提出了质疑,消费者企图摆脱被控制甚至被愚弄的地位,希望以自己的才能或富有创造力的想法直接参与进生产中去,找到作为消费者的尊严。这是消费者作为公民身份对自由的渴望,这一渴望典型地体现在开放源代码运动中。开放

源代码的意思是，用来建构计算机程序的编码不光能被编码者得到，还能被所有用户看到。互联网发展初期，开放源代码被用来建构互联网的架构，这一做法也导致了应用层面上的开放性。如果代码对所有人开放，那么任何人都可以建立新的协议层，进而开发新的应用或在已有版本的基础上制作新的版本。莱斯格认为，某种程度上的“开放性”对技术的成长与发展是必要的，互联网需要“失控”，以使尽可能多的人对互联网的发展做出贡献。莱斯格指出，开放源代码“开启了由互联网计算机所创造的创新和变革的空间。开放的空间是重要的自由，它建立在受控制的平台之上。自由建构了一种创新的公共资源。”[①]。可以说，开放源代码正是消费者作为公民身份，要求介入公共空间的体现，而也正是在这种积极介入中，创新才真正实现。很显然，垄断是不可能真正走向创新的。由此，开放源代码就不仅仅是一种技术手段，也不是一种爱好，而是一个社会运动。比如，Linux 操作系统，作为开放源代码，Linux 是透明的，也因为如此，Linux 被许多人认为是比 Windows 更有生命力的操作系统。这是一个不那么“小的公民队伍”对一项技术的发展做出贡献的例子[②]。

在哈特利看里，消费者和公民这两个概念在现代社会发展进程中一起成长，是现代性的一对连体引擎，这就是对人们自由的渴望和对舒适生活的向往。前者表现在公民身份之中，属于公共领域，是一个长期斗争的结果，是大众政治主权得以建立和不断发展的过程；而对舒适生活的愿望，也经过了艰苦的努力来争取。大众化和工业化的消费模式，即中规中矩的产业工人通过旅游、媒体和体育运动来消费大众娱乐的模式，已经发展成了一种个性化和交互化的伙伴合作关系。这种关系建立在认识差别、创造亲和力和提供充分信息以帮助消费者作出选择的基础之上，而不是建立在蛊惑大众、操纵大众、使大众被动接受的基础之上。长期以来，在公民和消费者之间一

① 莱斯格：《在线公共资源》，见约翰·哈特利编著：《创意产业读本》，曹书乐等译，清华大学出版社，2007 年版，第 55 页。

② 伦尼：《创意世界》，见约翰·哈特利编著：《创意产业读本》，曹书乐等译，清华大学出版社，2007 年版，第 35 ~ 38 页。

直存在着紧张的关系，但随着社会的发展和技术尤其是交互媒体的发展，这两者开始相互融合。传统意义上消费者和公民之间的界限开始模糊，创意产业也正是在这种界限模糊中诞生和迅速发展。这在电脑游戏产业中体现得非常明显。很多游戏虽然由一个创作团队完成，但在游戏运行的过程中，广大普通的玩家参与了进来，对游戏不断进行修正、补充、发展和完善，甚至衍生出不同的版本。在这其中，玩家对游戏的贡献甚至超过了当初游戏的创造者。比如有一款叫《模拟人生》(*The Sims*)的游戏，在 2000 年开始运行的四个月前，游戏开发人员发布了玩家可以用来创造定制物品的工具，玩家可以创造的用于游戏虚拟环境的物品包括建筑、道具和定制角色，这些工具很快被玩家定制。在游戏正式发布的前几个月，玩家自己成立的专门网站已经建立起来，玩家互相交换"手工制作的"物品和定制角色。而当游戏正式发布时，已经大概有 50 个《模拟人生》爱好者网站，40 名艺术家将内容提供给这个渠道，有 5 万名玩家等已接受这些内容。在游戏推向市场的第一周，就有 25 万名玩家开始运行游戏。一年以后，许多人在为《模拟人生》的内容创建编写工具，有 150 名独立内容创建者、50 万采集者、几百万玩家、200 个爱好者网站、采用 14 种语言。在这个时候，超过 90% 的《模拟人生》的内容是由玩家创造的，并形成了 4 个扩充版本①。

总之，随着社会以及交互技术的发展，作为消费者的公民身份与作为公民的消费者的身份开始融合，而也就在这一结合点上，创意产业得以诞生。

四、创意产业的几种发展模式

对于一个城市、一个地区，乃至一个国家如何发展创意产业？发展创意产业需要一些什么条件？这是许多创意学者试图去回答的问题。在这里主要介绍创意产业发展的三种模式。

---

① 赫茨：《驾驭群蜂》，见约翰·哈特利编著：《创意产业读本》，曹书乐等译，清华大学出版社，2007 年版，第 271，272 页。

（一）佛罗里达的3Ts模式

在佛罗里达看来，一个城市、一个地区创意产业的发展必须具备“3T”要素，即人才（Talent）、技术（Technology）和包容性（Tolerance），它们相互补充，是该地区创意产业发展的必要条件。在“3T”理论模型中，科技是“3T”的中心要素，人才是经济发展的关键动力，包容作为创意发展的一个重要因素，极大地影响着国家和地区创意生产力和创意人才竞争的能力，一个国家或地区越包容或越开放，它能够调动和吸引的人才就越多。佛罗里达将包容定义为开放性、包含性和所有的民族、种族以及生活职业的多样性。比如，佛罗里达还把同性恋指标作为衡量一个城市或地区包容性的重要指数，因为一个能够容纳同性恋者的社会，会更容易容纳各种各样形形色色的创意人。不同民族、不同年龄层次、不同性倾向，甚至文身、男子戴耳环等不同外表的形形色色的人们的共存，是一个城市具有对外来者的宽容性与开放性的标志之一。有魅力的城市并不一定必须是大城市，但必须具有宽容性和多样性等都市风格。佛罗里达指出，这三个因素是相辅相成的，缺少任何一个因素，创意产业也不可能得到很大的发展（见图4-2）。佛罗里达举例指出，美国的一些城市，如巴尔的摩、圣路易和匹兹堡，尽管拥有高超的科技和世界一流的大学，却没能够实现经济增长，究其原因，就是这些城市不愿充分地给予创意阶层以包容和开放的态度和环境。像迈阿密和新奥尔良这样的城市，虽然在生活方式方面具有吸引力，但乃没能取得应有的成就，原因就在于它们缺乏必需的科技基础。美国最成功的地方——旧金山海湾地区、波士顿、华盛顿、奥斯汀和西雅图———这些地方把3T结合了起来，所以它们成为真正有创意的地方。

（二）兰德里创意城市（Creative City）模式

英国学者兰德里（Charles Landry）可说是当代“创意城市”研究的代表性人物，他在其代表性著作《创意城市：都市创新的工具书》[1]中，分析了创意城

① The Creative City: A Toolkit for Urban Innovators.

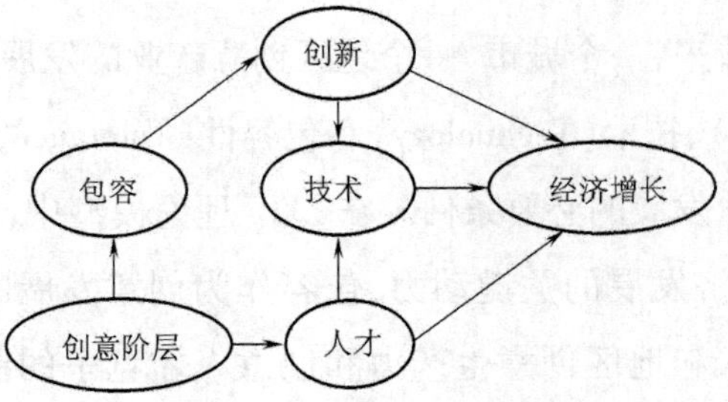

图4－2　“3T”理论、创意阶层与经济增长之间的关系

市的发展过程、创意城市形成的条件以及创意城市的测量指标等问题，提供了较为系统的创意城市理论。

兰德里在该书的开头部分就清楚地指出了其研究的目的：“《创意城市》描述的是一种新的都市规划策略方法，它考察人们如何在城市中以创意的方式进行思考、计划与行动。该书探索我们如何可以通过驾驭人们的想象力与天分，使我们的城市更适合居住与更具活力”。这可以说是再明白不过指明发展创意城市的目的，而这实际上也可看做是发展整个创意产业的根本目的。

兰德里指出了以下创意城市发展的10个等级或7个阶段：

第一级是停滞阶段。在这一阶段，创意甚至未被视为是重要的或相关的都市事务，也未被看做是属于发展循环周期的某特定阶段，社会上只存在基本简单的创意活动，各个城市行动者只具备极为微弱的自我意识。

第二和第三级是萌芽阶段。在这一阶段，城市决策者开始意识到创意的重要性，但仍然没有想到应该去培养创意。城市的组织和管理仍旧偏向因循传统，留不住创意人才的现象仍然非常明显。

第四级为起飞阶段。在这一阶段，工业和公共部门承认创意的重要性。社会上可能出现另类文化，虽有一定的创意，但很少被真正实现。留不住创意人才的问题开始得到遏制。

第五和第六级是活跃阶段。在这一阶段，城市地区此时已获得某种程

度的自主能力,存在着促进创意的基础设施,灵活技术转移或交换方案遍布在商业、教育和公共领域之间。创意人才开始回流。

第七和第八级是普及阶段。在这一阶段,公共部门与私人部门都承认革新动力的重要性。城市表面上已经能够培养“创意人才”,研究和反思能力已在大学中建立起来,创意的发动机和周期循环得以维持而且不断更新。城市地区能吸引创意人才,但仍缺乏一些高级的创意资源,让它发挥终极的潜力。

第九级是创意中心形成期。在这一阶段,城市地区成为全国和国际知名的创意中心。它自己本身的优势即足以吸引创意人才以及专业人士。城市已经能够轻易地为本身提供大多数的附加价值服务。

第十级就是创意城市形成阶段了。这时,城市已建立有效率的自我更新、自我批判和反思的创意发展循环周期,是一个吸引创意人才的地方,并且能为自己不断创造附加价值,拥有高水平的设施与国际的旗舰店,以及所有类型的必要专业服务,是一个众部门的策略决策中心,并且提供最好的活动,有能力在国际的水平上跟任何城市同等竞争。

兰德里在分析了创意城市的这几个发展阶段之后,又支持了创意城市形成的几个要素:即人员质量、意志与领导素质、人力的多样性与各种人才的发展机会、组织文化、地方认同、都市空间与设施、网络动力关系。兰德里指出,正是通过这几种要素,才营造出“创意环境”,而创意也正是在这种环境中成长昌盛的。

那么如何确定或检测创意城市呢?兰德里又提出了创意城市的测量指标:城市的活力和生命力。兰德里认为,活力是一座城市天然的力量和能源。生命力指的是城市长期的自足、持续性、适应能力和自我再生,活力需要加以集中以形成生命力。而创意是活力的催化剂,活力是创意过程的重心。活力又分四个层面:经济的、社会的、环境的与文化的。

经济活力包括人群集中地区的就业、收入与生活水平等的状况、每年观光客和访客人数、零售业的表现、财产和地价。社会活力指的是社会互动与活动的程度以及社会关系的性质。一个有社会活力与生命力的城市具备下

列特色:强大的社会凝聚力、不同社会阶层间良好的沟通和流动、市民的优越感和小区的精神、对不同生活风格的容忍、和谐的种族关系以及充满生气的市民社会。环境活力包括两个方面:一是生态可持续性方面,包括空气和噪音污染、废弃物利用和处理、交通阻塞和绿色空间;二是城市设计方面,包括易读性、地方感、建筑特色、城市不同部分在设计上的联结、街灯的质感以及都市环境的安全、友善与心理亲近的程度。城市文化活力包括文化记忆、文化传统、文化庆典以及能够表现城市鲜明特色的产品、人物与象征等的生产、分配和消费。文化活力是与城市和其居民的尊重、维护和发扬离不开的。

对于城市的这几种活力和生命力,兰德里又提出了九项指标来进行评估:关键大众(Critical Mass)、多样性(Diversity)、接触管道(Accessibility)、安全和保障(Safety and Security)、认同与个性(Identity and Distinctiveness)、革新(Innovativeness)、联系和协同(Linkage and Synergy)、竞争力(Competitiveness)和组织能力(Organizational Capacity)。通过这几项标准的测量,可以评定出一个城市的活力和生命力,进而可以评估该城市的创意潜能。兰德里的创意城市理论为建设好城市,发展城市的创意产业,具有重要的指导意义①。

(三)香港的5Cs 模式

2005 年,香港特别行政区政府民政事务局联合香港大学文化政策研究中心,对香港的创意情况作了调研,并发表《创意指数研究》的报告②,提出了香港乃至亚太地区创意产业发展的5Cs 模式。5Cs 包括创意的成果、结构及制度资本、人力资本、社会资本和文化资本。5Cs 模式的基本观点是,创意是一个社会过程,它随价值观、规范、实践、"社会资本"和"文化资本"的结构以及"人力资

---

① 本小节参阅了刘维公《创意城市与创意人才:台北市文化经济的发展基底》一文,http://www.arting365.com/creative/character/2006-04-30/1146369338d125123.html,以及汤培源、顾朝林的《创意城市综述》,载《城市规划学刊》,2007 年第 3 期。

② 香港特别行政区政府民政事务局,香港大学文化政策研究中心:《创意指数研究》http://www.hab.gov.hk/file_manager/tc/documents/policy_responsibilities/arts_culture_recreation_and_sport/HKCI-InterReport-printed.pdf。

本”的发展等因素而发展，并受其制约。这些不同的资本形式的累积效应和相互影响就是可以衡量的“创意成果/产出”，它包括经济产出、激励性活动和任何其他形式的创意产品、服务和成就。下面，我们具体分析一下这5Cs。

1. 结构/制度资本。这一资本形式包含八种社会条件，作为促进创意增长的因素，包括法律制度、贪污程度、表达意见的自由、信息及通信科技的基础建设、社会及文化的基础建设、小区设施、金融架构和企业化。这些社会条件提供了发展创意的背景，还会确定其他资本的分配及运用情况。

2. 人力资本。该研究报告指出，人力资本的流动性高，将有助于社会的文化交流、技术转移和知识的流通以及新构思的产生。有三个支持人力资本发展的条件：一是社区为“知识库”的发展提供一个合适环境的能力；二是社区增长和知识工作者的可得性；三是人力资本与人口的流动性。

3. 社会资本。技术与人才是一个创意经济体系中不可或缺的资产，但一个城市是否拥有一个能够吸引、动员和维持创意的社会环境是同等的重要。研究报告指出了多方面的“社会资本”，包括一般信任、制度信任、互惠原则、功效意识、合作性、接受多元化和包容的程度、对外地移民的态度、对现代价值的支持、自我表达等等。报告指出，社会资本如信任、互惠原则、合作性和丰富的社会网络等，都有助于促进集体性的安居乐业、社会表达与公民参与，而这些条件又进一步促使了个人和集体创意的蓬勃发展。

4. 文化资本。报告中所指的文化资本，指的是在日常生活中与文化、艺术和创意有关的特定活动和特质。文化资本有三大维度：公共部门与企业对以投放资源来支持文化艺术发展的承诺，在创造力、艺术、艺术教育和知识产权保护方面，文化规范与价值的衡量，在小区里文化参与的程度和范围。报告相信一个有利于文化参与的社会环境，能促使新意念的诞生与表达，因而从广义来说，这样的社会环境能够提高创造力。

在提出这些创意经济发展模式之后，研究报告还提出了这一模式运用的三项原则：

一是互相强化的关系。报告指出，决定因素之间的关系没有等级之分，相反，它们是同样重要和互相强化。虽然创造能力及构思可促使创意增长，

但不同形式的资本和创意成果的关系不应该等同于简单的"因果关系"。例如,创意经济的活力增长,可能鼓励更多创意工作和革新,吸引更多资金投放在人力、社会及文化资本发展方面。

二是资本的多样化。报告指出,通过不同层面阐述每一项创意指数的组成概念,从而反映各资本的形态及动态转变,还有创意成果。以创意成果为例,我们就根据经济贡献、创造才能及其他创意活动成果来衡量创意社会的表现。至于人力资本的发展,私营及公营部门在研究与发展方面的承担、工作者的教育程度及人力资本的流动也将会被衡量。

三是创意、经济及社会之间的动态关系。创意指数旨在于捕捉创意的不同范畴及其对本地经济和社会的影响,为分析家和政策制定者提供一种以成果效益为单位来评核创意社会表现的工具,同时也验证那些提升创意增长的主要促成因素及其发展的相对优势或劣势。

最后,报告指出,他们提出的这一模式,是放在亚洲的视野上提出的,从而有别于西方发达国家所提出的模式,比如佛罗里达的3Ts模式。这突出地表现在5Cs模式体现了亚洲的特有价值,如家庭价值、社会网络、自我表达、邻居等等。而佛罗里达则对这些"社会"和"文化"资本不够重视。在《创意新贵》中,佛罗里达剔除了"社会资本"作为解释经济增长的有用观念。根据佛罗里达的说法,一个拥有高度社会资本(以相互作用、互相尊重、信任和公民意识为其定义)的小区,可能阻碍经济的蓬勃发展。但这在亚洲来说,往往会恰恰相反。

总起来说,香港创意指数是一个大概念指数,不仅涵盖了创意产业的相关环节,在创意供给、创意需求和创意分配方面都有附属的具体指标,用以衡量一个城市创意产业对经济的贡献。该指数涵盖了从法律体系、言论自由、国际惯例、社会和文化的基础结构到研发、教育、人力资本和规范与价值、文化参与等一系列涉及社会基础和公众利益的指标。从这个意义而言,香港创意指数无疑为亚洲研究城市创意行业提供了一个可供参考的、较为科学全面的方法(分析)体系。

第三节　创意产业的特点

创意产业与传统产业有着很大的不同,它具有自身的独特特征。英国的行业利益集团"关注创意产业"(FOCI)指出了创意产业的独特性。创意产业所涉及的是价值和价值观、符号和象征:它是多技巧和流动的,在特殊领域中移动,创造杂糅形态;它是跨国的,在经济活动的边缘兴旺发达;它将制造收入与制造意义混合在了一起。创意产业并不试图"赶上"严肃的、主流的产业,而是为这些产业设定发展的模板①。凯夫斯在《创意产业经济学:艺术的商业之道》中,曾概括出了创意产业的几个基本经济特点:需求的不确定性,创意产业人员关注自己的产品,创造产品要求多种技能,产品的差异性,纵向区分的技巧,时间因素至关重要,持久产品与长期赢利②。在这里,我们结合凯夫斯以及其他学者对创意产业的阐述,从创意产业的本质、创意产业的需求、创意产业的生产、创意产业的产品、创意产业人员等创意产业几个方面对创意产业的特征作如下概括。

一、创意为王:创意产业的本质特征

创意产业最本质的特点,显然就是其创意性或创新性。所谓创意,按照霍金斯的说法,可以被简单地定义为"有新点子",而衡量新点子有四个标准,即它必须是个人的、独到的、有意义的和有用的(personal, original, meaningful, useful)③。创意产业作为一种产业,之所以具有巨大的经济意义,其根本在于创意产业具有创新性。创意产业的产品最忌讳沿袭陈规俗套,它在总体上必须凸显产品独具的特色,才能"击中"人心,在市场上获得超值的

① 约翰·哈特利编著:《创意产业读本》,曹书乐等译,清华大学出版社,2007年版,第233页。

② 凯夫斯:《创意产业经济学:艺术的商业之道》,孙绯等译,新华出版社,2004年版,第4~11页。

③ 霍金斯:《创意产业市长委员会》,见约翰·哈特利编著:《创意产业读本》,曹书乐等译,清华大学出版社,2007年版,第98,99页。在《创意经济》中,霍金斯把创意的这四个条件缩减为了三个:个人性、独创性和意义(《创意经济》,上海三联书店,第17~20页)。

效益。创造性是创意产业的生命线。

创意产业的创新性,主要是指在创意产品的生产和营销过程中,独具特色的文化创意贯穿其始终,这包括艺术创意、经营创意、推广创意、销售创意,从而最终形成强大的创意产业。这方面的例子可以说举不胜举,比如"超级女声"。"超级女声"的成功来源于新潮的创意,源于不同寻常的创新运作模式,它的运作模式突出体现了我国电视行业未来的发展方向,那就是:制播分离、品牌赞助、现场参与和超强的互动运行。首先,"超级女声"提出"想唱就唱"的理念和口号,并实现真正的无门槛选拔,从而迎合了大多数女生表现自己的心声。其次,在制播节目上,湖南卫视只承担了播出的任务,节目的制作任务却是由它的品牌所有者天娱公司来完成的。这种制播分离的模式代表了我国未来广电行业的发展方向,也是世界上先进国家已经成熟的广电运作模式。在赞助方面,蒙牛品牌与"超女"品牌实现了双赢。蒙牛借超女实现了自己的营销,而"超女"也借蒙牛获得了良好的经济支撑,得到了很好的宣传。而实行现场参与、短信投票等形式,无疑使"超女"既获得了人气,也获得了"钱"途①。可以说,"超女"的成功,从策划到生产、传播以及销售等各个方面,都是创意的结果,没有创意,也就不可能有"超女"的成功。

好的创意不仅仅需要技术的支持,更需要的是文化的支持,或者说需要全面了解和分析需求者的需求心理,只有这样才能提出好的创意。例如,20世纪末期,当微软的规模超过通用汽车时,有人认为微软的优势在于技术,然而实际情况是,微软比它的竞争对手更了解用户的文化习惯和心理需要,它的突出贡献不光是由技术造成的,更多是由于文化创意造成的。随着人们物质需求的满足,未来的经济学和物质生产技术将与心理、社会、文化紧密结合,通过独具匠心的文化创意来进行心灵资源的开发,来满足人们的心理需求。

因此,当代经济的真正财富是思想、知识、文化、技能和创造力所构成的创意,这种创意来自人的头脑,它会衍生出无穷的新产品、新服务、新市场和创造

① 关于超女的分析文章很多,这里主要参阅了张京成主编的《中国创意产业发展报告(2006)》,中国经济出版社,2006年版,第416~424页。

财富的新机会,是产业升级和经济发展的重要动力。在许多情况下,创意的发展不仅创造了自身雄厚的经济效益,而且成为带动一国经济发展的重要原动力。

二、创意产业的高风险性:需求的不确定

随着人们物质生活水平的提高,人们对产品的需求不再是简单的物质需求和追求产品的使用价值,而是更看重产品的内容——文化内容,由此,现代社会的产品在很大程度上成为精神性的产品。人们对产品精神性内涵的需求日益提升,需求量越来越大,成为创意产业发展的根本动力。但每一创意产品既可能会得到消费者的认可,带来巨额的经济效益和财富,也可能找不到认可它的买家。每一创意产品对于消费者需求来说,存在着时尚潮流、个体嗜好、传播炒作、时机选择、社会环境、文化差异、地域特色等多种不确定因素,需求的不确定性,大大增加了创意产品的风险性。

此外,在日益激烈的全球竞争中,创意产业面临着国内和国际市场的双重挑战。经济全球化、市场一体化使得许多欠发达民族国家的主权趋于弱化和传统文化边缘化,从而导致了本民族的创意产业与世界的创意产业之间存在着某种紧张状态。事实上,几乎所有的创意产业都面临着显著的集中化、垄断化现象。在音乐、电影和媒体界,都是国际性大集团在主导全球市场,而且文化产业的传播方式也呈现出霸权性。发达国家通过经济手段,垄断着某些创意产品的传播,这其实也不利于整个创意产业的健康发展。

另外,全球信息传播和辐射速度的加快,使得创意具有很强的时效性或称短时性,一种创意出来,也许不长时间就被新的创意所取代,甚至连成本都没有收回来,创意就过时了。这无疑增加了创意产业的风险性,使得创意产业必须创造出具有较长时间效应的创意来。还有,随着盗版技术的进步和快速增长,也使得创意产业部门不得不承担开发新产品时所冒的风险。创意产业就是在这种不稳定的、迅速变化着的市场范围内,经受着风险的考验和对自己毅力和自信的考验。

创意产业是风险产业,对创意产业的投资是一种风险投资。因此,卖方如何说服买方购买自己的创意,显然非常重要。而买方如何通过各种渠道

获知这种创意是否可行或获利，从而决定是否购买卖方的创意，这是一个信息获取的问题，而这一点对创意产业非常重要。不管怎么说，成功与风险并存，这就是创意产业的魅力。

创意产业的高风险性特征，也早已被很多相关数据所证实。1998 年，美国发行了将近 3 万种专辑，但销售量超过 5 万张的不到 2%。纽曼（Neuman）早在 1991 年便指出了出版业的“二八定律”，即出版业 80% 的收益来自于 20% 的产品。贝蒂格（Bettig）的研究表明，美国每年大约制作 350 部电影，但只有 10 部左右卖座。卓沃尔和格里斯潘（Driver and Gillespie）的报告表明，英国杂志中只有 1/3 到 1/2 达到收支平衡，只有 1/4 能够赢利。莫兰（Moran）引用的相关数据也表明，20 世纪 80 年代中期，美国平均每年出版的 5 万多种图书中，80% 都遭遇财务危机①。中国有关主题公园的数据也表明，在中国目前现有的主题公园中，只有 10% 左右能够实现赢利。以上种种数据都表明：文化创意产业在具有高附加值特点的同时，其风险性更是不可低估。也因为如此，在文化创意产业生产过程中，很多公司或企业都是通过“过量生产”的方式，使赢利产品的利润与失败产品的亏损相互抵消。如果说每 9 种唱片中只有一种是赢利，其余 8 中都是亏损产品，那么，只发行 5 种唱片的公司与发行 50 种唱片的公司相比，就多了一份在市场竞争中失败的风险。这也是很多文化企业大规模扩张的原因之一②。

三、创意产业的综合性：需要多种技能

创意产业尽管十分推崇创造者的个人创造力，但它又不同于过去时代文学家、艺术家的那种个人“独创性”。当代创意产品需要各种不同技能的专业人员，必须由创意策划、技术制作、传播操作、管理协调、商品销售等多方合作才能最终完成，比如电影，就是许多艺术人员共同努力的结果，他们每人的专攻不同，审美观点不同，喜好也不同，导演的工作就是负责协调各

① 大卫·赫斯蒙德夫：《文化产业》，中国人民大学出版社，2007 年版，第 21 页。
② 大卫·赫斯蒙德夫：《文化产业》，中国人民大学出版社，2007 年版，第 23 页。

种差异。由此,创意产品的创作过程远比一般产品复杂,这就要求创意产品的所有创造投入都要达到和超出一般流水线上的熟练水平,才能生产出合格的创意产品。这样的创意行为才是经济学家所说的增值生产功能。在这种可增值的生产关系中,"如果要得到具有商业价值的产出,每个生产投入必须到位,或是生产行为至少达到精通或是超出精通水平。零的倍数仍然是零。这就是迈克·科米尔称之为关联性生产理论①。"

在创意产业所需要的多种技能中,高科技是非常重要的因素,创意产业往往与高科技紧密相连,互相共生。高科技为创意产业提供了技术支持和发展的平台,创意产业也赋予了高科技内容上的支撑。比如,高科技含量很高的大片,往往可能因为高科技而产生许多富有创意的画面、音效乃至情节,给人新奇的感受。此外,在现代信息化飞速发展的时代,创意产业与信息服务业的发展关系更为紧密,互为因果。一方面,信息化自身的发展需要不断提高信息资源开发的水平,需要创意产业为其提供内容作为支撑;另一方面,信息技术在经济、社会生活中的广泛应用与渗透,已经并且深刻地改变着创意产品的创作与生产方式以及人们的消费方式。可以预言,信息经济将越来越追求文化的意义,而创意产业也会成为推动以知识为特征的信息社会的又一个核心生产力。

四、创意产品的多样性与差异性:纵向区别与横向区别

创意产品的多样性和差异性既包含纵向区别,也包含横向区别。所谓纵向区别,是指同类产品与产品之间在产品水平、等级或质量等方面的区别,它关乎产品的"原创性"、"技巧性"或艺术境界的评价。好莱坞的剧作家、导演及制片人在任何时候都会对剧作家的好坏有一致的评价,能断定谁应属"一流"剧作家,谁应属"二流"。用经济学的术语来说,这些创意型的产品在纵向上(或本质上)是有区别的。这就是"一流/二流"特性。从根本上说,任何一个产品与其他产品都是不同的,而它们的不同将导致截然相反的

① 凯夫斯:《创意产业经济学:艺术的商业之道》,孙绯等译,新华出版社,2004年版,第7页。

结果。比如,在同时播放的电影或电视节目中,一个观众就会选取这一部作品观看,而不是选择另一部。因为在尝试了两个产品之后,买方认为甲种产品比乙种产品好,如果两种产品的销售价格相同,就没有人会买乙种产品。而横向区别则是指不同类别、不同特色之间的区别。同样质量、同样水平的创意产品之间会因为消费者的习惯、偏好而作出选择。“两首歌曲,两部动作片,在消费者看来,其特点和质量可能非常相同,但它们又不完全相同。用经济术语来说,它们具有横向区别。”横向区别激发产品种类的多样性,激发艺术家从各种可能中作出选择,刺激消费者或中间商从一系列真正具有创意性的产品中作出选择。而创意产品通常是横向区别与纵向区别的混合体。

五、创意产业人员关注自己的产品

作为创意产业的主体,创意产业人员与一般产业人员有着很大的不同。一般雇佣工作人员更多关注的是自己的工资、工作条件和工作所需要花费的精力,而不会考虑产品的式样、特性等。但创意产业人员则却非常注重产品的原创性、卓越的艺术表现,以及艺术的和谐统一。这就是创意性生产与普遍性生产的区别。“不管在哪,普遍性的生产投入通常与工资收入分不开,他们的收入至少要等同于市场上同等劳动的收入。他们关心的不是雇主是谁,(在他们的能力范围内)做什么工作。他们的工作就是为了钱[①]。”创意产业人员的工作往往具有“艺术至上”的特征,他们的工作时间安排通常比较灵活,对将来的创作拒绝做出任何承诺,也不愿意接受对他们的种种限制。这种特性说明,如果艺术家们重视的只是个人收入,他们就不会创造出如此多的艺术品,他们的实际工资往往要低于他们的能力、技能和教育应得的报酬。

---

① 凯夫斯:《创意产业经济学:艺术的商业之道》,孙绯等译,新华出版社,2004 年版,第 6,7 页。

第四节 创意产业的分类

由于各国的文化传统和发展政策的差异,各国在对创意产业所包含的产业类别上划分并不一致。在本节中,对世界各国和各地区对创意或相关产业的不同分类进行简单介绍。

一、英国的创意产业分类

就其概念而言,英国创意产业的提出,与其文化背景有着极为重要的关系。与其他传统欧洲国家一样,英国也具有较为悠久的历史文化传统,这使其在将“文化”(culture)与“产业”(industry)这两个词进行对接时面临很多质疑。文化艺术是否可以走产业化的道路?产业化发展是否会有损于文化的本原精神?其实,类似的争论和质疑不仅仅出现在英国,在其他很多国家也是如此。面对种种质疑,英国政府采取了“不争论”的方式,通过将“文化”改变为“创意”的方式,以“创意产业”的概念模糊了文化与产业的对立。

1990 年,英国政府委托英国文化委员会,会同英国电影协会和手工艺委员会等单位,开始起草英国文化发展战略。经过两年的调研、研讨和论证,在 1992 年形成了“国家文化艺术发展战略”讨论稿,并在第二年以《创造性的未来》(A Creative Future)为题正式公布。这是英国有史以来首次以官方文件的方式颁布的国家文化政策,“创意”作为两年的研究成果成为了英国新文化政策的核心。1993 年,“创意”概念被引入文化政策文件。1997 年,在新工党领袖布莱尔首相的直接推动下,英国成立了“创意产业特别工作小组”,该小组分别于 1998 年和 2001 年先后两次发布研究报告,分析英国创意产业现状并提出发展战略。1998 年,“创意产业”这个概念在英国最终被明确提出。2001 年,英国文体部发表《创意产业专题报告》(Creative Industry Mapping Document),报告中详尽的分析数据表明创意产业已成为伦敦的核心产业,并向全英发散。

英国文化新闻与体育部发布的创意产业定义为:那些出自个人的创造

性、技能及智慧和通过对知识产权的开发生产可创造潜在的财富和就业机会的活动,包括广告、建筑、艺术品和古董交易市场、手工艺品、(工业)设计、时装设计、电影和录像、互动性娱乐软件、音乐、表演艺术、出版、电脑软件及电脑游戏、广播电视共十三类①。

二、日本的创意产业分类

严格来说,日本并没有明确的创意产业界定。日本通商产业省将高龄社会产业、环境产业等列为高成长产业,其中的“感性产业”与我们理解的创意产业在包含的产业门类上大致相似。在感性产业中,又细分为“内容制造产业”、“休闲产业”和“时尚产业”三类(详见表4-1)。日本通商产业省对内容制造产业、休闲产业和时尚产业的当前现状与未来发展目标也进行了较为详细的规划(详见表4-2)。

表4-1 感性产业门类

产业	内容制造产业	休闲产业	时尚产业
分类	一、个人计算机、工作站、网络 二、电视 三、多媒体系统建构 四、数字影像处理 五、数字影像信号发送 六、录像软件 七、音乐录制 八、书籍杂志 九、新闻 十、汽车导航	一、学习休闲 二、鉴赏休闲 三、运动设施、学校、补习班 四、体育比赛售票 五、国内旅游 六、电子游戏 七、音乐伴唱 一、时尚设计 二、化妆品	一、时尚设计 二、化妆品
	10类	7类	2类
共19类			

资料来源:蔡卓立:《日本文化创意产业介绍》

① 参见英国文化新闻与体育部官方网站:http://www.culture.gov.uk/。

表 4－2　相关产业的当前环境与未来发展

	分　类	当前环境	未来发展
内容产业	一、个人计算机、工作站、网络	·计算机与网络普及、需求持续增加	·需求依使用者及功能的不同增加
	二、电视 三、多媒体系统建构 四、数字影像处理 五、数字影像信号发送	·数字化 ·多频道化、媒体数量增加、内容商务发展亦随之增加 ·数据通信传输整合 ·网络信息服务增加 ·信息家电开始发展	·电视及电影所需内容提供的商务 ·内容多次取用商务 ·通讯贩卖
	六、录像软件 七、音乐录制 八、书籍杂志 九、新闻	·网络普及、媒体多元化 ·媒体数字化 ·电子商务普及	·网络及有线电视可提供更多样服务 ·数字化影音信息提供 ·各种影音可透过数据传达
	十、汽车导航	·ITS(智能型运输系统)普及 ·ITS 相关技术发展带动汽车导航 ·技术提升	·卫星信息服务系统(影音、新闻及市信息提供) ·交通运输效率化、行车安全服务
预估年复合成长率		1998 年市场规模	预计 2025 年规模
2% ~4%		10 兆日圆	17 兆日圆 ~33 兆日圆
休闲产业	一、学习休闲 二、鉴赏休闲 三、运动设施、学校、补习班	·生涯学习活络 ·社团活动增加 ·个人可支配休闲时间增加 ·密集性的地方体育运动增加 ·对个人健康的关注提高	·高龄者为主的各种学习讲座、运动讲座 ·维持并增进健康、美容的休闲运动市场
	四、体育比赛售票	·国际大型运动比赛及地方体育竞赛增加 ·大型运动竞赛场地增加	·跨越地域、充满活力的运动事业

续表

	分　类	当前环境	未来发展
休闲产业	五、国内旅游	·新形态游乐园区及主题乐园增加	·调养、美容、美食等个别需求市场的休闲产业
	六、电子游戏	·高性能机种上市 ·网络联结整合、在线游戏普及	·年龄层提高的游戏及软件市场 ·搭配无线上网的电子游戏软、硬件
	七、音乐伴唱	·通信传输伴唱系统普及 ·通信传输速度增加、成本降低	·利用通信系统搭配信息服务 ·家用伴唱系统
预估年复合成长率		1998 年市场规模	预计 2025 年规模
2% ~3%		9 兆日圆	14 兆日圆 ~20 兆日圆
时尚产业	一、时尚设计 二、化妆品	·流行及生活形态个性化、多元化 ·潮流及世代变化快速 ·制造与贩卖合作、跨国合作 ·由日本进军海外的流行风及品牌激增	·消费者导向商品及个性化商品 ·符合消费者特定需求的零售市场
预估年复合成长率		1998 年市场规模	预计 2025 年规模
2%		11 兆日圆	18 兆日圆 ~20 兆日圆

资料来源:蔡卓立:《日本文化创意产业介绍》。

三、新加坡的创意产业分类

近年来新加坡政府把创意产业提高到国家战略层面,将之作为推动经济快速增长的引擎之一。早在 1998 年,新加坡有关部门就制定了“创意新加坡计划”。2002 年,新加坡明确提出要把新加坡建成全球的文化和设计业中心、全球的媒体中心。2002 年 9 月,新加坡政府又发布了“创意产业发展战略”,试图通过实施这一战略,推动艺术、经济、科技的融合,使之成为新加坡新的竞争

优势所在。该战略提出，要将新加坡建设成文艺复兴城市、全球文化和商业设计中心、世界媒体城，从而树立起“新亚洲创意中心”的声誉。就概念外延来说，创意产业在新加坡包括三个方面的行业：艺术与文化行业，涉及表演艺术、视觉艺术、文学、摄影、手工艺、图书馆、博物馆、画廊、档案、拍卖、经理人、文化遗址、表演艺术场所、艺术节及艺术赞助企业等方面；设计行业，涉及广告、建筑、互联网和软件、平面设计、工业产品、时装、传媒、室内装饰及环境设计等方面；媒体业，涉及广播、电视、有线电视、数字媒体、电影和录像、录音和出版等方面①。

四、中国台湾的文化创意产业分类

我国台湾地区沿用了文化创意产业的概念，从其包含的产业门类来看，台湾文化创意产业在概念外延上基本等同于我们所说的“创意产业”。《2005 台湾文化创意产业年报》中明确指出：“经由英国发展创意产业的经验与成果，启发我们对于文化的重新定位与视野”。2002 年，在台湾发布的《挑战 2008：重点发展计划》中，首次将抽象的“文化软件”视为台湾发展的重大工程，希望通过开拓创意领域，结合人文与经济产业创造高附加价值的效益，从而为台湾带来新的发展潜能和商机，创造就业机会，促进经济增长。2002 年 10 月 1 日，台湾“经济部”成立“文化创意产业推动小组”，统筹研拟台湾文化创意产业的年度及中、长期发展策略与措施，协调推动各项促进文化创意产业发展的工作，并每季定期召开一次会议。

台湾文化创意产业分为 13 项，包含多种产业门类（参见表 4－3）。2002 年台湾在“挑战 2008 重点发展计划”中，提出“文化创意产业”发展计划，并将文化创意产业作为核心产业，把创意产业作为继高科技产业后另一项全力扶持的产业，希望到 2008 年，文化创意产业的直接就业机会提升 1.5 倍，文化创意产业附加价值可达 1.6 亿元②。

① 刘东：《新加坡文化政策与文化创意产业概况》，《国际文化发展报告》，商务印书馆，2005 年版，第 106 页。

② 计量货币为台币。

表 4－3 中国台湾文化创意产业范畴与行业门类

项次	产业名称	产业概括说明	例示产业
1	视觉艺术产业	凡从事绘画、雕塑及其他艺术品的创作、艺术品的拍卖零售、画廊、艺术品展览、艺术经纪代理、艺术品的公证鉴价、艺术品修复等行业均属之。	
2	音乐与表演艺术产业	凡从事戏剧（剧本创作、戏剧训练、表演等）、音乐剧及歌剧（乐曲创作、演奏训练、表演等）、音乐的现场表演及作词作曲、表演服装设计与制作、表演造型设计、表演舞台灯光设计、表演场地（大型剧院、小型剧院、音乐厅、露天舞台等）、表演设施经营管理（剧院、音乐厅、露天广场等）、表演艺术经纪代理、表演艺术硬件服务（道具制作与管理、舞台搭设、灯光设备、音响工程等）、艺术节经营等行业均属之	
3	文化展演设施产业	凡从事美术馆、博物馆、艺术村等行业均属之	
4	工艺产业	凡从事工艺创作、工艺设计、工艺品展售、工艺品鉴定等行业均属之	
5	电影产业	凡从事电影片创作、发行映演及电影周边产业服务等行业均属之	影片生产业、幻灯片制作业、影片代理业、电影片买卖业、电影片租售业、映演业、影片放映业、电影制片厂业、电影冲印厂业、卡通影片制作厂业、影片剪辑业、电影录音厂业等

续表

项次	产业名称	产业概括说明	例示产业
6	广播电视产业	凡从事无线电、有线电、卫星广播、电视经营及节目制作、供应行业均属之	广播电台业、无线电视台业、有线电视台业、其他电视业、配音服务业、广播电视节目制作、录像节目带制作、广播电视行业等
7	出版产业	凡从事新闻、杂志（期刊）、书籍、唱片、录音带、计算机软件等具有著作权商品行业均属之。但从事电影发行的行业应归入电影片发行业（8520）细类，从事广播电视节目及录像节目带发行行业应归入广播节目供应业（8630）细类	报社业、期刊、杂志出版业、书籍出版业、唱片出版业、激光唱片出版业、录音带出版业、录像带、碟影片业等
8	广告产业	凡从事各种媒体宣传物的设计、绘制、摄影、模型、制作及装置等行业均属之。独立经营分送广告、招揽广告行业亦归入本类	广告制作业、广告装潢设计业、户外海报制作业、户外广告板与广告塔制作业、霓虹灯广告制作业、庆典彩牌业、广告工程业、广告代理业、广告创意形象设计业、广告行销活动制作业、其他广告业等
9	设计产业	凡从事产品设计企划、产品外观设计、机构设计、原型与模型的制作、流行设计、专利商标设计、品牌视觉设计、平面视觉设计、包装设计、网页多媒体设计、设计咨询顾问等行业均属之	视觉传达设计业、视觉艺术业、工业设计业、工商业设计业、机构设计业、产品外观设计业、模型制作业、专利商标设计业、产品设计企划业、设计管理业、产品造型设计业、计算机辅助设计业、时尚造型设计业、流行时尚设计业、工艺产品设计业、包装设计业、企业识别系统设计业、品牌视觉设计业、平面视觉设计业、广告设计业、数字设计业、网页设计业、动画设计业、多媒体设计业、媒体传达设计业、视讯传播设计业等。

续表

项次	产业名称	产业概括说明	例示产业
10	设计品牌时尚产业	凡从事以设计师为品牌之服饰设计、顾问、制造与流通行业均属之	
11	建筑设计产业	凡从事建筑设计、室内空间设计、展场设计、商场设计、指标设计、庭园设计、景观设计、地景设计行业均属之	造园业、景观工程业、建筑设计服务业、土木工程顾问服务业、电路管道设计业、景观设计业、室内设计业、花园设计业等
12	创意生活产业	凡从事符合下列定义的行业均属之:以创意整合生活产业之核心知识,提供具有深度体验及高质美感的产业均属之	
13	数字休闲娱乐产业	凡从事数字休闲娱乐设备、环境生态休闲服务及社会生活休闲服务等行业均属之 1. 数字休闲娱乐设备——3DVR设备、运动机、竞赛机、导览系统、电子贩卖机、动感电影院设备等 2. 环境生态休闲服务——数字多媒体主题园区、动画电影场景主题园区、博物展览馆等 3. 社会生活休闲服务——商场数字娱乐中心、社区数字娱乐中心、网络咖啡厅、亲子娱乐学习中心、安亲班/学校等	上网专门店、电子游戏场业(益智类)、游乐园业、儿童乐园、综合游乐场、电动玩具、电子游乐器、电动玩具店(益智类)

资料来源:《2005 台湾文化创意产业年报》。

五、中国上海的创意产业分类

上海对创意产业的界定是:以创新思想、技巧和先进技术等知识和智力密集型要素为核心,通过一系列创造活动,引起生产和消费环节的价值增值,为社会创造财富和提供广泛就业机会的产业。在分类标准方面,上海借鉴欧美、亚太等发达国家和地区的分类统计标准,以2002年国家统计局公布的《国民经济行业分类》标准为基础,结合上海产业发展的重点和趋势,将创意产业分为研发设计创意、建筑设计创意、文化传媒创意、咨询策划创意、时尚消费创意等五个大类(详见表4-4)。

表4-4　上海创意产业分类

五大类	主要内容
研发设计创意	工业设计、工艺美术品设计、软件设计
建筑设计创意	工程勘察设计、建筑装饰、室内设计
文化传媒创意	文艺创作表演,广播、电视、电影制作
咨询策划创意	市场调研、证券咨询、会展服务
时尚消费创意	休闲体育、休闲娱乐、婚庆策划、摄影创作旅行

我国香港、台湾地区明确使用文化创意产业的概念。台湾将文化创意产业分为视觉艺术产业、音乐与表演艺术产业、文化展演设施产业、工艺产业、电影产业、广播电视产业、出版产业、广告产业、设计产业、设计品牌时尚产业、建筑设计产业、创意生活产业、数位休闲娱乐产业13个子类。

尽管世界很多国家和地区对于创意产业的分类存在很多细微差别,但从以上分析也可以看出,各不同称谓和界定所包含的产业门类大致相同。并且,这些划归在创意产业(文化创意产业)名下的产业门类已经明显超越了传统的三大产业划分方式,这些产业门类根本不能归入这三大产业的任何一个,而是与这三大产业都有交叉,是这三大产业中居于价值链高端的、富有高新技术和文化内涵的行业的融合。由此可以说,创意产业并没有明

确的产业边界，而是以传统的三大产业为基础，横贯众多行业，以创新和文化为元素的横向串联而形成的集合，随着三大产业范围的扩大而扩大、发展而发展①。

① 贺寿昌主编:《创意学概论》,上海人民出版社,2006 年版,第 40 ~42 页。

第五章 创意产业的组成要素

第一节 创意产业的生产组织

生产组织形式是人类为了生存发展的需要而建立起来的，是一个复杂和动态的经济现象。最早的生产组织形式产生于原始社会的部落中，随着人类社会大分工和生产范围的不断扩大，生产组织形式也愈加复杂起来。从总体上看，人类的生产组织形式经历了从简单的个体劳动到复杂的合作生产的过程。对于创意产业来说，其内部的生产形式有着较为突出的个体创造性，这与创意本身的特性紧密相连，但创意产业显然不可能是完全的个体劳动，它同样也需要相互之间的合作，而在这一相互合作的过程中，创意才会不断涌现，从而进一步促进创意产业的发展。从创意产业的外部产业链条来说，它需要较高程度的群集化，这是创意产业外部生产组织的典型特征。本节就从这两个方面分析创意产业的生产组织特点。

一、内部生产形式

（一）个人劳动的可能性

创意产业的核心是创意，而创意在很大程度上源于个人的创造性，这在许多关于“创意”和“创意产业”的定义（如英国的定义）中都有所体现。创意产业的个体性创作与作家、画家、音乐家等艺术家的创作是相通的，这突出地体现在他们通常在个人工作室里进行创作，一般不从属于某个固定的经济实体，比如许多的自由职业者。自由职业者的英文是“Self - employed”，直译就是“自己雇自己的人”。这类人独立工作，不隶属于任何组织，不向任

何雇主做长期承诺而从事某种职业。这些人一般都是脑力劳动者(作家、编辑、会计等)或服务提供者,他们在自己的指导下自己找工作做,经常但不是一律在家里工作。自由职业者的出现,是对独立、自由和个体的推崇和追求,是对传统体制下的生产方式的拒绝和排斥。佛罗里达曾就此指出:

我们努力去进行更为独立的工作;我们更难容忍经理人的能力低下、老板们的专横跋扈。我们放弃工作保障来争取独立和自主。我们除了要获得对我们所做的工作和我们所拥有的技能的报酬之外,还想拥有学习和成长的能力,决定我们工作内容及工作日程的能力,以及通过工作表达我们的身份认同的能力①。

可以说,这是一个注重个体自由表达的社会,自由、独立、个体正是这个时代的关键词和发展趋向,正如霍金斯所说的:“我们正在犹豫不决、间歇地向一个优先考虑创意和个人表达的世界移动。”②创意产业是一个崇尚个人创造力和才华的产业,想法而且是自己的想法成了这个产业中的“金手指”。很多个人创意往往蕴藏着巨大的商业价值,甚至延伸为一种产业,成就一个企业或一个公司。

创意产业内部工作的组织方式往往是扁平式的,代替了以前科层式的组织方式,这就使得内部的员工具有很强的民主色彩,每个人都具有自身独立性,他们可以松散地组织内部研发团队,依自己的兴趣自主决定研发项目、创新产品。可以说,创意产业使个人的创造力和才华得到了最大限度的发挥,同时也满足了个人实现自我的愿望和追求,而这一点在马斯洛看来,是人的最高层次的需要。马斯洛把人的需要分成了几个层次,最低层次的需要是生理需要,如对于食物、水分、氧气、性、排泄和休息等的需要。其次是安全需要,如对于稳定安全、秩序、受保护、免受恐吓、焦躁和混乱的折磨等的需要。如果生理需要相对充分地得到了满足,就会出现安全需要。第

① 约翰·哈特利编著:《创意产业读本》,曹书乐等译,清华大学出版社,2007年版,第2页。

② 霍金斯:《创意产业市长委员会》,见约翰·哈特利编著:《创意产业读本》,曹书乐等译,清华大学出版社,2007年版,第98页。

三层次是归属和爱的需要，如需要朋友、爱人或孩子，渴望在团体中与同事间有深厚的关系等。第四层次是自尊需要，如希望有实力、有成就、要求独立和自由，渴望有名誉或威信、受到重视等。最高层次的需要是自我实现的需要，就是促使自己的潜能得以实现的趋势。这种趋势是希望自己越来越成为所期望的人物，完成与自己能力相称的一切活动。例如，音乐家必须演奏音乐，画家必须绘画，这样他们才感到最大的快乐。至于其中所经受的物质困苦，往往是不会过分在乎的。对于马斯洛来说，人最终是需要达到这种自我实现的需要的，而也正是在这种需要的实现中，人获得了最大限度的满足和欣慰，而人在这种情景中，最容易发挥自己最大的潜能，因此也就最容易创造出新的东西来。对于创意产业来说，要在最大限度上发挥人的潜能，它甚至并不一定追求利益最大化，更多的是追求艺术至上甚至自我至上。

当然，所谓的"个别劳动"也不排除协作的可能性，在某些时候，这种协作甚至是必不可少的。例如，作家需要地方组织和人员提供生活体验的环境，甚至需要助手来整理手稿，画家需要模特来进行绘画，雕塑家需要翻模工来协助创作等。但是，由于这种协作是以一方为绝对主体，而另一方只是起到次要的助手或帮工的作用，这种劳动方式仍然还是可以看做是以个人为单位的个别劳动。

（二）相互合作的必要性

在创意产业的生产活动中，纯粹的个体劳动是不多见的，即便是某些创意，往往也是许多人相互启发、共同完成的，而创意的实现过程就更需要相互合作了，甚至需要不同专业、不同层次的人员共同协作完成。例如，在录音棚里、制作人、导演、歌队、音响师以及其他重要人物的交流合作构成了一个紧密团结的艺术创作空间，即使是导演本人的努力也不一定总是构成具决定意义的体现在最终的录音带上的因素。从创意产业的这种生产组织形式中产生出来的最终产品，乃是集体劳动过程的结晶，它包含不同个人的许多专业活动。

在现代大众文化工业时代，这种相互协作完成的情况更为常见，比如电影，就是一项巨大而复杂的系统工程。一部影片从编剧开始到拍摄完成，一

直到发行放映，每一步都有精细的分工，都有专门的部门去完成。比如，编剧部门，就要围绕一个构思或想法提出意图、构思主要情节、添加次要情节、写对话、加噱头等，而且这些工作往往也是分工的，有的只写对白，有的负责编情节，有的可能只着重于人物勾画等等。有时制片人还会请剧本写作高手对已形成的剧本初稿进行修改，直至开拍。这种精细分工使影片制作的每一个细部，如布景设计、场面表现、人物对话等，都做得非常优秀和精致。当然，过细的分工乃至工业化的生产模式，一定程度上也会泯灭个体的独创性。

在集中的社会结合劳动中，大多数创作者的姓名并不为消费者所知，但他们同样构成了创意产业重要的部分，其创意对创意产品最终的形成是不可或缺的。例如，在电影和音乐制作部门，只有很少一部分制作人的名字被公开标记在最终产品上面。在创意产业中，集团内部的所有员工共同组成了复杂的工作网络，这种严密的、精心设计的企业内部网络把员工们连接在一起，创意产品的生产正是在这种网络中完成的。因此，在产品创作、装配和最终包装的过程中，有许多只手共同完成最终的创意产品。

二、外部产业链条

前面几种生产组织形式，主要是就产业的内部运作来说的；创意产业的外部产业链条，形成了创意产业巨大的“产业集群”(Industrial Cluster)[①]。在世界经济全球化、信息化、市场化的大背景下，产业的集群化是当今创意产业发展的趋势之一。

(一)产业集群及其竞争优势

1. 产业集群的含义。所谓产业集群是指某一产业领域的相关企业及其支撑体系在一定区域内的集聚，有的也译为“产业集聚”或“产业簇集”等。产业集群是一种新的空间经济组织形式，它不仅包括上下游产业的制造商，

① 关于产业集群的研究颇多，本节参照了波特《国家竞争优势》，李明轩，邱如美译，中信出版社 2007 年版，蒋三庚主编《文化创意产业研究》，北京经济学院出版社 2006 年版，第 3 章，魏后凯《产业集群的竞争优势》，《理论参考》2006 年第 9 期，等。

也包括政府机构、大学、科研机构以及行业协会等民间团体，是一个类似有机生物体的产业群落。产业集群既有水平型的，也有垂直型的。水平型的产业集群指同一产业内的企业以及关联度高的其他产业的企业在空间中的集中分布。垂直型的产业集群指相互独立的不同产业部门之间由于存在上下游关系而形成的集合。

产业集群具有这样几个基本特征：一是空间上的聚集性。这是产业集群最普遍的外在特征。二是产业链条的完整性。如定义中所指出的，产业集群不仅包括了相关产业的上下游企业，也包含了对这些相关产业的支撑体系，如财政支持、政府管理、环境条件等。唯有如此，产业集群才能运转顺畅，创造更多的财富。三是辐射性。产业集群不仅仅是在封闭的区域内发展，它往往会形成一个向外扩散的辐射区或辐射点，带动周边产业的发展，显示出其强大的辐射力和影响力，成为城市经济和区域经济竞争优势的重要源泉。

2. 产业集群的竞争优势。产业集群的竞争优势主要体现在以下几点。

(1)降低了交易成本，提高了生产效率。在产业集群内，由于各种相关企业相互集中在一起，空间上非常接近，这无形中就降低了原料和产品的运输成本，节约了生产时间，而当产品生产出来之后，又可以迅速地销售出去，这又能减少能源和原料消耗，减少库存量，从而也就进一步降低了生产成本。同时，由于相关企业在空间上的接近以及长期合作，使得企业之间建立了相互信任的关系，在合作上也比较顺利和通畅，这实际上也就降低了企业之间的合作成本，尤其是合同谈判和执行成本。此外，产业聚居区内完善的配套措施，也在很大程度上减少或减弱了外部因素对企业的影响。企业成本的减低，无疑也就提高了企业的生产效率，从而也能创造更多的财富。

(2)增强了企业的竞争力，促进了企业创新力。在产业集群内，各种竞争对手相互集中在一起，可以说是面对面地进行竞争，这就形成了一种独特的竞争环境，无形中加剧了企业间的竞争程度。竞争的加剧又刺激着企业要想赢得竞争，就必须不断创新，否则就有可能被淘汰出产业集群。当然，产业集群区内丰富的信息来源，也使得集群成员能够获得其实施快速创新所需要的资源。

(3)降低进出风险,促进新成员的发展。在集群内部,由于具备资产、技术、投资商和人力资源等生产要素,且它们可以被方便地纳入到新企业的创业中,这也就使新企业进入的障碍较小。另外,集群往往能够给新成员提供一个巨大的市场,新成员可以相对方便地从集群业已建立的关系网中开拓业务并获益。所有这些因素都降低了新企业的进入风险。同样,如果企业经营不成功,退出障碍也不大。这样就使得集群的竞争优势增强了,会吸引更多的企业加入进来,使集群不断向前发展。

(4)形成区域品牌。由于产业领域比较集中,各产业集群所生产的一些主要产品,一般都在全国甚至世界市场上具有较强的竞争力,占有较高的市场份额,享有相当的知名度。如,美国好莱坞制造的影片,硅谷生产的 IT 产品,温州生产的打火机等,都在世界上具有较好的声誉。随着产业集群的成功,集群所依托的产业和产品不断走向世界,自然就形成了一种世界性的区域品牌。区域品牌与单个企业品牌相比,更形象、直接,是众多企业品牌精华的浓缩和提炼,更具有广泛的、持续的品牌效应,它是一种珍贵的无形资产。这种区域品牌是由企业共同的生产区位产生的,一旦形成之后,就可以为区内的所有企业所享受,形成区域品牌效应,这种区域品牌效应不仅有利于企业对外交往,开拓国内外市场,确定合适的销售价格,也有利于提升整个区域的形象,为招商引资和未来发展创造有利条件。

(二)产业集群的形成条件

产业集群的形成需要一定的内部和外部条件。内部条件包括文化资源条件、人力资源条件、资本资源条件、市场资源条件等;外部条件包括基础设施条件、地方政府的政策支持等。一般而言,创意产业集群并不是在任何地方都可能出现和形成的,它具有很强的地域性、历史性和民族性。文化资源为文化产品的开发提供了潜在的可能性。人力资源为产业集群提供了智力支持。产业集群的形成显然必须要有能适应多种产业融合需求的文化资本运营人才,他们不仅直接产生创意,而且还能对文化产品从生产到流通每个环节进行组织协调和管理。资本是产业集群的经济支持动力,拥有完善的

资本资源渠道和资本充裕的地方，显然更能吸引创意产业集群在此聚集和形成。从产业集群形成的外部条件来看，基础设施的完善是首先的一步，这包括便利的交通条件、舒适的工作环境、轻松的交流环境，以及相关的公共文化设施，如图书馆、剧场、影剧院等，这些都为产业集群提供了设施支持。而政府的政策支持对产业集群的形成往往具有很大的作用，这包括政府在制定吸引投资的一系列措施、提供良好的基础设施以及优质高效的公共服务、建立公平严肃的法律环境等方面。一个良好的促进文化产业发展的制度环境的形成，将在吸引资金、聚集文化人才和促进相关产业发展方面产生深远的影响。

近几年，作为新兴产业的创意产业，中国产业集群化的趋势已非常明显，各地都相继建立了各类创意产业园区（基地），涌现出了一批产业集群。中国的创意文化产业集群主要在三种环境中发展：一是大城市郊区农村（如北京通州宋庄画家村等）；二是老厂房改造（如上海泰康路视觉创意设计基地等）；三是新园区（如杭州数字娱乐产业园等），其集群化趋势也越来越突出。目前，中国北京、上海、广州等大城市出现了一些创意产业集聚区，为创意产业的发展创造了良好的外部条件，形成了规模效应。这些创意产业集聚区以其灵活的运作机制、强大的集聚和辐射功能、完整的产业业态等特色而成为创意产业发展的亮点。

第二节　中国创意产业的市场交易

随着创意产业的发展，创意产业的交易也日渐红火起来，不仅许多网站建立了创意产业的交易平台①，政府部门也举办了关于创意产业专门的交易

① 比如“创意来了网站”（http://www.aaaacn.cn），就有意识地将有创意需求的客户、有提供创意解决方案能力的创意者联系起来，建立起他们之间沟通的平台。此外，“中国设计之窗”（http://www.333cn.com）、中国创意产业门户网站“创网”（http://www.021ci.com）等网站，都有提供创意交易的平台。

会[1],这都在很大程度上促进了创意产业的发展。

一、市场交易的形式

市场交易主要有消费性交易和投资性交易这两种形式,但由于对于创意产业来说,知识产权显得尤为重要,因此我们把知识产权交易作为一种重要的交易形式专门谈一下。一般来说,知识产权交易属于投资性交易,因为购买知识产权的目的并不在于自我消费,而是为了投资生产,获得利润,因此属于投资性的交易。

(一)消费性交易

所谓消费性交易,简单地说,就是买方购买创意产品是为了满足自己的欣赏和消费需要,而不是为了从中获得利润。这是一种比较普遍的交易形式,几乎发生在每一个消费者身上。

这类交易形式所交易的创意产品,可能是绝版性的,只此一份,比如一些绘画作品、古董、手工产品等,购买者也许是公家,也许是私人,但他们购买是为了自我的消费,而一般不是为了再到市场上出售,从中获取利润。当然,这些独一无二的绝版作品,标价也会比较高。

除了这种交易产品之外,消费性交易产品大量的是多次交易,这显然归功于现代发达的复制技术,比如电影拷贝、电视节目、电视剧等的多次交易。现代复制技术的发达,使得原本独一无二的作品失去了其本来的神秘性,使得众多的大众都可以欣赏或消费这些作品。这一点在本雅明的《机械复制时代的艺术作品》[2]中分析得非常精彩。他认为艺术和文化的"机械复制",导致了传统艺术"灵韵"的丧失,而也正是这种丧失,使得艺术可以走向大众,打破了传统艺术被某些人所垄断的局面,体现了一定的民主性和一种进步的政治倾向性。事实上也正是现代科技的发展,改变了人们传统的消费

① 比如,2007 年 11 月 30 日 ~12 月 2 日在安徽合肥举行的首届中国国际动漫创意产业交易会,共有 240 多个项目签约,成交总额突破 20 亿元。

② 本雅明:《机械复制时代的艺术作品》,浙江摄影出版社,1993 年版。

方式,显然也改变了创意产业的消费方式。只要观众去歌舞影剧院的售票处购买了入场券,就等于完成了一次相关的市场交易。如果某些观众对特定的演出和放映产生了特别的兴趣,则他们还有可能再次入场观看,这样,事实上又增加了交易的次数。

电视节目或广播节目等创意产品也是如此。任何人只要想看电视、想听广播,就必须先去购买电视机、收音机,此外还必须按时交纳有线电视费,还必须付电费,更不用说还必须付出一定的时间成本。这些都是交易所需要花费的资金。随着技术的进步,录音带、录影带、VCD、DVD、MP3、MP4 等数字电子产品的出现,不仅从根本上满足了消费者充分占有上述相关创意产品的意愿,做到把演出场所"搬回家"来,使他们可以不受时间、地点、次数限制去复享用这些产品,而且还丰富和方便了产品拥有者与消费者之间的交易活动。

在绘画产品中,假如画家个人发现自身的巨大市场价值,并将自己的作品创意投入到"文化创意的产业化、商品化"实践中,则其不仅能获得售卖"亲笔"、"原件"、"绝版"的丰厚收益,而且还可以通过大量的复制品来扩大市场的交易规模和范围,从而借助衍生开发来求得市场利润的几何倍增。在美术圈子有许多这样的例子,就是成名画家甚至顶级画家有意雇佣若干画手,刻意鼓励他们学习自己颇具市场价值的绘画创意风格,并通过大量相近题材的复制仿作,把包装华美的画作成品批量打入市场。这种现象一直以来受到了国内甚至传媒舆论的批评。但是,人们不得不承认,这可能就是大众文化兴盛时代所具备的典型特征。至少,这类做法在很大程度上实现了优秀绘画创意的产业化开发,它通过绘画生产流水线这个放大机制,从根本上促进单幅绝版原作可能引发的一次性市场交易。总之,大量的复制品和仿制品的入市,使原先的绘画创意获得了更大范围的普及和推广,也使更多的艺术文化消费者有机会享受本来可能仅仅局限于小圈子的"奢侈"消费品。这就是本雅明所说的机械复制所带来的艺术的民主化进程。

(二)投资性交易

投资性交易不仅发生在个体购买交易中,而且大量地存在于企业乃至

事业单位中。最简单的例子，比如个人购买古董并不是为了欣赏或自己保有，而是为了转手出卖，这就构成了一种投资性的交易。而许多企业通过购买创意产品或设计，由此进行产品开发，获得巨大的商业利益，这就是一种非常普遍的投资性交易形式。比如，通过购买电影、电视剧等的放映权，获得很大的利润。

此外，合同约定方式的交易，是投资性交易的一种比较常见的交易形式。这种方式就是按照缔结合同双方约定的要求进行创意设计和生产。比如，许多高等院校、科研单位、设计机构、中介咨询公司、民间调查公司等，受相关政府机构、企业公司等购买主体的定向意愿委托，按照事先的合同约定来为购买方进行设计构思。这些售卖方在某种程度上具有思想库和智囊团的性质。他们经常会主动地或者以接受委托方邀约的形式，不断地承接来自政府部门、企事业单位等的研发任务。创意设计和生产经购买方（委托方）与售卖方（受托方）按照主题、时间、成果、经费等多方面的约定，通过签署合同文本并支付启动经费来完成首次交易。待整个研究进程结束并通过最后的成果鉴定，委托方必须支付剩余的课题经费，至此，整个交易才算最终完成。

（三）知识产权交易

知识产权是创意产业的核心和精髓，很多的创意都是个人或集体才能和劳动的体现，因此他们的创意是应当受到保护的，这就是知识产权。对于拥有知识产权的企业来说，这是他们财富的体现，是他们利润的源泉，是他们获取竞争优势的资本。正是如此，越来越多的企业努力争取和保护知识产权，他们或者自主研发获得知识产权，或者通过购买知识产权，变别人的为自己的。不管何种方式，拥有知识产权是企业长久发展的必由之路。

购买知识产权可以使企业迅速获得技术，或者提升技术能力，缩短进入市场的时间，避免自主研发的风险和成本，降低学习成本。知识产权包括很多，如商标权、著作权（版权）、专利权、商业秘密等。

商标是一个企业或产品的标志，融入了企业文化和大量的广告投入，在

得到消费者认可后，成为企业的知识产权，是一笔价值很大的无形资产。对于创意企业来说，由于其产品是基于与创意相关的智力性成果拓展而来的，标志其独特产品的商标就更加具有重要的商业价值。比如，人们看到“麦当劳”那个醒目的“M”标志，马上就会联想到麦当劳快餐店。

鉴于商标本身有良好的文化创意和市场价值，所以通过商标交易致富也是法制环境照应下的市场经济时代一件十分自然的事情。据报道，电影《哈利·波特》风靡全球后，两位中国女孩迅速花200元注册了“哈利·波特”商标，并以高价转手卖出。自2001年底新商标法出台，允许个人注册商标后，靠转卖商标创意的“职业注标人”悄然诞生。目前中国已有很多从事这种新潮职业的人。2006年央视春节联欢晚会曾面对世界范围内的几亿观众征集赠台大熊猫的乳名，最后根据得票多少层层筛选，为两只大熊猫征集到“团团”、“圆圆”两个正式名字，并当场向公众公布。而就在乳名尚未揭晓之前，已经有人用这两个词——或是采取分别独立或是采取不同组合的方式，一口气注册了16个网络域名，并以每个域名标注10万元至50万元不等的底价，公开在网上叫卖。

从法律上讲，商标是区别不同自然人、法人或者其他组织的商品或者服务的可视性标志，但在实际生活中，随着消费方式的演进，商标已经不仅仅是由文字、图形或者其组合构成的简单标志，而是蕴含着丰富经济、文化、社会等内涵的重要载体。消费者在购物或者选择服务时往往直接“认牌购物”（“认商标购物”），而很少先比较好同类商品的质量之后再决定买哪一家的。市场竞争已经进入了商标（品牌）竞争时代，商标竞争已成为比商品或者服务竞争层次更高、程度更强的竞争。

著作权也是一种重要的知识产权。比如，作家在创作完一部作品后，可以把著作出版权卖给出版社，自己从中获得版费，也可以把自己创作的由原书创意引发的知识版权进行延伸交易，如出卖转载权、影视改编权、广播播讲权等。如，系列小说《哈利·波特》在有了骄人发行量后，电影制片商向作者购买了改编权，拍出了同主题电影与小说并进共赢。还有的商家追风衍生开发，将有同主题人物形象和标志的玩具、饰品、箱包、文具等投入市场。

在音乐领域,唱片公司可以通过签约,取得一大批艺人创作歌曲的版权和发行权,再经过唱片的制作、包装,并利用自身营销技巧及渠道再进行销售。歌星和音乐人与电台签约授权播放其歌曲音乐,与品牌产品企业及广告商家签约,担任产品的形象代言人或广告主角等。

二、市场交易的特点

(一)交易价值的难以确定性

要交易,就牵涉到一个交易价格问题。但创意产业所创造的产品的价格却是很难确定的,这主要是与创意产业所生产的精神性产品有关。具体来说,一方面,创意商品大多是独家原创,因此其天然地具有一时的独家垄断性质;另一方面,衡量创意商品的价值,无法沿用衡量一般商品的量化尺度来简单加以测定。换句话说,衡量创意商品价值的大小无法用一连串的量化指标加以具体表述,只有出售创意的一方拿出足以说服购买方的理由,才有望确定一个令自己满意的价格;而创意商品的购买方,也很难凭一己之意来咬定一个可以让售卖方完全满意的价格,尤其是当他们希望以相当于市场平均价格或低于市场平均价格来购买创意产品时,定价谈判就很难成功。

(二)交易信息的不对称性

创意产品的交易具有一定的信息不对称性。创意购买方在购买时,实际上对相关的信息了解甚少。因为创意出售方不可能把创意的各个方面都清楚地透露给购买方,更不可能把其中所隐藏着的风险与局限性告诉对方。出售创意的一方只告诉对方这种创意的美好前景,至于这种前景能否在现实中实现,则几乎是不可能预先试验的,这就使得购买方在创意市场交易价格谈判中处于劣势地位。这种劣势几乎是不可避免的,因为创意是不可能先试用再付款的,而又由于创意开发的无限延伸性,这实际上也就导致了交易的不彻底性,使得买方很少能够通过买断而实现独家垄断。

(三)交易的风险性

信息的不对称会直接导致创意产业交易的风险性。事实上,任何交易

都有一定的风险性,但对于创意产业来说,这种风险更大。具体来说,创意市场的交易大多是在产品和服务未提供前完成的,买方并不清楚事后由卖方提供的产品是否能够符合实际需要、是否能够达到预期效果——虽然在购买创意之前也会有市场分析,这就使买方承担着极大的风险。在一般商品的现货交易中,人们习惯于对商品的质量、功效等多方面指标进行现场反复检验,只有确认货真价实后才决定购买并完成交易,即使如此,人们还少不了会有程度不一的风险意识。在欧美的一些发达国家,商品制售商为了彻底打消买家的风险顾虑,也为了提高市场的销售率,他们经常对某些重要的大宗商品(如电器、照相机等)等采取先试用后购买的促销手段,降低购买者的购买风险。与之相比,创意商品更多见的是一种"倒过来"做的市场交易,即先通过交易双方的议价、定价和成交来完成市场交易——然后由卖方提供创意商品的生产或创意的服务——在经历了较长时间段后,买家才能体验到创意商品和服务的实际效用,它与传统的"一手交钱,一手交货"存在着很大的不同,这无疑就增加了创意购买方的风险。在艺术品、古董、文物等创意产品的市场交易中常常存在类似的风险。比如,艺术品的拍卖,买方实际上处于明显的交易劣势,遭遇投资风险的几率相当巨大,原因有二:一是艺术品的真正价值难以认定,甚至鉴定的难度也很大,没有比较科学的鉴定手段。二就是赝品问题。各拍卖公司往往在其《拍卖规则》中声称:"买方应亲自审验拍卖品原物、并对其竞买行为自行承担责任","本公司对所有拍卖品的真伪及品质不承担瑕疵担保责任。"等等,如此一来,拍卖方就根本不承担任何风险和责任,吃亏的自然是消费者。如果拍卖公司与卖家勾结,"克隆"真品,为买家设套儿,那买方受到的损失就更严重了。这就是创意产业所遭受的风险。

此外,创意产品的交易还涉及很多法律问题,甚至是国际的法律,如果不懂这些,就很容易被别人欺骗而遭受损失,这样的例子是很多的。

(四)产品交易的长期性与反复性

创意产品市场交易方面往往也显现出交易的长期性、反复性的特点,这

是由其精神性特点决定的。如 Windows 操作系统,卖方与买方不是实施一次市场交易就完结,而是要不断地跟随软件升级开发的进程来时不时地进行下一次交易。从 Windows 95 到 Windows 98 到 Windows ME 再到 Windows XP,买方不得不一次次被微软这个大卖家牵着鼻子走。这是后者求之不得的,也是前者无可奈何的。再比如,对那些经营有方的顶级文艺团体、演艺机构来说,他们愿意花成本精心打造品牌剧目,并借助规范化、创意化的市场交易运作,努力将经典剧目的市场品牌效益不断放大,从而使特定的节目品牌、院团品牌能够保持在长期交易、反复交易的状态。美国的林肯表演艺术中心、肯尼迪表演艺术中心、波士顿交响乐团、纽约城市芭蕾舞团、英国皇家国家剧院等均属于此。

第三节　创意产业的投资与融资

作为一门新兴的产业,创意产业要获得长足的发展,单纯依靠自身的力量是不够的,需要外来资本的注入,或者说,创意产业自己要能融到一定的资金。能否顺利地进行投融资,对于创意产业的发展起着重要的推动作用,尤其对于一些中小创意企业或刚起步的创意企业更是如此。

一、投融资渠道及流程

(一)投融资的几种渠道

创意产业的投资主体有很多,如国家和地方政府的投资、外来资金、民间资金,也有各种基金以及上市公司的市场化投资等。融资与投资是相应的,投资方也是融资的对象。

在创意产业的起步阶段,国家与政府是创意产业的投融资主体。政府投资的主要形式有这样几种:一是国家和地方政府直接进行财政拨款,下拨到各个部门所指向的创意产业项目。比如,英国早在 1997 年就成立了创意产业特别工作小组,收集全面可靠的数据,通过加大财政拨款的额度,

帮助国内创意产业的发展。美国的地方政府对文化创意产业的投资力度也逐年增加。二是政府通过设立基金对创意产业进行有针对性的扶持。政府的投资,不仅表明了政府在资金上对创意产业的重视,同时更是制度上对创意产业的支持,这对创意产业的健康良性发展起到了重要的稳定作用。

民间资本是市场嗅觉最灵敏的投资主体,也是创意企业进行融资的重要对象。民间资本对市场的灵敏性,使这种投资快捷而富有成效。民营投资模式的主要特点是:一是与政府的政策资源紧密结合,在政策允许的范围内尽可能走得更远。二是体制灵活,善于创新,它们深谙市场经济精髓,能够在体制内外灵活游走,因此常常能获取丰厚的利润。三是个人的精神文化作用显著。在民营资本的运作中,企业家的个人文化能够决定整个项目的实施过程,甚至直接影响项目的成功与否。

外资进入中国文化创意产业经历了一个曲折的过程,在中国未加入世贸组织之前,外资进入非常谨慎,在中国加入世贸组织之后,面对中国文化市场的巨大发展潜力,外资加快了进入中国的步伐。目前,外资进入中国文化创意产业的方式有三种:一是收购要改制的国资文化企业,甚至控股。二是与国资或民资企业组建合资公司。三是用自己的方式获得某些特批,抓住一些法律灰色领域,进入未经允许的文化领域,如贝塔斯曼集团与辽宁出版集团一起投资成立了辽宁贝塔斯曼图书发行有限公司,取得了进入中国图书分销市场的批发许可证,并得到了全国总发行权。外资投资一般比较谨慎,操作程序规范,有一系列严格和健全的规章制度,而且资金规模较大,能比较充分地实现所立的项目。

创意企业走上市之路来融资,可以快速地募到资金,从而扩大规模,促进企业的快速发展。国家关于文化创意企业上市的政策也在逐渐放宽,各地相继出台不同的鼓励政策。2006 年 11 月,《北京市促进文化创意产业发展的若干政策》正式发布。该文件规定,要为文化创意企业在国内外资本市场融资创造条件,积极支持符合条件的文化创意企业改制上市。2006 年 8 月,云南世博集团在深圳证券交易所成功上市,9 月,新东方教育集团在纽约

上市,10月新华传媒集团实现中国出版第一股,在上海成功上市。这些创意企业的上市无疑会带动整个产业的发展。

对于创意企业来说,投融资不可能就一个渠道,而是多方面的,只有这样才能保证创意项目的顺利实施。有的创意企业也会不断开拓新的融资渠道,为自身发展带来新的机遇,比如电影产业。电影的拍摄资金一般都是投资方多方募集——有点像私募的形式,赚了大家分,赔了打水漂。但电影《集结号》则把融资的触角伸向了银行,向招商银行深圳分行贷款,这无疑打破了电影产业传统的融资模式。此次贷款,电影《集结号》的投资方华谊兄弟运作周期为两年。第一次贷款是从2006年8月开始发放。贷款利率在央行的基准利率基础上上浮了10%。据招商银行深圳分行初步估计,至2008年第一季度内,即整个项目结束时,华谊兄弟连本带利仅仅需要归还招商银行5 500万元左右。这也就意味着,华谊兄弟仅仅用了500万元左右的利息和两年的时间,就撬动了5 000万元的资金杠杆,并促成了一部贺岁大片的诞生。就经济效益来说,贷款融资模式的收益大大优于电影产业现有的其他融资方式。如果《集结号》采用原来的电影融资方式,其成本会高很多。由于以前电影一般采用分账方式,电影的票房越高,分给各参与方的费用也会越高,水涨船高,电影的投资发行方永远只能分享利润总额的一部分。而采用贷款方式,华谊兄弟仅仅支付了500万元左右的利息,就换来了独占电影《集结号》全部利润的结果。《集结号》的融资新模式,对电影产业的发展富有启示意义①。

(二)融资的一般流程

对于投资方来说,选择投资对象要谨慎,而对于创意企业来说,选择融资渠道同样需要谨慎。在融资之前必须要做好充分的准备和论证工作:一是要运用科学的方法,详细分析和评估从创意产生到创意产品形成以及产业化运作所需要投入的资金,避免不必要的资金引进。二是要正确分析企业的偿还能力,以保证一定的投资收益。

---

① 张军:《揭秘〈集结号〉融资模式》,《中国投资》,2008年第1期。

创意产业的融资流程一般包括以下几个环节。

1. 寻找风险投资机构。首先，商业计划书是进入风险投资商视野的“敲门砖”。因此，做好自己项目的创意计划书，是寻找风险投资机构必须要做的第一步，但很多创意企业在寻找风险投资机构时，并没有把商业计划书做好。“新风险投资项目”中国区主管李吉曾介绍说，风险投资者或机构每周大约要收到几十份商业计划书，能够激发起投资者阅读全文兴趣的只有不到15%，能够得到与投资者面谈机会的只有5%左右。因此，对于任何一位需要风险资金的企业家来讲，若要成功地吸引风险投资者，就必须首先做好计划书，赢得风险投资机构的初步兴趣。接着就需要利用各种渠道与风险投资机构接触，通过参加高交会，到产权交易所挂牌，直接上门等各种途径来推销自己，寻找风险资本，其中，最有效的方式是能获得有影响的机构或人士的推荐。因为这种推荐能使风险投资者与创业人员迅速建立信任关系，消除很多不必要的猜疑、顾虑，特别是道德风险方面的担忧。要认真做好第一次见面的准备，以及过后锲而不舍的跟踪，并根据风险投资机构的要求，不断补充相关资料，修改商业计划书的内容。

2. 项目评审。在进入评审程序之前，要了解风险投资者的产业投资偏好，特别要了解他们对投资项目的评审程序，要学会从对方的角度来客观地分析本企业，从而做到“知己知彼”。

3. 价值评估。创意企业还必须配合做好风险投资机构的价值评估与尽职调查。一旦风险投资机构对该项目产生了兴趣，准备作进一步考察时，它将与企业签署一份投资意向书，以对企业进行价值评估与尽职调查。创意企业要实事求是地看待自己的企业，配合风险投资机构作好尽职调查，努力消除信息不对称的问题，这对双方都是有好处的。

4. 交易谈判与签订协议。双方还将就投资金额、投资方式、投资回报如何实现，投资后的管理和权益保证、企业的股权结构和管理结构等问题进行细致而艰苦的谈判。如达成一致，将签订正式的投资协议。在这过程中，创意企业要摆正自己的位置，充分考虑风险投资机构的利益，并在具体的实施中给予足够的保证。

创意企业在进行融资的时候,不仅仅对自己所提出的创意项目要论证充分,还要注重自己企业和创意团队的形象。因为风险投资机构在挑选投资项目时,除了要看创业者是否具有良好的教育背景、深厚的专业功底,更要看其是否具有团队合作观念,创意团队是否有敬业精神等。创意项目的团队创业不是个人行为,而是一种团队行为。所有成功的创意企业都有一个好的团队,从老总到员工,每个人都有明确的责任和分工,这样的团队往往还会有一个核心人物,带领大家齐心协力,使企业快速成长。只有真正有团结合作精神和敬业精神的创意团队,才可能让投资者放心地把"钱"放到它的手里。

二、投融资的特点

无论是投资还是融资,都是资本在市场中的运作活动,都遵循资本的趋利性、增值性。就创意产业的投资特征来说,大致有三点,即高风险、高回报、高时效。

(一)高风险

高风险,在前面一章讲到创意产业市场贸易的时候已经谈到了,这里就不再赘述。总起来说,创意产业形成过程的不确定性、市场需求的不确定性、创意产品的复杂性所形成的不确定性等不确定因素,导致了对创意产业投资的风险性。在现实生活中,有不少大投入和大制作由于对不确定性因素估计不足,导致投资失败,损失惨重。比如1915年,格里菲斯拍出了电影《一个国家的诞生》。影片上映后,引起极大的轰动,获得了巨大的商业利润,当时,此片仅美国市场的收入就达1 500万美元。在《一个国家的诞生》获得成功的鼓舞下,格里菲斯1916年开始他的另一大动作:耗资200万拍摄《党同伐异》。格里菲斯试图坚持自己的艺术风格,追求艺术上的成就,结果造成了票房的惨败。两部影片上市之后票房收入的截然不同,使美国大电影片商意识到投资电影的风险和幸运:你可以赚一大笔,也可以输个精光。因此,他们开始雇人专门研究电影观众的口味和时代风尚,预测和估计一部

影片的票房收入,以期获得最高利润。

(二)高回报

高风险带来高回报,创意产业投资的高回报也是有目共睹的。如,美国好莱坞成为全世界投资商追逐利益的乐土,一些大片不仅取得了巨大的投资回报,更赢得了市场、赢得了口碑,甚至引发了消费趋势和潮流,形成了新的产业链条。这在007系列电影中体现得非常明显。一般而言,投资创意产业的高回报来自两个方面:一是创意的无限反复使用所带来的长期利润,即一次投资,多次收益。创意产品的内容价值可以供人们多次消费,反复享用,并不会因为千千万万人观赏之后而磨损,比如电影,在投资拍摄完之后,通过不断地放映而获得长期的利润。二是产业的群集效应带来高额利润,即一处投资,多处受益。还是电影,在拍摄完后,会在DVD、录像带、纪念品以及相关产品的销售上获益。

(三)高时效

相对于其他产业,创意产业对投资的时机把握要求非常高。选择有利的时机进行投资活动,投资回报效率将会大大提高。创意产业投资的高时效性主要体现在两方面:一是投资周期的长短与投资收益的高度相关性。在创意产业中,有一个时间价值的概念,从创意的产生到创意产品的问世之间有一个时间差,缩短这个时间差,意味着投资价值的提升和投资收益的提高。二是投资时机与投资收益的高度正相关性。对时机的选择是创意产业投资获取高额利润的关键点之一。把握好投资的时间节点,能够带来意想不到的高收益。以电影产品为例,以奥斯卡奖为目标的影片,在奥斯卡颁奖规定的时间之前放映与之后放映所产生的效益完全不同,也许仅一天之差,就可能与奖项失之交臂,虽然可以到来年再参与评奖,但这一年的时间成本巨大,投资收回的周期延长,缺少奥斯卡的无形品牌,相关的电影衍生品也难以吸引众多消费者的"眼球"。

三、创意产业投融资的几种模式及启示

由于创意主要是一种精神性产品,是无形的,其价值到底有多大,在投

入资本后能否获得利润,获得多大利润,这些都还只是存在于理论状态,还无法对其进行科学的评价和预测。这就使得许多风险投资机构在作出投资决定时慎之又慎。许多富有创意和发展前景的产业,也往往会因为资金不到位而被搁浅,贻误了商业时机。在这种情况下,政府出面帮助和推动创意企业的投融资,对于创意企业的发展将起到重要的作用,这对很多国家政府来说,都是一项重要的工作,比如韩国的动漫产业就是这样。在韩国,专门组织了一个由专家构成的评审委员会,对动漫产品进行评估。动漫产品制作商会先做出整体计划书,委员会对动漫产品作出一定的评估,如果委员会认为该动漫产品的前景良好,那么国家会为该片提供一定的拨款,这在一定程度上可以解决资金问题,而且有了这笔投资,就可以吸引很多的投资者。对于大多数并非从事动漫行业的投资商来说,更多的只是关心相对可行性,而国家的认可无疑为他们的投资起了很好的指引作用。韩国组织对文化产业进行投资组合,形成约人民币 10 亿元左右文化产业发展专项基金,在这 10 亿元当中,由国家出资约 30% 左右,余下的 70% 则由韩国的 13 个投资公司出资,同时这些投资公司负责管理文化产业发展专项基金的分配和使用,对动漫的投资与否以及投资金额多少均由投资公司负责。反之,如果由行政机构进行管理,往往容易忽视市场的调节作用,部分企业关心的不再是动漫产品本身,而是和政府的关系,这样就可能会形成一种混乱。可以说,这种"集资"的方式更有利于动漫产业的长远发展[①]。

在英国,政府也非常重视引导创意企业顺利融资。首先,英国金融监管部门很注重行业自律机构作用的发挥。金融监管部门主要通过宏观政策进行必要的引导,为创意产业融资创造一个较为宽松的经济与法律环境。其次,政府支持也很重要。政府对符合一定要求的创意企业提供"天使投资",并且让这些企业享受税收优惠。政府通过直接拨款、政府担保等方式,支持创意企业的发展。政府能否加强对知识产权的保护,也是创意产业能否正

① 吕学武等编:《文化创意产业前沿——见证:使命与方向》,中国传媒大学出版社,2007 年版,第 269,270 页。

常运转的保证。另外,英国创意产业的融资模式很特别,以信托方式作为融资的主流模式。英国的创业资本信托从 1995 年开始生效,它们在结构上类似投资信托,但法律限制其向私人投资者提供税收优惠。在初次筹集资金后,创意企业股票在伦敦证券交易所挂牌交易,这样,投资者就有比较好的退出机制。设立这种投资工具的目的是鼓励个人投资于较小的私有贸易公司,使之发展壮大。

此外,英国创意产业的融资渠道也比较多。英国金融业实行混业经营,风险资本的来源包括养老基金、保险公司资金等,银行资金也占有不可忽视的比重。近年来,由于政府鼓励个人投资风险企业,所以,创意产业中个人投资的比重逐年上升。英国政府对国外投资者投资风险企业有特殊优惠政策,因此,国外风险资金也成为英国创意产业融资的重要渠道之一①。

不仅仅外国这样,中国同样也非常关注创意企业的投融资。以北京市为例。2006 年北京市政府设立了每年 5 个亿的文化创意产业发展专项资金后,缓解了部分文化创意企业的资金压力,使更多文化创意企业得到了切实有效的扶持。2007 年 12 月中旬,北京市文化创意产业发展专项资金确定了 69 个支持项目,其中包括影视制作业、广告会展业、动漫和网络游戏业、出版发行业、古玩艺术品业等。2007 年 11 月 10 日,北京市文化创意产业促进中心与北京市产权交易所签约,打造北京市文化创意产业投融资服务平台。北京市文化创意产业促进中心依托北京产权交易所,构建了面向文化创意企业的多层次投融资服务平台。平台以文化创意企业为核心,通过组织专业服务机构广泛吸引社会资本投入,为企业在债券融资、私募融资、上市融资、并购重组等方面提供增值服务,为文化创意项目推介融资开了先例②。所有这些都为创意产业的发展起到了重大的推动作用。但也应当看到,政府的作用也是有限的。2007 年度北京市文化创意产业发展专项资金确定了

① http://old.shfinancialnews.com/gb/node2/node10530/node11434/userobject1ai176262.html.

② 杨淦:《文化创意产业打破融资坚冰》,《北京商报》,2008 年 1 月 14 日 C6 版。

69 个支持项目，而实际上申请专项资金支持的项目达 386 项，拟申请专项资金支持总额约 70 亿元，远远不能满足实际的发展要求。由此，从长远看，文化创意企业的持续发展还需要更多社会资金的支持，而创意企业也必须开拓思路，多渠道进行融资。

第四节　创意产业的人才资源

创意产业的主体显然是人，而人最重要的就是才。人才的竞争成为当今最重要的战略性竞争，人才已成为决定一个产业发展的关键因素。佛罗里达就指出："越来越多的国家开始认识到，长期的经济优势在于吸引和留住人才的能力，而不是单纯的商品、服务和资本的竞争。"①没有人才的储备，再好的产业也难以得到发展；而没有人才的创意产业，显然也就没有什么文化创意。可以说，人才资源是创意产业的生命线，是创意产业最核心的产业要素、产业资源和人力资本。

一、创意人才及其特点

人才一般是指拥有丰富知识、多种技能和高素质的综合劳动主体，这与一般的普通劳动力资源是不同的。普通劳动力资源并不需要具有较高层次的知识才能，有些只需简单培训就可以了，甚至可以是城市的下岗职工和农村的剩余劳动力。根据创意人才所从事工作的侧重点不同，创意人才又可分为创意设计人才、创意策划人才、创意管理人才等。

创意设计人才尤其强调专业基础，唯有在娴熟的专业基础之上，才能够运用相应的表现手法和表现形式快速地、直观地表达出新的创意设想，进而选用和重组新材料、新工艺，使创意设想具体化和实物化。比如，动漫创意，首先必须要有较高的绘画技能和对想象的良好表达能力，同时也需要了解大众的审美心理，对人物设置、情节建构等有较高的组织能力，这些对创作

① 佛罗里达：《创意经济》，方海萍、魏清江译，中国人民大学出版社，2006 年版，第 9 页。

出好的动漫产品都是必不可少的。

在创意产业的相关部门中,策划运营是其核心环节,运作范围包括:市场调研、创意概念、设计定位、设计师选定、产品设计、材料和工艺确定、成本核算、市场营销、传播拓展、售后服务、衍生产品等,这就需要较高层次的创意策划人才。创意策划人才需要较高的专业理论知识、专业设计水平和长期的艺术实践,需要具备很强的市场判断力、决策力、洞察力等以适应不断变化的市场需求。此外,创意策划人才还需要丰富的人生阅历、社会体验以及人际交往能力等。

创意管理是针对创意设计、创意策划、市场营销以及创意实施过程中出现的问题,进行有针对性的协调和管理。由于创意产业常常是一条产业链所构成的一个有序的合作团队,由此而产生的复杂利益关系需要得到及时的协调,产品与经销商、经销商与消费者之间的矛盾需要及时化解等,这就需要创意管理人才要有良好的人际关系协调能力、心理沟通能力、互动通达能力等。

不管哪种创意人才,创意人才在总体上都应表现出敢于创新,有很强的想象力,富有朝气,有较高的综合素质等特征。

首先,创新是创意人才的核心特征。创意人才能在获得知识和操作技能基础上,敢于打破常规,具有突破前人模式的独创思维和创造能力,由此形成好的创意。创意人才从不循规蹈矩、墨守成规,他们通常都有独立的见解,对周围事物充满了好奇心,甚至异想天开,而也正是在这种无拘无束的状态下,好的创意才会诞生。被思想禁锢的人是不可能有好的创意的。比如,蔡志忠的哲理漫画,就是一种很好的创新。一般来说,思想家,尤其是中国古代思想家的思想是很难懂的,是需要专业知识去理解的,而漫画则是一种大众通俗的艺术形式,两者是很难走到一起的,但蔡志忠则突破了这种哲理与漫画两不搭界的固定思维模式,把两者融合在一起,并用线条来表现人物的造型,有着极强的艺术表现力。接着,他又把这种创造性的构思和现代出版业的商业运作结合起来,采用了亚洲人都能理解的绘画语言,短小精悍,幽默风趣,又采用流行的袖珍开本,成为连载的大众读物,让脚步匆忙的

城市人，在地铁和超级市场中都可以随处买到。这样，他的漫画获得了广泛的认同，居然以 19 种不同的文字在销售，到 1999 年底，蔡志忠漫画总的销售量达到了 3 400 多万册，他让中国古代的哲人用英语、西班牙语、朝鲜语、日语等语言叙述中国源远流长的哲学思想和道德伦理①。这是一个典型的创意个案。

其次，创意人才通常具有较高的综合素质，一专多能，是名副其实的复合型人才。一方面，创意人才必须具备一定的专业技术知识，尤其是现代数码技术的大量运用，不懂电脑几乎是不可能完成好的创意的。除此之外，创意人才甚至还需要掌握关于音乐（声音）方面的知识、心理学的知识、美术方面的知识等，这些都是实现好的创意所必不可少的。还有，创意人才也需要有市场意识，要熟悉消费者的心理，要有一定的经营理念，如此才能创造出既有文化品位又有市场，还可以被产业化的作品。因此，在现代社会，高层次的创意人才是具有多层面复合型知识结构的高级人才。另一方面，创意人才还必须具备较高的人文素质。人文素质虽然不是专业知识，似乎没有实用性，但它却是创意诞生的深厚的文化背景和支撑。很难想象一个缺少文化底蕴的人会产生好的、被广泛认可的创意，而好的创意往往具有较强的文化底蕴。如，南方黑芝麻糊的广告，通过对旧中国的老巷子、老房子、商贩叫卖等情节的细腻表现，勾起人们的怀旧情结，赢得消费者的好感。中国的民间艺术也是博大精深，有书法、水墨画、刺绣、剪纸、音乐、舞龙等，巧妙地运用会使广告增色不少。嘉士伯啤酒在中国进行本土化宣传的一则平面广告，就极具有中国传统文化精神。广告的画面是中国传统的两扇门，门上贴着门神，其中一个门神不见了，画面上只留下门神的刀，造成视觉的极不协调，仔细一看，原来这个门神跑到另外一张画面上，正在和另外一个门神干杯“嘉士伯”。人们在会心一笑之余，会不得不叹服创意者不仅具有较深的中国传统文化功底，而且还能巧妙地运用到广告创作之中，取得良好的宣传效果。

① 郭辉勤：《创意经济学》，重庆出版社，2007 年版，第 195，196 页。

二、创意人才的培养

(一)创意人才的几种培养渠道

创意人才的培养一般有这样几种渠道,首先是专业技术的教育,其次是综合素质的教育,最后是创意环境的培育。

培养创意人才专业技能的主要培养渠道是学历教育和短期培训两种形式。通过高等院校来培养创意人才,进行学历教育,是发展创意产业、解决创意人才匮乏的重要渠道。对于中国的一些高等学府,培养高层次的创意人才还不是很完备,直到1993年,上海交大才第一个设置"文艺事业管理"专业的本科,而发达国家,从本科到博士,"文化管理"专业培训体系已存在了半个多世纪。而且,创意产业涉及的门类很多,又对从业人员的素质有多方面的要求,因此在学科设置时要兼顾经济学、管理学、营销学、金融学、文化学、传播学、新闻学、艺术学、广播影视学以及计算机学等学科的知识,同时还要完善课程设置和教学方法,提高师资水平。高校可以尽可能地引进一批既有经济学专业知识,又有一定的文化、艺术专业背景的人才来任教。但对于创意企业来说,这种培养方式也许周期太长,因此对人才进行短期的培训,是比较可行的培养人才的途径。

从事培训的主体可以是高校、政府劳动主管部门,也可以是相关的企业。高等院校拥有丰富的科技和智力资源,目前完全能够承担起创意人才的培训任务。创意产业界、政府主管部门要与高等院校之间建立培训合作机制。创意产业界、政府主管部门负责制定人员培训计划,高等院校负责组织有效的教育资源来实施培训计划。通过培训,一方面可以缓解目前创意人才的紧张状况,另一方面也为高等院校创办相关专业、为创意产业大规模培养专门化人才奠定基础和创造条件。

创意人才是复合型人才,除了专业技术之外,还需要多种技能和素质的教育。由此,对创意人才的教育需要立足于一种全新的教育体系和国际化教育视角来认识并实施培养,科学规划和设计其学科的知识教育

与专业基础的课程体系，力争拓展创意人才的视野，以提升思想境界和人文素养，其课程设置一般应包括世界文化史、中外艺术史、世界艺术设计史、中外文化经济学、文化人类学、人文素养与法律基础、文化知识产权法等。

创意人才的培养和发展，还需要一种适合其成长的语境和氛围，需要一种环境和组织。这不仅仅是吸引和留住创意人才重要的条件，也是激发创意人才的创意灵感的重要手段。因此，创意企业要从软件、硬件等多方面入手，为创意人才创造广博的发展空间，营造宽松的工作氛围，打造舒适的生活环境。这包括制定相关的政策来吸引优秀的创意人才，城市要有相应的人文环境，宽松的社会氛围等。其中政府政策的支持显得尤为重要。北京市政府就曾明确表示："我们欢迎'艺术北漂'带着自己的灵感和创意来北京发展，北京的文化创意产业会提供给他们很大的发展空间。"不仅如此，政府还出台了相关的政策，为艺术北漂创造了更多的发展机会，例如降低投资门槛，完善知识产权等法规政策，提供一定资金支持等，对创意产业给予引导和支持，让"艺术北漂"们尽可能地发挥出他们头脑中的灵感和创意。另外，吸引人才，要有完善的人才政策，包括培养、选拔、使用和管理人才的政策措施，通过这些政策措施对创意人才进行扶持、支持、包容和宽容，破除不利于创意人才流动、创业的诸如地域、身份、年龄、学历、职称、性别等限制，只有这样，才能留住人才，发挥人才的创意能力。

(二)创意人才培养要注重的几个问题

创意人才的培养不仅仅是一种技术行为，也必须根据人才的特点、市场状况等进行有针对性的培养，以使培养更具有成效。这需要注意以下几个问题。

1. 对人才要注重个性化培养。一方面人才本身都是极具个性的个体，没有个性实际上也就不可能有好的创意，因此在培养的过程中，就必须根据个体特点，有针对性的培养，而不能用工业化的方式，进行标准化的培养，这

是培养创意人才的大忌。另外，伴随着社会经济形态的逐渐转变，人们的物质需求和精神需求越来越呈现个性化趋势，这也需要培养具有个性化的创意人才。因此，在文化创意产业学科特别是创意设计人才的培养过程中，应善于去发现其个性和独特之处，并寻求相对应的培养方式和方法，对于教学和研究中所表现出来的与众不同或超乎寻常的构想应给予足够的尊重和充分的鼓励，更应从创意构想中的审美意识、创新思维、创新要素以及创意设计的社会价值等方面给予适度的引导，使之逐步物化为独具特色的、有社会动能的新产品。有了个性化也就有了多样化，而失去了个性化和多样化也就不可能有创意人才培养的可持续发展。

2. 培养创意人才要务实。从教育性质和教育规律上讲，文化创意产业学科属于跨学科的、应用型的学科，因此，其人才培养应重视务实性教育，提倡教学中理论与实践的密切结合。根据社会发展和领域发展的现实，注重分析、研讨和案例式教学，着力于培养对现实问题的分析力、判断力和及时解决实际问题的能力。同时，提倡结合产品开发和研究项目，有针对性地开展创意设计、工艺制作及市场运作等系统性教学实践。另外，根据文化创意产业和产业链所需要的各种人才，如创意策划人才、创意设计人才、创意实施人才、创意管理人才、创意营销人才、创意经纪人才等不同的特性，尽快制定出相应的培养目标、教学体系及评价体系，使各个层面的相关人才培养同步而均衡地发展，为文化创意产业构建坚实有序的基础平台。

3. 注重社会应用，使培养的创意人才与社会需求对应起来。与其他学科的发展一样，文化创意产业学科建设及相关专业教学没有也不应该有高低之分，而只有社会需求层面的不同。无论是研究型人才还是设计型人才、管理型人才、技术型人才，都是文化创意产业中各个环节必不可缺的人才，共同构成和支撑起整体的文化创意产业的人才系统，各自对应本领域的不同层面的需求。另外，在充分尊重文化创意产业学科建设和学科规律的前提下，设置在各个不同区域和地区的相关学科都应该对本区域的文化创意产业的发展实施有针对性的人才培养，极力避免人才培养的同质化和雷同

化倾向，并善于根据自己的学科条件和资源，尽快创办出各自的优势和特色①。

第五节　创意产业的政策支持

创意产业的发展不是无序的，更不是自发的，在其发展过程中，需要政府通过制定、完善相应的政策支持体系，对创意产业发展进行支撑与调控。世界文化创意产业发展的历史也已经证明，完善的相关政策是文化创意产业持续、健康发展不可或缺的制约因素。在本节中，主要介绍国内外关于创意产业的相关法律规定和政策支持，以及中国在创意产业政策上的不足，目的是要促使中国的创意产业政策能够更为合理地制订并被有效地贯彻和执行，从而更好地推动中国创意产业的发展。

一、国外创意产业政策举要

国外重视创意产业并提出具体政策的国家很多，本书只就几个有代表性的国家简要介绍一下。

（一）英国

英国政府自 1998 年成立专门的创意产业工作小组，起草和发表了关于英国的创意产业状况之后，英国政府就陆续出台了一系列相关的创意产业政策，这些政策主要有以下的思路：首先，设立了"创意产业专门工作组（Creative Industries Task Force）"，具体规划和协调文化创意产业的发展；其次，规划创意产业蓝图，倡导创意产业的概念，发掘文化对经济层面的影响力；再次，建议各地政府与民间通力合作，以伙伴关系来推动创意产业。英国的创意企业并不希望政府干预太多，只希望协助建立优质健康的环境，帮助产业未来的发展，文化媒体体育部为政府的统筹部门，扮演的是为创意产业催生的角色。针对创意产业当时所面临的诸如缺乏支持的网络、缺乏经营忠告、

① 刘元风：《文化创意产业的人才培养》，《饰》，2007 年第 1 期。

缺乏良好的策略、教育机会有限等问题,英国政府采取了诸如创意投资的财务支持、智慧财产权的保护、促进输出、教育和训练等补救对策,促使了软件开发、出版、广告、电影和电视、艺术和设计以及表演艺术等创意产业的高速发展。

(二)韩国

在亚洲,韩国是较早认识到创意产业对经济发展具有巨大推动作用的国家。早在1990年,韩国政府就设立了“文化产业局”,负责出版等相关事务,后经政府内部调整,文化创意、观光事务等合并成立了“文化观光部”,之后又设立了“文化产业局”,下设文化产业政策、新闻出版、广播及广告政策、电影录像带、多媒体、文化内容推广等六个部门,分别执掌各项文化创意产业事务,包括政策面的研究、对厂商的辅导经营、营销推广、人才培育、行政事务的协调统合、补助/赞助、奖励等。“文化产业局”附设韩国广播公司、电影委员会、电影图书馆、媒体仲裁委员会、媒体中心、媒体基金会、游戏产业发展基金会、韩国文化产业振兴院等十二个附属机构,以辅导监督管理各项产业。文化产业振兴院提供将创意文化内容衍生成文化产品的辅助机制,其界定的产业项目有动画、音乐、卡通、电玩等,以提供设备租借、投资、技术教育训练、协助发展国际营销策略、进行产业中长期计划的研究,并与其他单位发展策略联盟的伙伴关系。1997年亚洲金融风暴促使韩国政府意识到,文化创意产业是21世纪最重要的产业之一,并纳入政府主持发展计划。

韩国发展创意产业走过了立法和机构创新之路。1999年通过文化产业促进法,成立“文化产业基金”,为新创文化企业提供贷款。

韩国振兴创意产业的主要政策措施有以下几方面。

1. 提供设备支持技术。政府提供设备给业者,只收取低廉的使用费,提高民间业者的研发能力,提高文化创意成为产业的可能性。如,韩国文化观光部是游戏事业的主管单位,1999年成立游戏推广中心,提供游戏产业所需的一切援助。

2. 投入公共硬件基础。宽带是韩国政府主力发展的策略型产业,早在

1993 年即开放固网宽带硬件系统的架设，使得开发的软件内容可以很快地占有市场，得到广大商机。

3. 提供资金。政府设立"文化产业基金"，提供新创文化企业贷款，使得中小企业也能贷到资金，开始文化创意的研发生产。

4. 立法保障文化产业的发展。1999 年通过《文化产业促进法》，明确协助文化、娱乐、内容产业，并设立奖励措施吸引民间业者的投入。

5. 设立一系列的产业振兴院。1998 年成立游戏产业振兴中心（壮大游戏软件产业）、IT 业振兴院（壮大数字内容与软件）；2001 年成立文化产业振兴院（扶持动画、音乐、卡通），有七十多位员工，上百亿韩元的年预算。

6. 充足的政府经费和协助厂商。政府以充足的经费全力辅佐补助，从人才培育、研发到生产后的国际营销推广等各个环节，如全额补助翻译与制作费，使文化产品国际化。

7. 推动手法周全细腻。政府辅助创意厂商的发展，采取许多有创意且细腻的做法，如运用国防替代役补救软件人才短缺的问题、补助厂商海外参展、播放广告等手法。

（三）新加坡

新加坡提出成为世界一流城市的愿景，以文艺来复兴一个城市。为了达到这个理想，政府提出许多策略：透过艺术教育来培养文艺的欣赏人口；为了加强艺术教育在学校的影响力，每年额外提供 40 万新币的补助，扩充艺术教育委员会对中小学及学院推广艺术教育的监督；强化文艺组织的经营管理能力；发觉培养具艺术天分的人才；投入文艺硬件设施；开展国际交流；增加文艺经费，建立文化活动的亚洲知名度。

新加坡政府思考如何使新加坡成为"国际艺术活动的举办中心"，并透过下列方法达到目标：对于到新加坡演出的国际表演艺术家以及经办文艺活动的经纪公司，给予税法优惠；连续三年共投入 50 万经费研究国际表演艺术市场，以亚洲为主，让表演艺术团体找到表演的舞台，如艺术节的策划者、经纪人；以国际展演中心来定位新加坡，做世界一流展览或表演艺术

中心。

二、我国关于创意产业的相关政策扶持

没有国家以及地方文化政策的扶持，创意产业是不可能获得快速发展的。为了鼓励创意产业的发展，前几年我国已经出台了一系列相关政策，包括关于《鼓励软件产业和集成电路产业发展的若干政策》(2000)，《关于鼓励软件产业和集成电路产业发展有关税收政策问题》(2000)的通知，《国务院关于支持文化事业发展若干经济政策的通知》(2000)等。国家在税收方面出台的一系列针对创意产业的政策，是对创意产业扶持的有力体现。

2005 年，财政部、海关总署、国家税务总局联合发布了《关于文化体制改革中经营性文化事业单位转制为企业酌苦干税收政策问题的通知》和《关于文化体制改革试点中支持文化产业发展苦干税收政策问题的通知》。文件中明确指出，调整对文化企业的税收政策，旨在贯彻落实中央和国务院有关精神，推动文化体制改革，促进文化产业发展。

在关于文化创意产业的具体政策上，2006 年《国家"十一五"时期文化发展规划纲要》(以下简称《纲要》)的出台，是创意产业发展史上的重要文献。《纲要》是新中国成立以来第一个专门部署文化建设的中长期规划，也是文化发展的新的历史起点。文化创意的概念也是第一次在中央文件中正式被提及。《纲要》中虽然没有明确提出"文化创意产业"或"创意产业"的概念，但是《纲要》明确了把文化产业体系建设作为"十一五"时期文化发展的重点，把影视制作业、出版业、发行业、印刷业、广告业、娱乐业、数字内容、动漫产业等作为重点发展的文化产业门类，提出要推动国家数字电影制作基地建设、国家动漫振兴工程、"中华字库"等一批具有战略性、引导性和带动性的重大文化产业项目，力争在重点领域取得突破。同时，《纲要》把文化创新摆在重要位置，提出要大力实施文化精品战略，繁荣发展文学艺术，扶持原创性作品，着力打造一批代表国家形象、具有民族特色的文化艺术精品，培育和扶持一批体现国家文化水准、具有相当国际影响力的文化名人、名品和知名品牌文化活动；充分发挥文化经济政策的作用，着力推动文化企

业成为文化创新主体,积聚各类文化创意人才,努力培育各类文化创意群体。

2009年7月22日,国务院审议通过了我国第一部文化产业专项规划——《文化产业振兴规划》,这是继钢铁、汽车、纺织等十大产业振兴规划后出台的又一个重要的产业振兴规划,标志着文化产业已经上升为国家的战略性产业。《文化产业振兴规划》体现了对"创意"、"创新"的高度重视,将"文化创新能力进一步提升"作为我国文化产业发展的五大目标之一。同时,明确了"文化创意产业"的基本内涵,将文化科技、音乐制作、艺术创作、动漫游戏等列为今后需要重点发展的文化创意产业门类。

在近期颁布的国家"十二五"规划纲要中,十六篇的标题中两次出现"创新",明确提出依靠创新驱动,实施科教兴国战略和人才强国战略。在文化产业发展方面,则列专章对"推进文化创新"进行论述,继续将发展"文化创意"在内的七大产业作为"十二五"期间重点扶持推动的重点产业。

在国家对创意产业的重视和扶持的带动下,地方政府也逐渐达成共识,陆续出台了扶持创意产业的相关政策。在此基础上,形成了各地富有特色的创意产业发展模式,这方面的代表性城市是上海。上海已经形成了自己特色的创意产业发展模式,被称为"上海模式"。"上海模式"的基本内容是:①制订一个规划。上海市已经把发展创意产业写入了2005年的政府工作报告,并制订了《上海市2004~2010年文化发展规划纲要》。②形成一套理论。上海学术界、教育界、经济界是一批专家学者近年来对创意产业的自身特点、形成规律、发展趋势等问题进行了富有成效的研究,为上海创意产业的发展提供了重要的理论基础。③成立一个学院。2004年10月12日,上海戏剧学院创意学院正式成立。创意学院致力于大胆改革原有的教育模式,突破传统专业划分过细的局限,延伸教学链,实施既科学又有创意的教学。④组建一个协会。2005年8月17日,上海市创意产业协会正式成立,该协会的功能主要是:建立创意产业评估体系,发布年度创意产业评估报告,资质评估,咨询培训,中介服务,合作交流等。⑤挂牌一批园区。在上海市经委系统主导下,依托上海工业化进程中留下的老厂房、老仓库,挂牌了

一系列创意产业园区，到2007年，创意产业园区达到七八十个。⑥崛起一批企业。上海拥有一批规模较大，实力较强的文化创意企业，如文广集团、文新联合报业、解放军日报报业集团、世纪出版集团等，都是实力强劲的知名创意企业集团。2005年12月，联合国全球创意产业研讨会在上海召开，会议充分肯定了创意产业发展中的"上海模式"，并希望在这一基础上，上海发展成为全球创意产业中心之一。[①]

目前，上海的创意产业已初步形成研发设计、建筑设计、文化传媒、咨询策划、时尚消费等五大门类，集群发展格局日益显现。2009年上海全市创意产业总产出3 900亿元，增加值从2004年的493亿元增至1 148亿元，占全市GDP比重从5.8%提高到约7.7%。截至2009年年底，上海全市共有80个创意产业集聚区，入驻企业6 110家，比上年增长54%。根据上海"十二五"产业发展规划，创意产业将成为上海市"十二五"中新的支柱产业。

我国虽然从中央到地方都制订了扶持创意产业的政策，这对推动我国创意产业的发展无疑起到了巨大的推动作用。但也应当看到这些政策上还存在一定的问题，需要我们去改进。苏启林等人[②]通过具体研究，指出了我国在创意产业政策设计上存在着以下几个问题：

（1）政策设计缺乏正确的理念。这主要表现在对创意产业的理解还不到位，往往把将创意产业等同于高新技术产业，不但给予创意产业如同高新技术产业一样的税收优惠政策，还不断地规划种类繁杂的"创意产业园"，试图将富含个人创意的产业能够像流水线一样地复制出来（如深圳大芬油画村）。政策设计不合理，还会使政策的"可操作性"大打折扣，由此这些政策的绩效也值得怀疑。

（2）缺乏全球化时代的政策设计理念，对创意产业的保护力度还是不够。在面对欧美以及日韩等国创意产业大范围入侵的全球化时代，中国作为创意产业的后起之国，创意产业还处于幼稚期，并未得到有效的保护。至

---

① 贺寿昌主编：《创意学概论》，上海人民出版社2006年版，第143～145页。

② 苏启林等：《创意产业：由内涵界定到政策设计的演进》，《中国工业经济》，2007年第8期。

少在电影等创意产业保护政策设计方面,我们落后于印度等国。随着全球创意产业竞争日趋激烈,中国创意产业理论支撑和政策设计非但没有达到国际化的水平,甚至还落后于创意产业发展的实际。

(3)欠缺基于产业价值链上的政策考虑,这往往会造成创意产业布局不合理,甚至造成不同区域之间的恶性竞争,由此就需要合理设计出符合本区域特色的创意产业政策。

(4)缺乏为创意产业构建一个良好的发展环境。发达国家除日韩外,很少直接干预创意产业的发展,而是集中力量为创意产业发展铺平道路。除立法等制度建设外,强化对民众、企业家、艺术家的创意产业教育显得更为重要。但在中国,政策法规与执行还存在一定的距离,这会对创意产业产生负面影响,甚至阻碍创意产业的发展。

(5)欠缺创意产业的突破口及品牌建设。韩国发展网络游戏产业,并将其铸造为韩国创意产业的品牌。目前,中国在选择创意产业突破口方面明显缺乏"创意",遍地开花的动漫游戏产业基地并没有形成自己真正的优势。在创意设计方面,中国欠缺扶持本土品牌的勇气。

总之,中国创意产业已经起步,各项政策已经出台并取得了初步的成效,但如果我们的创意产业政策制订得再合理些,更有可操作性,执行力度再加强些,我们的创意产业必将会更快、更健康的发展。①

① 本章内容参阅了厉无畏主编的《创意产业导论》(学林出版社 2006 年版)的相关章节。

第六章　世界各国的创意实践

进入 21 世纪，文化在社会生活中发挥着越来越重要的作用。文化是创意产业的核心，创意产业作为国家产业，将文化产业与高新技术相结合，其创造的文化产品在生产、交换、消费的过程中解决了就业、增加了税收和出口、创造了丰富的精神与物质财富。在知识经济的全球背景下，城市产业结构不断优化，创意产业成为新型的知识产业。一些发达国家在完成工业化和城市化之后，开始把发展创意产业作为促进经济转型的重要战略措施。

创意学，是一门由创意产业实际经验得来的新兴学科。其理论特点具有鲜明的实践性和应用性。同属于知识产业的创意产业，与文化产业、内容产业相互渗透，但与后两者相比，创意产业具有更大程度的广泛性，其侧重点不仅在于文化生成品的创意价值，还在于生产过程中中间产品的创造力和创新性。在英国、美国、澳大利亚、韩国、丹麦、荷兰、新加坡等发达国家和地区，创意产业已经形成了各自的特色，并产生了巨大的经济效益。创意产业已经成为引领国家产业创新和发展的一股重要力量。

虽然这些先进国家对创意产业的界定不同，但均在创意实践上积累了一定的成功经验，对于中国创意学理论和实践具有很好的借鉴作用。

第一节　美国的创意实践

美国是世界公认的文化产品输出强国，拥有庞大的产业群和广阔的输出市场。美国的文化产品和意识形态无时无刻不在影响着世界的文化产品生产、消费和文化潮流趋势。但美国官方没有制订任何关于文化产业的界定或分类标准，也没有明确的文化政策文件，而是实行高度商业化和市场化的文化生产体制。

一、美国的创意产业

（一）对美国创意产业的认识

美国政府没有明确提出“创意产业”的概念和相关界定文件。一般来说，可以从两种角度来认识美国的创意产业。

一种是以知识产权产业（版权产业）为主要研究对象，基本上涵盖了普通意义上的创意产业内容，其核心主要集中在具有知识产权的创意经济上，即“生产及分销知识产权的产业”。目前，美国的版权产业被分为四类：第一类是核心版权产业，指创造享有版权的作品作为其主要产品的产业，包括电影、录音、音乐、图书报纸、软件、戏剧、广告及广播电视。第二类是部分版权产业，其产品只部分享有版权。较为典型的是纺织品制造业、玩具制造业、建筑业等。第三类是发行业。他们面向商店和消费者发行版权物品，如有关的运输服务业、批发与零售业等。第四类是版权关联产业，其所产生和发行的产品完全或主要是与版权物品配合使用，如计算机、收音机、电视机等。

另外一种研究视角由美国的非营利组织“艺术美国人”（American for the Arts）创立，其关注点与知识产权产业有所区别，主要集中在具有文化与艺术属性的各产业上。这两种研究角度为全面了解美国的创意产业提供了多维视角。

2004 年，美国非营利机构“艺术美国人”开始发布美国第一份创意产业报告。它将美国的创意产业分为六大类：博物馆与收藏、表演艺术、视觉艺术与摄影、电影、广播与电视、设计与出版、艺术学校与艺术服务。2004 年的创意产业研究发现，在全美 20 个最大的标准大都市统计区中，有 11 个大都市区的创意企业、机构与组织（营利与非营利的）超过 1 万家（见表 6－1）。

表 6－1　2004 年美国 20 个最大标准大都市统计区中的创意企业数统计

排名	标准大都市统计区	创意企业数
1	纽约 New York – Northern New Jersey – Long Island，NY – NJ – CT – PA	54 895
2	洛杉矶 Los Angeles – Riverside – Orange County，CA	48 862
3	旧金山 San Francisco – Oakland – San Jose，CA	21 232

续表

排名	标准大都市统计区	创意企业数
4	华盛顿特区 Washington – Baltimore, DC – MD – VA – WV	16 360
5	芝加哥 Chicago – Gary – Kenosha, IL – IN – WI	16 261
6	达拉斯 Dallas – Fort Worth, TX	14 202
7	波士顿 Boston – Worcester – Lawrence, MA – NH – ME – CT	13 060
8	西雅图 Seattle – Tacoma – Bremerton, WA	12 138
9	宾夕法尼亚 Philadelphia – Wilmington – Atlantic City, PA – NJ – DE – MD	11 328
10	休斯敦 Houston – Galveston – Brazoria, TX	10 834
11	亚特兰大 Atlanta	10 567
12	底特律 Detroit – Ann Arbor – Flint, MI	9 209
13	迈阿密 Miami – Fort Lauderdale, FL	9 166
14	丹佛 Denver – Boulder – Greeley, CO	7 221
15	圣迭哥 San Diego	6 886
16	明尼阿波利斯 Minneapolis – St. Paul, MN – WI	6 791
17	凤凰城 Phoenix – Mesa, AZ	6 007
18	克里夫兰 Cleveland – Akron, OH	4 870
19	Tampa – St. Petersburg – Clearwater, FL	4 406
20	圣路易斯 St. Louis, MO – IL	4 294

资料来源：艺术美国人（Americans for the Arts）。

表 6 – 2　2005 年美国创意产业概况

创意产业六大部门	创意企业	就业人数
博物馆与收藏	12 679	138 121
表演艺术	101 828	482 489
视觉艺术与摄影	203 809	711 480
电影、广播与电视	92 716	762 811
设计与出版	147 005	781 787
艺术学校与艺术服务	20 450	89 205
总计	578 487	2 965 893

资料来源：Creative Industries 2005: The Congressional Report, 2005 年 3 月。

（以上数据来源于 Dun & Bradstreet 公司登记在案的资料）

根据艺术美国人(Americans for the Arts)2005年公布的美国创意产业报告,2005年,全美的创意产业企业上升到了57.8万家,占总数的4.4%,创意产业的就业人口为290万人,占总数的2.2%。

(二)美国创意产业的特点

美国创意产业具有极鲜明的发展特征。无论是总体的发展规模、水平,还是对国家经济所作的贡献都位列世界第一。统计数据显示,美国的创意产业年产值已经占到其GDP的1/4,成为美国的支柱产业。其中以电视、电影、音乐唱片为代表,其出口额甚至超过了航空航天工业。庞大的创意产业体系以高度的商业化和垄断性为主要特点,同时美国高度发达的经济也为创意产业提供了先进的高科技支持。研究美国的创意产业实践可以更清楚地认识世界创意产业的宏观特征。美国创意产业具体特点如下。

1.商业化程度高。美国的创意产业与其他国家相比,商业化程度高,发展也比较完善,这是由美国社会的特点决定的。美国文化一开始就走上了产业化发展的道路,同时美国社会兴盛实用主义,奉行有用性就是合理性的原则,提倡对现实持积极态度,追求市场经济条件下利益为上的行事原则,这些都与市场经济发展的要求相符合。美国的市场经济发展得也最完善,其创意产业也正是在这种完善的市场经济中发展起来的。美国的多元文化在承袭了欧洲文化传统特点之后,在新的土地上融合其他文化,更容易接受新生事物,产生新的文化思维。

2.科技含量高,国际竞争力强。美国的创意产业以美国在世界上十分强大的科技实力为依托,提高文化产品的科技含量和应用水平,注重通过高科技成果培育创意产业,为创意产业的发展提供强大的发展基础,从而提高其文化创意产品在国际上的竞争力。

美国在发展创意产业方面的投入非常大,从资金、技术、信息到研发,全方位支持创意产业科技提升并发掘创意人才。以影视产业为例,几乎所有的好莱坞大片都有高科技含量,在图像、声音、剪辑等各方面应用科技手段

来增加视听效果。电影中大量特技手法的运用,也是科技成果带来的。这些科技含量高的电影需要花费巨额的资金,美国的影视产业正是以这种巨大的资金投入来支持其产品的制作,提升水平,以吸引更多的观众。除了在制作方面应用高新技术,在放映方面,对影院的放映设备、场地、环境等科技条件的要求也很高,SR、SRD、DTS 等高科技视听设备必不可少。高级视听效果和舒适豪华的观影环境,获得了高票房收入。美国影视产业的高成本、高效益和高产出,形成了良性循环的产品制作和消费链条。

3. 外向型多元化跨国经营战略。美国的创意产业采用商业化运作模式,按照市场经济的规律去经营,以获得最佳的经济效益。为了实现这一目标,美国的一些大公司和跨国集团利用他们在资金、技术和人才方面的优势,对创意产业采取新的经营思路:主要通过对资本的重组,形成大型集团,并且通过资源整合,实现多元化投资的发展战略,提高国际竞争力,并通过国家的文化政策和法律对一些重点文化产品予以各方面的支持,拓宽融资和资本重组的渠道,为实现跨国经营创造条件。

多元化跨国经营是当今世界贸易自由化背景下普遍实行的一种战略。美国创意产业的外向型特点非常突出,采取“走出去”的发展战略,瞄准国际市场,扩大在国际市场所占的份额。2000 年,世界上最大的传媒和娱乐公司时代华纳与世界最大的网络服务商美国在线宣布合并,组成全球最大的文化企业跨国集团,成为引起全世界关注的事件。美国的影视业、图书出版业、音乐唱片业等都已在全球范围内建立了庞大的国际营销网络和连锁机构,形成对全球文化市场大份额的占有。另外,虽然有些跨国公司不是美国公司,但却与美国公司有着密切的联系,或者集团总部设在美国,对美国的文化与创意产业产生了极大影响。

4. 娱乐化程度高。美国的创意产业建立在大众文化的基础上,形成了一种以追求大众娱乐为主流的产业模式,这也是受市场经济驱动的必然结果。美国的文化本身缺乏深厚的传统根基,所以在高度发达的市场经济条件下,文化发展很容易向大众文化倾斜。美国社会也带有浓重的大众文化

色彩。按照西方学者的看法,"大众社会代表了多元价值及多元权利的出现"①。这与美国社会的价值观念相吻合,这也是为什么美国文化会走向通俗文化和流行文化,并强调以科技的方式来加大渲染,其文化产品也大多表现出一种迎合大众需求的娱乐化倾向的原因所在。美国社会对大众文化的态度直接影响到大众文化的发展状况与走向,这使得美国文化具有最充分、最广泛的文化市场和大众消费群体,而且可以使文化产业与国家政治和主流意识形态保持一定的距离,获得相对独立的发展空间;文化产品的娱乐化倾向反过来也在很大程度上塑造了美国文化的特点。文化与人们社会生活的关系非常密切,尤其是通过文化工业的再生产和大规模生产,文化更加大众化,成为人们生活中的日用消费品,与商业社会的特点和人们的商业需求更紧密地结合在一起,这为创意产业的发展提供了强大的发展动力,带来了巨大的经济效益②。

美国没有"创意产业"的概念,也没有相关的政府文件进行行业界定,其创意产业群主要包括文化娱乐业的相关门类。美国的创意产业经过发展形成了几种不同的产业模式。如,好莱坞模式,以影视娱乐为主,相关附属产业为辅,形成了一条龙的产业链模式。美国的音乐产业在产业化方面也做得非常成功,流行音乐和乡村音乐风靡全球,代表了美国文化的大众性、通俗性和娱乐性。

二、版权产业的发展——创意实践现状

美国的国际知识产权联盟在《美国经济中的版权产业:1999 年报告》中详细叙述了包括电影、电视、家庭录像、商用软件、娱乐软件、图书、音乐和唱片在内的创意产业在经济上对美国国内生产总值、就业和贸易所作的贡献。

在国内生产总值方面,年度报告指出,1977 ~ 1997 年间,核心版权产业的国内生产总值平均增长率达到 6.3% ,而同期美国国民生产总值年增长率

① 阿兰 · 斯威伍德:《大众文化的神话》,生活 · 读书 · 新知三联书店,2003 年版,第 28 页。
② 张胜冰,徐向昱,马树华:《世界文化产业概要》,云南大学出版社,2006 年版,第 45 页。

为2.7%。1997年美国核心版权产业估计增值为4 703亿美元。在20年间，美国的版权产业就业人口增长了一倍，达到380万人，占美国就业人口总数的2.9%，平均年增长率达到4.8%，而同期美国经济就业人口平均年增长率为1.6%。1997年美国版权产业从国外销售和出口中创利668.5亿美元，超过了包括农业、汽车、汽车配件和飞机制造在内的所有主要产业。2001年和2002年，版权产业的增值分别上升到5 950亿美元和6 262亿美元，其占美国GDP的份额已经从1997年的5.66%增长到2001年的5.89%、2002年的5.98%。核心版权产业的净年增长率也超过了美国经济同期增长水平。虽然部分版权产业的年增长率低于同期经济增长水平，但其增值却在美国GDP中有着突出的地位。2002年，版权产业的增值继续在美国经济中占据重要的地位，全年全部版权产业占到美国经济的12%，为12 540亿美元①。

在就业方面，美国版权产业对经济的重要性还体现在就业指标上。1997年美国核心版权产业就业人数为513万人，这一数字到2001年增长到582万人，其就业人数占美国就业总数的比例也由3.96%上升到4.25%，其就业年增长率也为总增长率的2.3倍。2002年，核心版权产业和全美的就业人数都在下降，为548万人，但1997～2001年间核心版权产业就业的年增长率仍然超过就业总增长率。到目前为止，核心版权产业延续着比整个美国经济较快的增长势头，全部版权产业同样对美国经济和就业发挥着积极作用。

在贸易方面，由于美国政府出口统计的特殊口径，其出口统计数据大大低于特定产品指向的实际价值。而他们产生的这些销售额和版税是美国公司一个非常重要的收入来源。美国核心版权产业中包括四个部分：①预先录制的录像带、磁带和CD；②电影片、电视节目和家庭录像（包括DVD）；③计算机软件（包括商业性软件和娱乐软件）；④图书、报纸和期刊。如果以这四个部分来估算其国外销售和出口收入，2002年，这四部分的海外销售和出口达到892.6亿美元，甚至在盗版和经济萧条的情况下，全部的海外销售

① 张京成主编：《中国创意产业发展报告（2006）》（5版），中国经济出版社，2006年。

收入仍然在增长,比2001年提高了1.1%。

美国版权产业在GDP、就业和贸易方面所发挥的积极作用,巩固了其作为引领美国经济增长的关键产业的地位。除此之外,在强大的法律和有效的制裁下,美国的版权产业的繁荣将保持良好势头继续为美国和全球市场铺平道路。

美国的版权法律制度是发展版权产业的重要法律保障,且版权保护完整与否,是反映与衡量版权产业发展水平的重要指标,美国在这方面尤其值得效仿。其具体做法如下:

一是政府提供强大的法律和有效的制裁。整体而言,美国文化政策的基本原则是对内放松管制,对外境外扩张。美国政府虽然没有文化部门,但却对文化产业给予扶持,否则美国文化产业不会有如此大的规模。然而,这种支持并非是来自政府自上而下实现的,而是自下而上来完成的,政府只是提供宽松的外部环境和严格的法律保护。

二是鼓励外来投资。在自由和安全的环境下,美国文化产业采取的是多方投资和多种经营的方式,鼓励非文化部门和外来资本的投入,这突显在美国文化产业的跨国经营形态,而且,只有这样的投资环境才能吸引更大的投资,使流动的资本继续集中在文化产业中寻觅商机。

三是定期的调查。美国政府没有刻意提出创意产业的方案,是因为创意产业在美国根基稳固,是美国第一大出口产业,在私人企业(如迪斯尼、好莱坞)的带领下雄霸世界。表面看似无为而治,实则美国政府早在1977年就率先开始作有系统、定期的文化产业调查。1990年国际知识产权联盟(IIPA)委托有关机构首次发表《美国经济中的版权产业》报告;1992年发表《美国经济中的版权产业:1977~1990年》;此后分别于1993、1995、1996、1998、2000、2002、2004等年度发表美国版权产业系列报告。这些报告从增值、就业和出口等方面反映了美国版权产业概况及对美国经济做出的贡献。

2005年版权产业增加值继续在美国经济中占据重要的地位,达到13 881.6亿美元,同比增长6.72%,其中核心版权产业增加值8 190.6亿美元,占全部版权产业59.0%的比重,较上年增长7.70%。版权产业增加值

2003~2005 年的增长率达到 5.69%、9.75% 和 7.57%，大大高于同期美国 GDP 增长率 2.70%、4.21% 和 3.53%。核心版权产业是增长最快的部分，2002~2005 年平均增长率达到 7.0%，高于其他版权产业的 5.2% 年增长率。

三、纽约的创意实践

除了营利和非营利机构提供相互扶持外，纽约非凡的基础设施对创意产业的支撑，是为创意工作培育思想开放环境的另一重要因素。这不仅是创意工作者将纽约作为首选地的理由——利用当地的培训机会，包括城市杰出的高等教育机构，而且是创意工作者在生活成本和工作空间成本居高不下的情况下仍留在纽约的关键因素。

（一）空前强大的教育基础设施

纽约市创意基础设施的关键是大量顶级的、高度专业化的教育培训机构。全球艺术名校——茱丽亚音乐学院为舞蹈演员、音乐家和演员提供了世界上最好的专业训练。视觉艺术人士可向全美最优秀的美术学院之一——纽约大学蒂什文科学院以及视觉艺术学院和派特学院寻求帮助。倘若你是满怀抱负的舞者，美国芭蕾舞学院是最好的。时尚设计师可以选择著名的纽约时装技术学院和帕森斯设计学院，建筑师可以选择如建筑联盟、纽约市艺术协会和纽约市建筑中心这样的高水准机构。与此同时，教育基础设施是新入行创意雇员接受培训之地，是新艺术形式和新产品的试验场所。学校为来自各行业或老或新的艺术家提供画廊、剧院、演讲厅、视觉艺术工作室等充裕的表演场地。重要的是，与非营利机构类似，有关艺术和创意领域的高等教育项目，对创意产业来说类似于非正式的研发工具，是新兴企业和创业人士的缔造者。而就其他功能而言，这些学校在新创意接触市场之前，为其提供试验场地。创意产业的专业人士在很多项目和课程中扮演教师一职，在持续磨炼个人技艺和提升自身创意的同时，将其经验收益传给他人。

（二）强有力的慈善和金融团体

纽约的创意企业和个体在强有力的慈善机构、政府、企业和个人支持下，衍生了庞大价值。纽约市拥有大量非营利性艺术服务组织，引领并创建了向创意企业和个人提供创业援助的诸如政府部门、小企业援助机构、高等院校、协会等众多实体，向艺术家和艺术组织提供一般的商务开发援助。一些非赢利文化创意部门是此类慈善资助的最大受益方。据不完全统计，纽约市非赢利文化机构的开支约有50%来自私人募捐和政府的支持。

除了来源于私人和企业的慈善捐赠之外，纽约还集中了其他城市无法相比的大量投资银行、风险资本公司和其他定位于支撑城市创意产业的金融家。纽约是洛克菲勒基金会和福特基金会的全球总部所在地，是德意志银行美国总部和JP摩根大通等企业总部所在地，上述机构不论是在全美国还是在纽约，都拥有投资创意产业部门的历史。

（三）数量庞大的贸易协会与工会

尽管当纽约人想起工会时，并不会首先想到创意产业，但组织有序的工会劳动力在产业集群内部的确扮演着强有力的重要角色。大比重的纽约创意雇员由行业协会出面组织，尤其是在电影、戏剧和电视等类传统的娱乐行业。15家以上的工会与不少于50家工会分会，遍布纽约市下属的五个行政区，包括演员工会、美国音乐艺术家同业工会、美国多样化艺术家同业工会、美国电视广播艺术家联盟、美国音乐家联盟、美国通信工人工会、导演同业工会、国际剧院和舞台雇员联盟等。几乎百分之百在百老汇上演和完成的工作都动用了工会的力量。坐落于纽约的美国电视广播艺术家联盟和美国音乐家联盟的成员总数已接近3万，尽管其中相当一部分是其他联合会的成员。

上述工会和工会分会通过提供技能培训、健康保险与其他社会支持等方面，支持创意产业就业劳动力的发展。

（四）深层次的供应商与流通商

纽约作为拥有创意核心产业城市的另一强势是，城市“价值链”或生产周期的深度。供应商、流通商以及给予创意产业经济支持的其他供应商都

集中于此,这是创业产业茁壮发展的重大理由。如,电影摄制者和摄影师邻近一批电影和照相机供应企业,使得他们一小时内就能获得一个照相机镜头,为企业节约了时间与金钱。与此类似,纽约的剧院可接触到一些全美国最优秀的服装制造公司。

(五)纽约政府支持创意部门

纽约政府是城市基础设施予以支持创意产业发展的另一关键组成。长期以来,纽约创意核心产业部门涉及的企业和工人享受比美国其他城市更高层次的关注与支持。确实,纽约市文化事务局每年的年度预算都高于美国国立艺术基金会的预算。

2006 财年,纽约文化事务局的费用总开支为 1.31 亿美元,其中大部分用于拨款给纽约市内各大文化组织——遍布纽约市下属五个行政区的 34 家博物馆和其他机构。纽约文化事务局中相对较少但也很重要的一部分资金,则为全市 600 家以上艺术和文化集团提供项目支撑。

未来 4 年,纽约市文化事务局还有 8.03 亿美元拨款,可用于支持全市 169 家文化机构与基础设施相关的项目,这一数字是 5 年前享受资金拨款团体总数的两倍多。近年,文化事务局的资金已资助了艾利 · 阿尔文美国舞蹈剧院 7.6 万平方英尺设施的开发拓展,以及布鲁克林音乐学院在拉法耶特大道上的地标建筑的重新修整①。

第二节　英国的创意实践

一、英国的创意产业

(一)创意产业的提出

自工业革命以来,作为老牌的资本主义国家——英国依靠发达的制造

---

① 吴卓群“纽约创意产业系列(三)培育创意产业的优质土壤”,2006 年 5 月 30 日,上海情报服务平台 http://218.1.116.75/list/list.asp? id =2833。

业和殖民主义贸易发展壮大自己,积累了雄厚的经济基础。二战后,英国的产业结构发生了重大的变化,支撑经济的传统工业难以适应以新技术和新燃料为基础的新型工业结构,在国民经济中的比重迅速降低,呈现出衰退之势。工厂大量倒闭,失业人口增加,同时城市化过程中产生的大量问题使得英国急需调整经济结构。在这种经济背景之下,作为有着悠久历史与文化传统的资本主义发达国家,英国将经济中心从耗能高、附加值低、生产成本相对较多的传统制造业转向高附加值、低成本、智能化、知识信息化的第三产业。近十年来,英国的创意产业已经成为其第三产业的重要支柱,并随着信息时代的到来和知识经济的兴起,成为英国新的经济增长点,带动了其他产业的发展和经济的全面振兴。

英国是世界上最早由政府机构阐述创意产业理念并列入政府文件的国家。1990 年,英国政府委托英国文化委员会会同英国影视协会和手工艺委员会等部门进行英国文化发展战略的起草工作。经过调研、讨论和论证,于 1992 年完成了"国家文化艺术发展战略"讨论稿,并于 1993 年以"创意性的未来"为题公开发布。"这是英国有史以来首次以官方文件的方式颁布的国家文化政策"①,在这份文件中,明确提出了文化产业的创意性内涵。1997 年,布莱尔当选英国首相之后,为了适应后工业时代的新经济形势,为英国经济注入新的活力,布莱尔开始着手大力发展英国的创意产业,并力图以此作为新的突破口全面振兴英国经济。"创意产业特别工作组"(Creative Industry Task Force)在同年成立,布莱尔担任小组主席,成员团由相关部门的一把手等组成。特别工作组专门研究世界及英国后工业时代的经济发展形势,为英国制订知识经济、信息时代的发展战略提供方向。

特别工作组于 1998 年 11 月提出了第一份创意产业专题报告《Creative Industries Mapping Document,1998》,报告第一次明确提出了创意产业的概念。2001 年,第二份报告《Creative Industries Mapping Document,2001》出台。

---

① 李河:《2004 年:中国文化产业发展报告》,社会科学文献出版社,2004 年版,第 258 页。

在报告中,创意产业被定义为“源于个人创造力、技能和才华的活动,而通过知识产权的生成和取用,这些活动可以发挥创造财富和就业的潜力”①。这是迄今为止对创意产业最权威的界定,已经被许多国家和地区的政府所采用,并被纳入了各个国家和地区的相关政策。

在创意产业涵盖门类的界定上,英国将就业人数、成长潜力、原创性三个原则作为标准,选定了13个门类作为创意产业的范畴:①出版(Publishing);②电视和广播(Television and radio);③电影和录像(Film and video);④互动休闲软件(Interactive leisure software);⑤时尚设计(Designer fashion);⑥软件和计算机服务(Software and computer services);⑦设计(Design);⑧音乐(Music);⑨广告(Advertising);⑩建筑(Architecture);⑪表演艺术(Performing arts);⑫艺术和古玩(Arts and antiques);⑬工艺(Crafts)。

按照英国文体部的《英国创意产业比较分析》研究报告,上述13个创意产业门类可以进一步划分为产品(Production)、服务(Services)以及艺术和工艺(Arts and crafts)三个大类。其中产品大类包括出版、电视和广播、电影和录像、互动休闲软件和时尚设计五个门类;服务大类包括软件和计算机服务、设计、音乐、广告和建筑五个门类;艺术和工艺大类包括表演艺术、艺术、古玩与工艺三个门类。

(二)创意产业的推动措施

为大力推进创意产业的发展,英国政府采取大量措施进行系统扶持,主要在组织管理、人才培养、资金支持、生产经营等有关方面逐步加强机制建设,对文化产品的研发、制作、经销、出口实施系统性扶持。在面临国内创业环境中关键的金融及投资问题时,英国文化、媒体和体育部出版了“Banking on a hit”手册,指导相关企业或个人如何从金融机构或政府部门获得投资援助,逐步推动完整的创意工业财务支持系统,包括以奖励投资、成立风险基

① 斯图亚特·坎宁安:《世界文化产业发展前沿报告》(2003～2004),社会科学文献出版社,2004年版,第134页。

金、提供贷款及区域财务论坛等作为对文化创意产业的财务支持。英国政府的创意工业政策，是目前国际上产业架构最完整的文化产业政策。将这些政府措施归纳起来主要有以下四个方面内容：

1. 对创意出口的积极推广。英国政府特别注意扶持创意产业出口。1998 年，成立了创意产业出口推广小组（Creative Industries Export Promoting Advisory Group），主要调查创意产业产品出口的效益情况，研究政府如何帮助从事创意产业的企业开拓出口市场，对包括内容产业、古迹与观光、设计、表演艺术等范围提供咨询和政策建议。该小组于 2002 年停止工作，其工作被细分并由创意出口小组（Creative Exports Group）、表演艺术国际发展小组（Performing Arts International Development Group）、设计伙伴计划（Designer Partners）、文化遗产与旅游小组（Cultural Heritage and Tourism Group）分担。其中，创意出口小组对推动英国的图书、报刊、电子刊物、电脑软件与游戏、电视广播等诸多方面的出口起到了非常重要的作用。

2. 推动创意产业教育及技能培训。英国政府在大力发展创意产业建设的同时也意识到，创意人才是保持创意产业持续发展的必要条件，重视创意人才的培养是发展创意产业的当务之急。在人才方面，英国政府文体部与大学合作设立创意产业高等教育论坛（Creative Higher Education Forum），邀请政府部门、产业界和学术界的相关人士对创意产业现状和未来及教育进行探讨，意在广泛推动创意产业理论在社会的普及。同时相关产业部门也每年拿出大量资金，用于进行创意人才的教育与培训，或作为奖励基金用于鼓励杰出的创意计划和提案。如：英国电影委员会每年出资 100 万英镑用于教育培训；英格兰艺术委员会（Arts Council of England）拿出 4 000 万英镑为青少年参与艺术创作提供机会。

3. 为创意产业筹措资金。相对于其他产业门类，创意产业投资风险和灵活性相对较高，英国投资银行在产业发展之初对这一行业少有涉足。2001 年，英国政府针对这一状况，采用政府推动手段，首次召开全国会议商讨创意产业发展的重要意义、发展现状和资金需求，同时推广创意产业的理论研究和对外宣传，吸引投资银行对创意产业的关注。

除国家宏观推动创意产业资金筹措之外，英国政府为中小企业的创意产业资金筹措设立了多项资助计划。目前英国对创意企业资金扶持主要采用两种措施：一是提供信息支撑，为企业提供各地创意资金支持的相关机构；二是通过英国科学、技术及艺术基金会（National Endowments for Science, Technology and Arts, NESTA）为具有创新点子的个人提供发展资金。如，卓越资金（Creative Advantage Fund）、地区创业资本基金（Regional Venture Capital Funds）等等，用于有发展潜力的中小型公司，在其遭遇资金困境时予以扶持，并且严格按照商业原则运作。

另外，英国政府还以法规形式把彩票收入的部分资金投入到创意产业的发展之中。彩票收入是英国国家财政收入的重要组成部分，英国彩票业的主管部门是文化新闻体育部。仅彩票收入一项，一年就可以为文化艺术事业筹集到赞助费6亿多英镑，极大地弥补了政府文化投资的不足，兴建了一批文化设施，支持了优秀文化人才的培养。1995～1999年间，超过1 000个艺术项目从“彩票基金”中获得了10亿英镑以上的资助。仅1999年，英国共有63.8亿英镑的彩票收入投入到文化公共领域，其中25.5亿英镑直接用于文化事业，为一批重大文化项目的实施创造了有利条件。到2001年上半年，国家彩票累计发行总额已高达314亿英镑，25%用于资助文化艺术、体育和慈善事业，总额超过108亿英镑[①]。

4. 保护创意产业知识产权。知识产权是创意产业的核心要素。英国经济竞争力是以知识为基础的工业驱动，特别是以制造业、科技为基础的部门和创意产业。所以，英国特别看重知识产权的保护，也是世界上最早实行专利保护的国家。21世纪初，英国政府提出实施知识经济战略，意在保持世界上科技领先地位和竞争优势，更凸现了尊重知识的重要意义。近年来，英国加大力度完善知识产权框架，推动企业研发和创新，为提高公众专利意识提供良好信息服务。

英国知识产权保护工作有两大特点：一是针对中小企业众多的现状，政

① 张胜冰、徐向昱、马树华：《世界文化产业概要》，云南大学出版社，2006年版，第78页。

府将工作重点放在如何帮助中小企业利用和保护知识产权方面；二是英国服务业在整个产业发展中占有70%以上的份额，所以，在对专利重视的同时也重视商标、版权和设计工作。

（三）创意产业所取得的成果

英国的创意产业可谓是理论与实践并行。在创意产业理论系统地提出之前，英国的音乐产业所创造的文化创意成果就已经令人瞩目了，其份额已达到全球音乐产业的15%，它的保留节目资源量仅次于美国。1995年“辣妹组合”（the Spice Girls）的版税收入就达到了12万欧元。1998年，最大的单项出口为与“辣妹组合”相关的产品。之后的四年，她们的版税收入高达1 400万欧元。1999年其净收入已有3 000万欧元。

创意产业是英国第二大产业（仅次于金融服务业）。根据英国文体部的统计，英国以文化为主体的创意产业是发展最快的产业，1997～2001年间年增长率达到8%，是同期英国总体经济增长2.6%的3倍多，创意产业产值2001年已达到1 125亿英镑，产业增加值占GDP的比例超过5%①。到2002年，英国创意产业的增加值已经达到809亿英镑，10年来英国整体经济增长了70%，而创意产业增长了93%，显示了英国的产业结构从制造业向高端和创意型服务业的转型，以及创意产业摆脱了对能源和不可再生型自然资源的巨大依赖，而形成的巨大增长活力②。创意产业在“部际商业注册机构”注册的公司有122万家，是英国提供就业岗位的第一大产业③。以增加值计算，软件自2002年取代服装成为最大的创意产业。到2005年，英国的创意产业占增加值的8%左右，有190万从业人员，成为英国经济新的支柱产业④。2003～2004年英国创意产业规模见表6－3所示。

① 《中国创意产业“钱”途光明》，《法制早报》，2006年3月27日。
② 《创意产业规律的探索和应用》，《电影艺术》，2006年第3期。
③ 《他山之石攻创意　自主创新成产业》，《财富智慧》，2006年第7期。
④ 《英国：经典与通俗并举》，《人民日报》，2005年4月1日。

表 6-3　2003～2004 年英国创意产业规模

英国创意产业	增加值/占 GVA 的比例	出口额(亿英镑)	从业人数(万人)	公司数(家)
广告	50 亿英镑(0.7%)	11.3	20	9 800
建筑	40 亿英镑(0.5%)	5.8	10.26	4 100
电影与录像	22 亿英镑(0.3%)	8	5.39	8 000
音乐\表演艺术\视觉艺术	37 亿英镑(0.5%)	2.4	24.39	30 100
出版	86 亿英镑(1.2%)	11.8	27.43	6 500
软件\计算机游戏\电子出版	207 亿英镑(2.8%)	39	59.39	49 100
电视与广播	62 亿英镑(0.9%)	10	11.06	4 200
艺术与古玩	5 亿英镑(0.07%)	22	59.39	1 700
时尚设计	3.3 亿英镑(0.04%)	n/a	11.04	1 400
设计	53 亿英镑(0.7%)	6.3		n/a
工艺品	n/a	n/a	2.25	n/a
总计	565 亿英镑(7.8%)	116	182.5	113 300

说明:1. GVA(Gross Value Added)为国民增加值。

2. 2003 年英国的标准产业分类体系发生了变化,因此,有些数字没有与前几年的相连贯,如"软件与计算机服务"类。

3. 就业人数和公司数均为 2004 年的数据。

(资料来源:Creative Industries Economic Estimates Statistical Bulletin October 2005 - Revised Version, DCMS)

二、英国的文化创意活动

对外文化宣传、促进国家间文化交流对创意产业的发展尤为重要。为了改变英国在外国人眼中"保守、传统"的形象,促进英国对外文化交流与合作,英国展开了一系列文化宣传活动。其中,为促进中英两国经济文化交流与合作,2005 年 4 月,英国驻华使馆和英国文化协会在中国北京、上海、广州及重庆等地携手举办了"创意英国(Think UK)"活动。据悉,这是英国政府迄今为止在海外组织的最大规模的宣传活动,涉及文化艺术、科技发明、商业贸易、教育、环境等各个方面,而其中文化艺术项目是最为丰富的,它的主题就是从商业、艺术、科技、教育等各方面塑造开放的、包罗万象的、充满

创造性和革新精神的创意英国形象。英国意欲成为全球“创意文化中心”。为此,英国政府有步骤地推进整个计划。2005 年 6 月 16 日,英国政府提出要把英国建设成为全球“创意中心”。2005 年 11 月 4 日,文化传媒体育部(DCMS)发布了创意经济计划(The Creative Economy Program),意在为创意产业的支持、发展及提高生产力方面建立一个更好的框架。该计划关注的焦点主要集中在 7 个领域,每一个领域都将有一名专家领衔,这是英国完成“全球创意中心”走的第一步。2006 年 2 月 7 日,英国 DCMS 成立专家组,让 7 名专家负责创意产业的 7 个发展方向。

英国主要的创意产业门类在近几年都取得了不错的发展成绩,在表演艺术、音乐、电影、出版、艺术品等方面都有不错的创意成果,形成了各具特色的文化产品,为英国树立新形象、发展新经济起了巨大的推动作用。

在表演艺术方面,英国的舞蹈、歌剧、话剧和音乐剧的创作、演出、节目制作非常出色。英国有 6 万人从事舞蹈工作,是公众参与程度最高的文化行业之一。英国的舞蹈行业拥有皇家芭蕾舞剧团、伯明翰皇家芭蕾舞剧团等世界上最优秀的舞蹈剧团。作为莎士比亚之乡,英国的歌剧行业也非常兴盛,每年有超过 300 万观众观赏歌剧,夏季还举办一年一度的国际歌剧节。在英国有 1/4 的民众曾去过剧院观赏话剧,相当一部分人也曾经写过剧本或者受过专业训练。英国民众的戏剧文化普及程度非常高,这与其身后的历史文化底蕴不无关系。英国的音乐剧《猫》,是国家音乐剧的经典之作,自 1981 年首演至今,演出已经超过 6 千场次,票房数十亿美元。《猫》保持了音乐剧运作、演出时间最长的世界纪录,被称作“世纪音乐剧”。

在音乐产业方面,政府曾在 1995 年设立“全国音乐日”以提高全民音乐意识。后期成立了“音乐产业论坛组织”,邀请专家学者研究音乐产业的发展问题。同时为了鼓励小型现场音乐表演,英国政府在 2004 年修改法律,将酒吧、餐馆和公众娱乐两种牌照合为一种,减少小型演出成本,刺激人才出现,并开拓音乐市场。英国民众经常可以在酒吧餐馆或者学校欣赏到小规模的现场演唱会,不仅提高了民众的欣赏水平,更为音乐人才开掘了更多的表演机会,刺激了整个音乐市场的繁荣。根据英国表演专利协会(The Per-

forming Rights Society)的统计,2008 年英国的音乐出口收入上升了近 2 000 万英镑。英国音乐人在海外表演和音乐产品出口 2008 年收入超过 1.396 亿英镑,而前一年的音乐出口收入是 1.212 亿英镑。

英国的出版行业在最近几年的实践特别值得关注。英国出版业的繁荣近年来在世界范围内有目共睹。英国是仅次于美国、德国、日本的第四大出版强国。英国出版业利用英语作为全球语言这一优势,以及英国与英联邦国家和前殖民地国家的传统关系,大力开拓海外市场,成效显著。2006 年,英国图书出口金额占行业总额的 36%,销售数量为总册数的 40%,是世界上图书出口额最大的国家。剑桥大学出版社出版的学术类图书 50% 销往北美,30% 销往欧洲其他国家,15% 销往亚太地区。近年来,由于激烈的市场竞争,英国出版业出现了集团化趋势。20 年来,英国的教育出版社由 35 家减少到现在的 14 家,其中大部分是出版集团公司。许多不同类型的出版公司通过兼并和收购,优势互补,组成跨地区、跨行业、跨国家的大型出版集团,大大增强了国际竞争力。比如:2006 年 1 月,培生教育(Pearson Education)出版集团先后收购了以教材和在线学习资料为主业务的哈考特评估测试公司(Harcourt Assessment)、哈考特国际教育出版公司(Harcourt Education International)和远程在线学习服务商 eCollege 公司,进一步巩固了培生作为世界领先教育出版公司的地位,为其实现数字化和全球化业务目标夯实了基础。2007 年 1 月,威立公司以 5.72 亿英镑收购了布莱克威尔公司(Blackwell)大部分股份,原分属两个平台的数据库资源整合后,使得每年出版的数字期刊品种达 1250 种,许多期刊都具备了在线提交、同行评议、在线对文章作者追踪查询等功能,从而为全球用户提供了更好的内容和服务①。

近年来,随着信息技术快速升级,英国的出版业也将网络出版和营销作为重要的经营方式,同时,英国出版业也非常重视图书产业链及附属产品的开发。以《哈利·波特》为例,图书出版一项就销售两亿册,电影系列的票房收入达五亿多美元,除此之外,与哈利·波特内容相关的电脑游戏产品和软

① 张胜冰、徐向昱、马树华:《世界文化产业概要》,云南大学出版社,2006 年版,第 84 页。

件的销售量也十分可观。《哈利·波特》品牌的成功运作，不仅使其版权所有者J.K.罗琳超越英女王成为英国首富，也成为英国创意产业的典范。

三、伦敦的创意产业发展概况

一直以来，伦敦都是个富有创意的城市，以各种创新和理念为基础，新技术与新市场如今已站在了时代最前沿。过去几十年中，商业服务业的会计师、律师和咨询师等推动着经济发展。但与此同时，有些更微妙的进程在悄然展开，这些事物开始站在了社会舞台的中央。如今，创意产业已成为伦敦最大的产业之一，产出和就业量仅次于商业服务业。1995~2000年5年间，创意产业产出年均增速达8.5%，超过了其他各个产业。此外，高度多样性的创意产业还取得了生产率年增4%、就业量年增5%的优异表现。

从产出来看，2001年，伦敦创意产业的总产出达210亿英镑，约占英国创意产业总产出的1/4。相当于伦敦人均产出2 500英镑，而英国的人均产出仅为1280英镑。伦敦创意产业的产出仅次于商业服务业的320亿英镑，超过了其他所有生产产业的产出。

从就业量来看，2000年，创意产业以52.5万名雇员的就业量排名伦敦各产业第三位，其中包括了在创意产业部门直接就业的人员和在其他产业从事创意型工作的人员。

从就业变化来看，创意产业是伦敦第二大就业高增长产业，每5个新增职位中，就有一个来自创意产业部门。近几年的经济减速对创意产业影响尤其大。2002年间，创意产业工作岗位数减少了4.01万个，约占伦敦该年就业岗位减少量的近一半。尽管2002年就业岗位数量减少，但1995~2002年间，创意产业就业量还是增加了8.8万个。

（一）伦敦创意产业发展的主要推动力——对休闲商品与服务的需求日增

最近数十年来，人们的休闲时间不断增多，可支配收入不断提高，使得对休闲产品与服务的需求大量增加。这已经成为伦敦创意产业显著增长的

主要驱动力。由此增加了文化产出，推进了创意产品与服务的销售。近年来，伦敦还进一步发展成为了创意产品与服务的全球性市场。

休闲产品与休闲服务或为伦敦创意产业的主要推动力。休闲产品包括：书籍、报纸、杂志；体育与野营用品；摄影与摄像器材；电视、录像、计算机和声音类设备；玩具与业余爱好；园艺物品、植物与花卉。休闲服务包括：电影与戏剧；电视、录像、卫星租用、电视许可与因特网；教育与培训花费；博采出资；参加体育运动与定购；其他娱乐活动（包括跳舞、夜间泡吧，陈列馆和博物馆）；假期与休假花费；现金礼品与捐赠。

英国的休闲产业是一个高增长产业，到 2006 年，休闲产品与服务的消费占家庭总支出的比例从 2001 年的 18% 增长到了 30%，平均每年对 GDP 的贡献率为 10%。英国休闲产业就业人员占整个就业市场的 13.5%。

（二）创意产业发展对伦敦意义重大

1. 创意产业成为伦敦经济根本转变的组成部分。如今，创意产业站在了伦敦 30 多年来经济根本转变的最前沿。在商业服务业逐渐成为伦敦经济主导产业的过程中，伴之以第二个过程的进行，创意产业如今已处在了社会舞台的中央。创意产业的发展就是这第二大进程产生的结果，它正成为伦敦经济增长新的、主要的源泉。

2. 创意产业如今成为伦敦缔造财富的主要产业。比较各个产业的产出发现，创意产业以 210 亿英镑的产出值，仅次于商业服务业，成为伦敦缔造财富的第二大产业。

3. 创意产业创造了重要的就业增长。伦敦创意产业的就业量从 1995 年的 41.4 万人增加到了 2000 年的 52.5 万人。这增加的 11.1 万人使创意产业成为 1995 ~2000 年期间就业量增长的第二大产业，每 5 个新增岗位中，创意产业就占一席。

创意产业就业的年均增长率达 5%，几乎是整个保健产业就业增长（2.7%）的 2 倍。创意产业中有 8 个部门的就业增长速度超过了伦敦就业增长的平均水平。

4. 创意产业已成为伦敦就业的第三大重要产业部门。创意产业的就业增长使该产业成为伦敦解决就业的主要产业部门之一。2000 年,创意产业以 52.5 万名雇员的就业量,位列商业服务业、健康与教育产业之后,成为第三大就业产业。

5. 伦敦正处于创意产业生产力良性革新的时期。伦敦是英国政府确定的文化创意产业主要集聚区,目前文化创意产业已经成为伦敦的支柱产业。就业与产出的相对增长表明伦敦已处于以创意产业为中心的生产力革命时期。据《伦敦市长文化战略草案》的数据,2000 年伦敦文化创意产业年产值达 250 亿~290 亿英镑,从业人员 52.5 万人,其人均创意产业产值达 2 500 英镑左右,近两倍于其全国人均创意产业产值(1 300 英镑)。

创意产业从业人员生产率的提高并不是因为市场衰落导致失业而达到的,而是通过向一个不断创造就业的成长中的新市场扩张而实现的[①]。

四、英国创意经济十年成效显著

2007 年,首相布莱尔即将离任之前,在伦敦泰特现代美术馆发表演说,指出,与 10 年前相比,英国的艺术和文化更加自信、更富有创意,也加更鲜活。而这应归功于国民的创新能力及公私共同资助艺术的混合经济模式。之后,英国文化体育与传媒部发布了《文化与创意 2007》(Culture & Creativity in 2007)报告。报告显示:创意产业在整个国民经济增加值中的比例超过了 7%,并以每年 5% 的速度在增长,远高于整个经济的增长速度,产值达 560 亿英镑,解决了 180 多万人的就业问题。2004 年艺术产业所创造的外贸总额达到了 130 亿英镑,占出口产品与服务总额的 4.3%。音乐产业的产值达到了 60 亿英镑,就业人数为 13 万人。

在一系列已普及的文化事件中,如遗产开放日、免费参观国有博物馆、促进便宜电影票计划(如国有剧院的 10 英镑票季旅行)都受到了热烈欢迎。

---

① 钟婷:《创意产业:伦敦的核心产业》,上海情报服务平台 2005 年 4 月 19 日,http://218.1.116.75/list/list.asp? id=1595。

如国有博物馆允许免费入场后，其参观人数增加了83%，尤其是2001年以来，增加了近3 000万游客。

在政府资助的“人民网络”计划(People's Network)帮助下，公共图书馆开通了互联网终端。2000～2003年间，有4 200家公共图书馆接入互联网，国家彩票基金向各图书馆提供了1.2亿英镑用以建立2.4万个终端，培训图书馆员工以及学习材料的数字化。目前可查到的在线文化内容相当可观。10年前，大英图书馆将《大宪章》(Magna Carta)上了网，其获奖的电脑“翻阅”系统最近将许多图片资料放在了互联网上，读者只需借助电脑触摸屏，就可以近距离翻阅大量珍贵的书籍和手稿。

在十个最受游客欢迎的英国旅游目的地中，有七个是政府主办的博物馆和画廊。如，泰特现代美术馆已成为全球最受欢迎的现代艺术画廊，参观人数超过了纽约现代艺术馆和巴黎蓬皮杜中心。调查显示，有28%的海外游客会选择去伦敦的剧院。英国剧院经济产值达26亿英镑，2001年宣布剧院补助后，七个主要地区剧院的观众增加了40%。

1997年以来，新建100多座艺术建筑，翻修超过500多座。

在文化遗产行业中，志愿者数量约为40万人，而在剧院相关的行业里，志愿者还要多1.6万人。

在英国艺术委员会的常规资助机构中，有90%以上的机构都有艺术教育的功能，33万青年人被纳入到了创意合作伙伴计划中，他们有机会与艺术家和其他创意专业人员一起工作。大约有3 000个学校在音乐、舞蹈、戏剧、艺术和设计等学科方面设置了艺术学分。

文化部门在社会中扮演了一个主要的角色，它受到了公众的肯定与信任。例如，关于互联网使用的调查结果显示，人们对博物馆、图书馆和档案馆的网页内容信任度很高，十个受调查者中有九个认为他们相信大部分内容。

报告以案例的形式总结了这10年来创意产业的发展成果，并在新闻稿中以“首相欢呼艺术的‘黄金时代’(Prime Minister hails' Golden Age' in the Arts)”为题，肯定了布莱尔10年执政生涯中在文化方面所取得的进步。

第三节 韩国的创意实践

一、韩国创意产业的发展概况和发展措施

20世纪中期,韩国的支柱产业是重工业和半导体产业。韩国因为其举世瞩目的经济成就而与新加坡、中国台湾和中国香港并称亚洲四小龙,经济实力不可小视。在20世纪60年代到90年代,欧美一些发达国家的影视产品大约占据着韩国影视产品市场的60%份额,韩国自身的文化产业发展进程相对比较缓慢。1997年,韩国遭受亚洲金融风暴的严重影响,货币大幅度贬值,众多企业破产,失业人口激增。为摆脱困境,韩国国民自发掀起"献金运动",将自己家中的金条、金首饰等捐献给国家,为韩国战胜金融危机做出了贡献。当时的政府在"献金运动"背后看到了韩国人民展现的爱国精神和文化精神,决定积极实施经济转型,振兴韩国文化,开始对文化创意产业进行扶持性介入,将文化创意产业作为新经济的核心,特别加大力度发展影视、电子游戏、音乐等新兴产业。韩国文化产业振兴院驻北京首席代表权基勇博士曾经指出:"20世纪70年代是硬件时代,80年代是软件时代,90年代是情报通信网时代,而今已进入创意文化内容社会。"①通过转型,在将近五年的时间内,韩国经济重新崛起。到20世纪末,韩国经济反弹至10%左右,其外汇储备额也上升至世界第五位。在韩国经济复苏的过程中,创意经济发挥了不可替代的作用。

1998年,当时的韩国总统金大中与英国首相布莱尔共同发表"21世纪设计时代宣言",向国人宣示设计在国际竞争中的重要性,并与各国开展设计合作。同年,成立游戏产业振兴中心(壮大游戏软件产业)和IT业振兴院(壮大数字内容与软件)。

1999年,韩国通过《文化产业促进法》,明确"协助文化、娱乐、内容产

---

① 张胜冰、徐向昱、马树华:《世界文化产业概要》,云南大学出版社,2006年版,第364页。

业”,另成立“文化产业基金”,提供新创文化企业贷款。

1999 年,韩国举办“第一回产业设计振兴大会”,宣布五年内达成设计先进国家的“设计产业愿景”。

2000 年亚洲地区“韩流”兴盛,韩国文化产品在创意与创新方面做出一番成就,在中国内地、中国台湾地区、日本等地异军突起,同时带动了韩国的旅游观光等一批文化创意产业。

2001 年,“世界设计大会(ICSID)”在韩国举办,韩国政府投资约 100 亿韩元设立“韩国设计中心”。同年,成立文化产业振兴院扶持动画、音乐、卡通等内容产业。同期,韩国全国经纪人联合会也成立“产业设计特别委员会”,以产、官、财的结合方式,支持产业的设计活动。

2004 年,韩国经济总量居世界第 11 位,人均 GDP 超过 14 000 美元。韩国之所以能够在经济发展上取得显著的成绩,一个重要原因就是重视科学技术、强调自主创新①。

近年来韩国的电子、网络游戏、软硬件、手机产业发展已经进入成熟阶段,在国际市场上树立了诸如三星电子、LG 公司等一批知名品牌。

二、韩国的创意设计业

近十年来,韩国的产品设计、包装和 20 年前比起来的确成熟了很多。日本曾经独霸亚洲设计业,现在,韩国的设计在许多方面甚至能挑战日本的龙头老大地位。

由于政府在设计产业展现的决心及强力的支持,韩国产业界也全力进行结构改革,大胆投资设计产业。

一方面是公司决策层的支持。1998 年,韩国政府发表了“21 世纪设计时代宣言”,积极支持产业界的设计活动。而企业的决策层也意识到,要以技术面的开发来跟上欧美日等国家,需要长时间的投资来累积,而设计不但

① 刘润生、佟贺丰、李薇、张泽玉:《韩国文化创意产业发展》2007 年 07 月 10 日 中国科学技术信息研究所加工整理,http://www.chinainfo.gov.cn/data/200707/1_20070710_157864.html。

是创造自有品牌的最有效途径，更有国家财力及政策的支持，因此选定设计作为集中投资的目标，而这样的转变，无形中也增加了设计部门的地位与责任。目前，三星与LG电子等代表性企业，每年在设计部门的投资，如数字设备的充实、新进设计师的培养、海外据点的增加等，大多在20亿～30亿韩元之间。目前，单以LG电子的设计部门，就有230名设计师，全球6个海外设计据点。三星在全球亦有超过300名设计师团队为他们的产品作研发。

另一方面是设计经理人加入经营决策团队，提升设计部门的地位。韩国企业秉持“由设计来领导产品开发”的观念，在韩国的发展经验当中，可以看出公司对这个观念的重视。例如LG电子，于2002年将原本称为数字设计中心的设计部门，扩大为独立的“设计经营中心”，底下设置五个海外设计中心、四个设计研究所。让设计经营中心的负责人拥有该集团副社长头衔，实质参加经营团队的决策。设计师的专业及构想自然会被尊重，也避免因其他因素而遭到抹杀。

政府官员李一奎所领导的韩国设计振兴院是韩国设计最有力的推动者。从韩国设计振兴院的运作方式，可以一窥韩国产品逐渐在世界占有一席之地的秘密。韩国设计振兴院是韩国中央政府下属的官方机构，它接受政府预算推动韩国整体的设计意识和能力。在它的任务中，不仅仅是推动产业的设计，而是要灌输所有韩国百姓设计的意识，教化国民去分辨什么是好的设计和好的品味，最终以提高人们的生活质量为目标。

设计振兴院的发展历程，暗示着韩国政府对设计理解的各个历程。20世纪70年代成立之初，它叫设计包装中心；1991年改名韩国工业设计和包装院；1997年改为工业设计振兴院；2001年改为韩国设计振兴院。从这些改名的过程中，可以看出韩国政府对设计认识的演变与革新：从最初的包装、外观的层面，到后来理解到设计对整体经济和产业所拥有的全面影响，这个过程，一共走了30年。韩国设计振兴院不只关注产品设计，它还包括平面设计、环境设计、室内设计、多媒体设计，它本身是韩国整体创意产业计划的一环，它的目标是对国家经济发展和百姓生活质量做出贡献。

2006 年 4 月，在上海同济大学艺术设计系办公室，韩国设计振兴院的设计振兴部与国际合作部官员，诚恳地向系主任殷正声教授咨询韩国设计展的事宜。此前，韩国官员已在中国广泛接触包括像柳冠中、许平、鲁晓波这样的设计界人士，一共聘任了 23 位中国最知名的设计界专家作为设计展的咨询委员。韩国设计展是第二次在中国举办，第一次是在北京中华世纪坛举办，吸引了 6 万人次参观。而这次韩国准备在上海举办设计展，规模加大一倍。2004 年在北京举办的韩国设计展，占地 3 000 多平方米，参展商 64 家。2006 年韩国政府准备在上海国际贸易中心展览，占地 6 200 平方米，参展商达到 106 家。“第一次，韩国设计展算是试探性的，”王海宁说，“这一次，它的目的性很明确。”每年上海都要举办许多设计展，其中不乏国际规模的展览。上海是中国最完善的商业城市，世界 500 强企业有 400 家都在上海建立了地区总部。殷正声教授说，世界上许多重要的设计单位在上海都设有分部。在上海举办设计展，无疑具有全球影响力。

韩国设计能够提升起来，设计振兴院扮演了非常重要的角色，可谓功不可没。它提供咨询、分析，帮助韩国的中小企业提升产品竞争力，鼓舞企业生产“设计导向”的产品，并且通过推广活动提高韩国民众对设计的总体认识。为了建立设计的“上层建筑”，韩国振兴院致力完善国家的设计基础设施，它建立了一个数据库，为提供设计信息交流建立了基础的平台，同时针对在职设计师和新人提供教育训练。目前为止，它大约有 20 个短、中、长期的培训课程。从 1998 ~ 2005 年间，共有 9 350 人参加了韩国设计振兴院的培训活动，2006 年这个数目将突破一万。更为全面的是，为了确立 21 世纪韩国设计在国际上的地位，设计振兴院还广泛进行国际交流合作。这次在中国举办的韩国设计展，除了为了替韩国企业建立 B2B 的买卖机会，正有这样的意义。

在韩国的产、官、学界中，对于设计在商业中的地位已有较为广泛的共识。韩国政府在 1993 ~ 1997 年间全面实施了工业设计振兴计划，这段期间内韩国本土设计师和设计公司呈现爆炸式增长，5 年内设计专业的毕业生增长了一倍之多，也促使中小企业对设计方面加大了投资力度。当时每间企

业平均拥有4.24个编内的设计人员，全韩国一共有10万名设计师。1997年的亚洲金融风暴，韩国企业面临战略转型的需求，企业必须在设计的质而不是在量上有所提升。因此韩国政府又在1998～2002年间第二次全面推动工业设计振兴计划。这次计划促进了设计师的创新能力以及韩国设计的质量进一步提升。在这段期间内，设计专业的毕业生人数增长了25%。2003年，韩国政府进一步发现了设计因素在提高国家竞争力中所扮演的角色是多么的重要，于是立即着手进行推动第三次工业设计振兴计划。这次是2003～2007年的五年计划，目的是把设计概念融入韩国各个系统、体制当中，把韩国建设成一个东亚的工业中心。

为了更好地理解设计，韩国政府咨询了许多设计专业人士，举办了许多听证会力争上游。目前，韩国平均每个设计公司拥有3.79个设计师，任职于设计公司的专业设计师在韩国共有8 500个。2005年，韩国就业人口有2 285万人，设计人才占全体就业人口的4.89%。每年的设计相关专业毕业生达到37 000人[①]。

三、韩国的动漫业

在亚洲，韩国的动漫产业与日本相比起步较晚。韩国在渡过金融危机之后，随着创意经济、文化产业的发展，动漫产业也随之有了跨越式的前进。目前韩国与美国和日本并称为世界三大动画生产国，其动画产业的产值已经超过了汽车工业。

根据韩国文化内容振兴院披露的数据，2006年的韩国动画产业市场规模是2 885亿韩元（约328亿日元）。另外，漫画市场规模为7 301亿韩元（832亿日元），卡通角色市场规模为4兆5 507亿日元（约5 188亿日元）。动画产业中的动画制作市场份额，2004年2 448亿韩元，2005年2 210亿韩元，2006年是2 162亿韩元。播放权的出口份额，2006年是2亿9 200万韩元，没有明显增长。但2006年的剧场版动画票房与前一年的126亿韩元相

---

① 谭端：《韩国设计凭什么崛起》，《互联网周刊》，2006年第21期。

比,611 亿韩元是很大的增加。漫画产业,漫画出租份额与前一年减少。不过,漫画出版、在线流通等份额开始增加。2006 年的漫画出版业是 2 960 亿韩元,在线漫画市场是 473 亿韩元。

政府的大力支持为韩国动漫产业的发展推波助澜。作为振兴韩国经济的七件大事之一,韩国从 1998 年起积极推动动漫产业的发展,为此政府采取了许多卓有成效的措施。例如:对从事网络动漫的企业给予优惠的税收政策;对优秀企业进行物质奖励;建立基金对适合的项目进行风险投资,经营成功则与政府分享收益,失败则由政府承担损失;建立大型的高水平的动画制作室,提供给无力购买设备的企业和个人使用,同时也用来进行教学培训;为鼓励企业开拓市场,由政府出资帮助企业参加海外节目展等。政府也通过文化产业振兴院支持动漫产业的发展。为避免风险,国家在启动重要的动画项目前都要经过文化产业振兴院的严格论证,文化产业振兴院也直接给有创意和有市场前景的项目投资。2002 年以来,文化产业振兴院已建立了四处动漫产业基地。这些基地在政府相关部门的指导下,实施动漫产业的教育培训、研究开发、产业孵化及国际交流四大策略,从产、学、研三方面系统推进原创动漫产业的发展。为了鼓励漫画内容的原创,韩国政府还牵线建立了系列漫画网站。许多作者在该网站上发布作品,2003 年 10 月,名为 Papepopo Memories 的网络漫画出版,结果很快售出了 50 万册。另外,韩国教科书对某些漫画内容的采纳,也表明了政府重视漫画出版的态度。

为加大对动漫产业的支持力度,文化观光部制定了动画片振兴 5 年计划,决定从 2003 年开始到 2007 年,将韩国国内动画片市场规模从现在的 5 万亿韩元增加至 10 万亿韩元,并将国产动画片的国内市场占有率提升至 60% 以上。同时,还确定了推进动画发展的 5 项重点课题。具体内容为:加强构筑动画片产业的基础、积极扩大出口、实现流通结构的现代化、保护知识产权和改善制度、进一步加强有关产业间的交流与合作等。

另外,韩国动漫产业的发展离不开其发达的人才培养体系。到 2002 年,全国共有 128 所院校设置动画的相关专业,其中二至四年制大学 55 所,四年制大学 54 所,设研究生专业的大学 19 所,每年培养 5 000 多名专业人才,为

动画产业不断注入新的活力。此外,韩国还有许多专业的动画学校也承担着培养动漫人才的任务,这样的学校仅首尔就有160所。

韩国动漫产业发展的一个重要转折点是与网络紧密结合,并且形成包括立项、开发、制作、包装、市场推广在内的一个完整的产业链。比如,1999年创造的动漫形象流氓兔,短短几年就风靡全世界,形成了一个超过10亿美元的大产业。

此外,韩国动漫业的团结精神、原创意识、对漫画编辑的重视等,也都是其动漫产业获得成功的重要原因。

四、韩国的影视业

韩国影视业的飞速发展,是韩国确立"文化立国"战略后取得的丰硕成果。

20世纪60年代到90年代初,韩国本土文化在日美以及中国香港、中国台湾文化的强势冲击下几乎被淹没。当时,美国"大片"等外国产品在韩国影视市场上几乎占60%的份额。

在"文化立国"战略中,影视业被视为"重中之重"。为此,韩国政府采取了一系列行之有效的措施,如大力支持影视业按市场经济规律办事,设立文艺振兴基金等专项基金,财政支持在国家预算中也提高到了1%以上,等等。用韩国KBS电视台编导联合会对外合作局长任南柱的话说,就是"政府为影视业的振兴创造了一个宽松的环境"。

除此之外,政府还通过文化登记制度、税收政策等鼓励企业向文化事业投资,以实现文化投资主体的多元化。例如,凡投资影视等文化项目的企业,皆可享受3%的税收优惠。随着《冬季恋歌》、《蓝色生死恋》等优秀影视作品的火爆,各大企业纷纷慷慨解囊投资影视业。韩国影视业的具体振兴策略如下。

(一)导入市场竞争机制

随着政策的放开,韩国影视业积极导入市场竞争机制,把作品的市场

性、收视率、艺术性和伦理道德作为衡量标准，极大地调动了广大影视从业人员的创造性和竞争意识。

韩国电视连续剧《大长今》的导演李丙勋在接受记者专访时，道出了韩国影视作品立足国内、冲出国门的“奥秘”。他认为，韩剧成功主要靠以下“四大要素”：

1. 按市场经济规律办事，提升竞争力。韩国人非常爱看电影与电视剧，其品评尺度，重在趣味性和有益性，两者缺一不可。作品的优劣，不是某个人说了算，归根结底要看收视率，观众的评价是最终的评价。

2. 韩国影视作品大都以家庭故事为主线。这在东方具有普遍性，体现了东方文化圈的显著特点，易为亚洲观众接受。随着时代的发展，在家庭观念愈趋淡薄和大家庭日渐解体的趋势下，推出家庭的故事，有助于重塑东方文化的理念。

3. 作品中贯穿儒教思想所倡导的人性和文化精髓。通过对主人公的塑造与刻画，韩剧对这种文化传统和同源性，有血有肉地进行了诠释和演绎，也就是说通过艺术的再现打动了观众。

4. 剧情内容体现了东方文明和东方人的喜怒哀乐，能让观众产生对生活和爱情的憧憬。韩国儒教专家徐孚升说：“儒教已成为韩国人的无价之宝。”韩国文化产业发展的轨道，始终贯穿着一条主线，即儒教文化。

（二）形成产业互动共赢链

韩国影视产品走出国门的突出特点之一是，影视产业与其他产业形成了共栖、融合和衍生的互动关系，其连带和波及效益是无法用销售额来估价的。

由韩国最知名影视剧制作公司 MBC 制作的《冬季恋歌》、《大长今》、《蓝色生死恋》等电视连续剧，就是在发挥“影星效应”的同时，充分吸收和演绎“时装、美容、美食”等文化元素，从而推动了这些行业在海外的发展，形成了韩国“时装热”、“美容热”以及“美食热”。以 2004 年为例，仅这一年，就有 71 万人次的海外游客是直接或间接受到韩国影视剧的影响赴韩国旅游的，

这些“影迷”给韩国带来了7.8亿美元的收入。美国《纽约时报》称裴勇俊是“创汇23亿美元的男人”。2006年5月10日,韩国韩亚航空公司一架被命名为“大长今”号的波音767客机首飞国际航线,机身上画满明星李英爱等人的巨幅照片。该客机将往返于中国、日本、东南亚等国家和地区,继续传播这股“韩流”。

为继续推进韩国影视产品等文化产品走向世界,韩国政府2006年2月推出了“海外宣传工作一元化方针”,举办了“2006济州韩流世博会”。韩国的12家海外文化院、26家观光公社海外分社以及4家文化信息振兴院海外事务所的负责人云集首尔,集中商讨韩国文化产品进军海外和加强“韩流”影响的方案。与会者一致表示,要重组韩国海外文化宣传和旅游等机构,为扩大韩国文化产品的出口提供“一条龙”服务。据预测,到2007年,韩国文化产品的出口额将达到100亿美元,占世界文化市场5%的份额,届时,韩国将跃为世界文化产业前5强①。

第四节　日本的创意实践

在亚洲,文化产业起步最早的国家是日本。二战后,日本经济飞速增长,并迅速跻身于发达国家的行列。但20世纪末,日本国内出现泡沫经济,传统支柱产业开始萎缩,宏观经济走向低迷。为摆脱困境,日本开始积极转型,将重点从传统的制造业转移到大力发展文化产业上。这是日本自明治维新以来,第三次有战略意义的社会转型。

在日本,严格来说,并没有明确的文化创意产业。其文化产业相关门类统称为娱乐观光业。具体来说,包括内容产业、休闲产业和时尚产业三大类。近年来,日本更倾向于用“内容产业”来取代“文化产业”的说法,实际上是更强调文化产品中的文化内容属性。内容产业包括电脑、网络、电视、多媒体系统建构、数字影像处理、数字影响信号发送、录影软件、音乐录制、书

① 徐宝康:《韩国影视业冲出国门》,《人民日报》,2006年5月15日第07版。

籍杂志、新闻等产业门类。休闲产业是指学习休闲、鉴赏休闲、运动设施、学校及补习班、体育比赛售票、国内旅游、电子游戏、音乐伴唱等 7 类产业。时尚产业是指时尚设计和化妆品这两类产业。

2002 年,日本的数字内容产业销售总额达到了 2.0573 万亿日元,比 2001 年增长 108.1%。另据统计,2002 年日本服务业从业人员为 1 700 万人,其中同娱乐业、广播影视信息业、教育业、文化团体有关的人员为 456 万人,约占从业人员总数的 7.1%%。日本学者预言,当文化产业从业人员达到 1 000 万人时,日本经济将开始新的增长。

根据日本数码内容协会《数码内容白皮书 2004》的统计,以动漫产业为重要组成部分的日本文化创意产业,2004 年的产值达到 12.8 万亿日元,约占日本当年国内生产总值的 2.5%,其中影像产品 4.4 万亿日元,音乐产品 1.7 万亿日元,图书报刊出版 5.6 万亿日元,游戏 1.1 万亿日元,超过了农林水产品产值 10 万亿日元。如果与相关的通信、信息服务、印刷、广告、家电等合计起来,更是高达 59 万亿日元的规模。另据韩国文化体育部数据显示,在世界动画片总计 3 000 亿日元的版权交易中,日本动画片占 65%,在欧洲,日本动画片的市场份额更高达 80%。根据日本数字内容联盟统计,较 2005 年的 27 700 亿日元,2006 年日本数字内容服务市场增长了约 8.3%。市场的发展主要来源于视频、音乐、游戏和图书四个方面。由于新游戏平台的推出,游戏市场发展最为迅猛,销售增长率达到了 23.9%,音乐市场也因为苹果公司 ipod 播放器的流行而增长迅速。预计 2007 年日本数字内容市场将超过 3 万亿日元。

一、日本动漫产业的发展现状

(一)日本动漫产业的国内市场规模

自 20 世纪 70 年代起,日本动画作为文化产业概念迅速发展。20 世纪末,日本动漫产业已经成为了日本第三大产业,广义动漫产业已经占日本 GDP 十几个百分点。进入 21 世纪,日本动画的市场规模基本保持上升的态

势,2001 年、2002 年的市场规模扩张非常快,2002 年的总收入达到了 2 135 亿日元,这主要是得益于影片《千里千寻》。2003 年日本动画市场因没有具有冲击力的作品出现,规模萎缩到 1 912 亿日元,下降了 10.4%。到 2004 年,日本国内电影院上映的动画片约为 81 部,由于《哈尔的移动城堡》轰动性的成功,电影票房、电视动画和录像带等的总收入又重拾上升趋势。2004 年日本动画产业的销售额是 2 609 亿日元,这在历史上是最高纪录。与 2003 年相比,增加了 336 亿日元,增加了 12%。其增加的主要原因是电视播放数量迅速的增加。

据日本三菱研究所的调查,日本有 87% 的人喜欢漫画、有 84% 的人拥有与漫画人物形象相关的物品。日本全国共有 430 多家动漫制作公司,拥有一批国际顶尖级的漫画大师和动漫导演以及大量兢兢业业工作在第一线的动画绘制者。电视和网络传媒的普及和发展,传播手段的不断完善,为日本动漫市场的发展和壮大奠定了良好的基础,使日本动漫作品在文化市场的影响越来越大,并风靡全球。

日本人对动画电影热情逐年持续升温。日本经济贸易产业部(Ministry of Economy,Trade and Industry)公布的数据显示,2004 年在影剧院观看动画片的观众达到了 20 649 179 人次,比上年的 11 533 110 人次增加了近 80%,占观众总人次的 18.7%。日本动漫迷们将他们可支配收入的大约 13% 用在了动漫产品的消费上。

如果说动画片的播出、发行是动画作品的第一次利用的话,卡通商品则属于动画作品的二次利用,使动画作品真正进入“丰收季节”,而且这种“二次利用”可以不断延续下去。机器人动画片《机甲战士》系列就是最好的例子,以片中机器人形象制成的玩具热销至今。日本最大的玩具制造商万代集团 2001 年的总销售额为 1 184 亿日元,机器人玩具占了 200 亿日元的份额。到 2004 年以动画片主人公形象制成的玩具娃娃以及卡通商品更拥有 2 万亿日元的市场。除了卡通商品,动画片还涉及电影、电视、音乐、出版,甚至主题公园、网站资源等等,而这些依附在动画片周围的其他市场的繁荣,反过来又会提高动画作品本身的知名度。

根据日本帝国 Databank 公司的调查,2009 年度日本动画制作公司的总收入为1.6 千亿日元,已连续两年下降。由于互联网上泛滥的免费视频网站的存在,依靠 DVD 销售获得大半收益的这种过去的模型也渐渐不再具有吸引力,在无法聚集出资者的情况下,动画制作也愈发困难。然而,尽管 TV 动画播放数正在减少,动画电影的情况则较为良好。另外,将上映电影院数减少、以作品爱好者为中心的案例也有所增加,这种新的商业模式也令人注目。

(二)日本动漫产业的国际市场规模

自 20 世纪 80 年代起,拥有大量节目内容的日本动画开始冲击国际市场,由于日本动画在国内已经是在良性发展且赢利无忧的状态下,其国际市场的开发则显得从容自得。目前,世界人们观看的动漫产品大约有 60% 是日本制作的,日本占领了欧洲动漫产品市场的 80% 。现在的"anime"一词已经全球通用,专门用来界定日本风格的动画产品。另外,在英语里还衍生出一个新的词汇"Japanimation",也是特指日本动漫。

在衍生产品的赢利模式下,日本在欧美动画市场甚至可以免费赠送给电视台播出。而随着一批日本动画片在国际市场的成功,日本的动画风格形象逐渐成为国际时尚。在世界范围内掀起的日本卡通热使得好莱坞的电影公司争相购买日本动画片的电影改编版权。日本卡通产业的出口额急剧扩大。《宠物小精灵》系列在全球 45 个国家公开播映,为日本带来了 380 亿日元的收入,约为日本本土的两倍;另外,《宠物小精灵》价值 12 亿日元的游戏卡遍及世界各地;小精灵动画人物使用授权又分别在日本国内市场和海外市场上创造了 1 万亿日元和 2 万亿日元的收益。仅卡通电影、电视的制作销售额这一项,在 2002 年就达到了约 1 860 亿日元,具有形象专利产品的总生产额达到约 2 兆日元。漫画、动画、图书、音像制品和特许经营周边产品在日本已经形成了一整套"产业链",推动着日本经济的发展。日本正处于从产品制造大国向文化输出大国的进程中,动漫产业已经成为日本的第三大产业,预计 2010 年动漫产品出口将占到日本出口总额的 10% 。

日本大部分动画产品的出口地首选是美国,美国是日本动画主要的海外市场,它的电视节目中挤满了日本动画片。例如,仅2003年3月,就有20部动画片在美国电视台上播放。所以,日本动画公司非常重视美国市场,东映动画已经于2004年3月在美国建立了它的子公司。2003年销往美国的日本动画片以及相关产品的总收入为43.59亿美元,是日本出口到美国的钢铁总收入的4倍。2004~2005年期间日本在海外发行的主要动画电影见表6-4,其中有《哈维尔的移动城堡》、《无罪》、《蒸汽男孩》等大手笔制作,它们都是在日本发行成功后转战海外市场,《哈维尔的移动城堡》已经在世界上50个国家发行①。

表　2004~2005年日本在海外发行的主要动画电影

电影名称	在日本发行的时间	在海外发行情况
Howl's Moving Castle 《哈维尔的移动城堡》	2004-11-1	在海外50个国家发行
Steamboy 《蒸汽男孩》	2004-7-1	在美国、中国台湾和法国发行
Applessd 《苹果核战记》	2004-4-1	2005年1月14日在美国发行
Ghost in the Shell 2:Innocence 《攻壳机动队2:无罪》	2004-3-1	2004年9月17日在美国发行
Yu-Gi-Oh! The Movie 《游戏王》		2004年8月13日在美国发行

数据来源:"Japanese Film Industry",Jetro Japan Economic Monthly,May,2005。

二、日本动漫产业成功的原因分析

(一)市场层面:成熟的市场和广泛的社会基础

首先日本有着成熟的动漫市场。日本的动漫市场一般分3个层次:一是播出市场;二是卡通图书和音像制品市场;三是衍生产品市场,包括服装、玩

① 姚林青:《繁荣与威胁:日本动漫产业的现状分析》,《艺术·生活》,2007年第5期。

具、饰品、生活用品等。其中，最后一个层次比前两个层次的周期更长，市场更广。日本动漫受众定位十分清楚，因此其漫画的分类也很清晰，一般可分为：少女漫画、技击漫画、科幻漫画、体育漫画、历史漫画、商业漫画等。定位准确、分类明确带来的好处就是确保动漫作品的成功投放，确保市场的开拓与运行。从漫画题材改编动画剧本不仅投资小见效快，而且经过漫画市场的荡涤淘选，以漫画市场的人气为基础，使动画市场的风险大大降低。所以从选题上，日本动画多以成功的漫画作品为主。利用动画的叙事特点和电影的表现手法，丰富作品的故事性和视觉冲击力。或许很多人还不知道，在今天很多红遍全球的影视力作如《骇客帝国》、《狮子王》，竟都出自日本动画片创作原形，日本动画的创作实力由此可见一斑。

归根结底，他们的成功来源于他们周密细致的市场化运作机制，从题材选择、剧情安排、角色道具设定、动画制作、特效处理、后期合成，再到节目发行、品牌建设、产品开发、品牌授权等产业链各个环节都做了不同时期、不同阶段的商业计划，包括资金规划、人才规划、制作计划、发行计划、渠道建设规划等。

其次，由于日本漫画的读者范围是从幼年到中年，同样，日本动漫消费者是一个从幼儿到成人的广泛群体。对动漫的爱好，自二战后就在日本社会延续着，它是全民性的爱好，不分年龄和性别。在很多国家，动画片是儿童节目，而在日本，针对不同年龄段的受众群体，都有相对应的具有不同风格的动漫作品，所以动漫作品的社会基础相当广泛。

（二）政策层面：政府的资金和政策的支持

日本为了促进经济的持续发展，积极寻求新的经济增长点，动漫产业则成为首选。2004 年 6 月 4 日，日本正式公布了《内容产业促进法》，同时内阁会议还决定将内容产业划入《创造新产业战略》。日本政府把内容产业定位为“积极振兴的新型产业”，希望通过文化的产业化实现经济结构的转变，使硬实力（经济和军事）向软实力（文化价值观和品牌）转变。在日本政府看来，动漫产业不仅能在日本经济中起到重要的支撑作用，还能利用动漫语言

的无国籍性，扩大日本文化在世界的影响力，提升日本文化在国际文化中的地位，最终达到提升国家形象的目的。2006 年，麻生太郎曾提议设立“动画文化大使”，意将日本动漫魅力推广到全世界。

为了加强动漫产业的发展，日本政府通常会直接拨出大量款项用于支持动漫产业的发展。2005 年，日本外务省利用“政府开发援助”计划中的 24 亿日元，作为“文化无偿援助”资金，从动漫制作商手中购买动漫片播放版权，并将这些购来的动漫片无偿地提供给发展中国家的电视台播放。日本外务省认为，这样做不仅可以向海外推广日本的动漫文化，还可以扩大日本动漫片在国外青少年间的影响。

对动漫企业减免税收也是政府扶持有效的方式之一。对动漫企业来说，是十分实惠的产业激励政策。减免税收能使动漫企业尽快收回投资，进入良性的产业运转。从长远的利益看，国家也能够源源不断地从动漫产业发展中获取回报。

（三）产品层面：适应市场的动漫产品

良好的产业机制只是日本动漫发展的市场动力和外在保障，让日本动漫称霸全球的核心力量是其优秀的产品质量。可爱、卡通又真实、感人的人物形象，夸张、幽默、充满人情味的情节，唯美生动、令人遐思的画面以及无所不包的广泛取材，构成了日本动漫的“致命诱惑力”。好的灵感带来了好的故事和好的人物。日本动画片最大的特点就是人物形象个性化强，要么极具夸张，充满喜剧效果，要么稀奇古怪，充满神秘色彩。动画具有轻语言而重表现的特点，容易让人理解。动画与生俱来的特点——“无国籍性”使得日本动画的出口竞争力大增。

创作适销对路产品是漫画产业发展的关键。要做到这一点必须对漫画市场进行细分化。日本通常的做法是按照消费者群体的性别和年龄进行划分，主要包括儿童漫画、少年漫画、少女漫画、青年漫画和成人漫画等。只有针对不同年龄段和性别创作漫画，才能满足不同消费者的喜好，从而增加销售量。

许多动画都是在成功的漫画连载基础上改编的。一方面,成功的漫画连载已经培养了一批固定的消费群,由此改编的动画就可以减小投资风险,有一定的市场保证;另一方面,由漫画改编的动画节省了动画人物的选择、背景的设定、情节的编剧等环节,也大大减少了投资成本。所以一般较为成功的漫画都会被改编成电视动画,进一步开发该漫画产品的价值。若作品受欢迎,在动画制作的同时,商家会立即生产玩具等几乎覆盖生活各个领域的衍生产品。播放动画的过程实际上就是向消费者宣传动漫衍生产品的过程,这会促使衍生产品获得巨大的销售量。

当日本动漫公司把目光放远国际时,首先就是要适应国际市场需求,调整产品品位和风格。因此,很多动漫产品在策划和制作之初中,就充分考虑外国观众的习惯和口味,将日本民族风格的外国观众的欣赏习惯有机地糅合在一起,使日本动漫能够顺利地推进国际市场。

(四)人力资源层面:完善的人才培养机制

在日本,对于漫画家的培养是从小开始的,日本的动漫界一般采取的是师傅带徒弟的培养方式,更多是培养制作型的人才,在一个出名的漫画家手下,助手边工作边在实践中学习,最开始是处理背景或是一些简单的场面,等有所进步后再连载一些小故事在期刊杂志上,等有了名气和自己的画风再独立门户。

从 20 世纪初开始,日本就把为动画产业培养人才作为国家战略。日本的高等教育机构,也开始为动画产业培养专门人才。2004 年 4 月,成立日本数字好莱坞大学;2005 年 4 月,东京艺术大学成立映象研究科。除此以外,2004 年 12 月,在以振兴日本动画产业为目的的高等院校中,成立了支持动画教育事业的民间组织——“动画产业振兴机构”。日本政府还派遣“职业学生”到世界动画名校留学。这种做法不仅能培养大量原创企划、行销、管理等方面的人才,完善动漫产业的人才结构,还可以与国外建立良好人脉关系,加强了日本与其他动漫产业先进国家的沟通与合作。日本大量优秀的动漫导演和兢兢业业工作在第一线的动画人才以及动漫制作公司,是动漫

产业成功的根本保证。

第五节 其他国家的创意实践

一、澳大利亚的创意实践

“创意经济”最早是由澳大利亚提出的，而英国是在其之后最早由政府机构阐述创意产业理念并列入政府文件的国家。澳大利亚政府于 1994 年发布第一个国家文化发展战略，将创意产业发展作为一项国家战略加以实施，并且由昆士兰科技大学创意策划建立了布里斯班大学创意产业研究中心，作为澳大利亚联邦政府直接支持的国家级创意产业振兴机构。

澳大利亚的创意产业由澳大利亚政府通讯、信息技术与艺术部（DCITA）和信息管理办公室（2004 年 4 月 8 日前为国家信息经济办公室）共同负责产业战略的制定、产业发展的指导及产业环境的营造等。

2001 年，昆士兰科技大学在凯文格罗夫校区建立了世界上第一个创意产业学院，把一些具有创造性的艺术，如表演艺术、媒体、新闻以及基于 IT 技术的设计，包括像时尚、游戏、媒体设计等等都综合在一起，后来逐渐建成了今天的昆士兰创意产业园区（Creative Industries Precinct，CIP）。

该项目由昆士兰科技大学和昆士兰州政府联合投资 4 亿澳元，2001 年开始筹建，于 2004 年 5 月正式启用，是澳洲第一个由政府与教育界共同为发展创意产业而合作的项目，计划总开发面积为 16 公顷。园区内汇聚了印刷媒体、视觉表演艺术、音乐创作和出版、新媒体（如动画、游戏和互联网内容设计）、广播电子媒体和电影、传统艺术活动等创意产业。

昆士兰创意产业园区是国际文化创意产业园区的典范之一，也是澳大利亚促进创意产业发展的重要战略举措。创意产业园区已经成为澳大利亚创意产业发展的良好载体，也提供独特的发展环境。园区内企业间存在密切的联系，形成本地生产网络。创意者个人被该环境吸引，形成创意产业的主导力量——创意阶层（如设计者、艺术家、研究者、教育者等）。而创意阶

层又能够加强该环境的创新氛围,新的产品、设计和营销能为本区带来丰厚的利润,使地方基础设施的建设有了物质保障,并能吸引更多的创意者来到该区域。园区集教育和培训、研究中心和产业中心三大功能于一体,采用产、官、学共同合作的发展模式,促进创意产业人才的培养。

二、芬兰的创意实践

芬兰政府极力主张发展信息工业之余,也期望在创意产业上有所发展并占有一席之地,希望能够借由发展文化产业提升竞争力。20 世纪 90 年代初芬兰发生严重的经济衰退,GDP 下降,失业率大增,政府希望凭借文化产业发展而重新获得经济增长,因此采取了一系列措施大力推动芬兰文化产业的发展。

调查显示,1995 年,芬兰创意产业实现了 480 亿芬兰马克的销售收入,提供了 66 000 个就业岗位,有超过 13 600 家企业参与文化产业的经营,占芬兰注册企业数的 7.2%。芬兰从事文化创意产业多为小公司,在芬兰文化创意产业中大约 83% 的公司雇员人数不超过 4 人,并且其中 1/3 的年销售收入小于 19.9 万芬兰马克。

芬兰政府于 1997 年,集合学术界、艺术界、产业界以及政府的教育、文化、经贸等部门的相关人员,共同组建了“文化产业委员会”,为发展文化产业提供政策支持。委员会被赋予的主要任务有:①检视全球文化产业的发展状况;②研究欧盟现今相关文化产业的目标与计划;③勾勒出现阶段芬兰文化产业的发展状况与前景;④与其他各部门合作提出促进芬兰文化产业发展的行动方案;⑤以文化产业的观点对芬兰文化政策的新指导方针提出建言。

该机构于 1999 年发表了《文化产业最终报告》(Cultural industry Final Report),报告中详细阐述了芬兰发展文化创意产业的政策措施,主要包括以下内容。

(一)建立文化产业的知识基础

为了发展文化创意产业,建立一个可以涵盖各个领域的知识基础是必

需的。芬兰文化产业委员会成立以后，随即开展了研究调查，彻底清查了国内的文化产业，收集和整理了文化产业的最新统计数据，并且将国内的文化资产数字化。

（二）加强文化产业教育培训

教育可以影响文化的创作、发展和自费。芬兰文化产业委员会从教育着手，透过基础教育，提高国民的创造力，加强职业教育，培养文化产业的创造及营销人才，并且加强教育与产业界合作，使训练出来的人才有顺畅的就业渠道，此外，他们也提供在职者进修的机会，以适应文化产业日新月异的变化。

（三）加强版权保护

加强版权保护的最终目的是促进知识创新。芬兰政府通过保护发明创作者的创新工作来鼓励他们的创新活动，为文化产品的生产提供了社会基础。同时，在文化产业政策当中，他们尤其重视数字版权的保护。

（四）促进文化的产业化

除了为文化产业化提供必需的资金之外，还做好文化产业化的服务支持工作，协调政府不同部门以及产业界之间的关系，创造文化产业化发展的良好环境，保护知识产权，发展中小企业，提供相关的劳动力培训和咨询等。此外大力利用信息科技等现代技术手段，鼓励大企业和中小企业通过电子商务等方式加强合作，利用网络等新兴技术手段销售文化产品。

（五）为文化产业提供资金支持

芬兰采用中央和地方两级政府机构共同协作的方式为文化产业提供直接资金支持。中央政府中相关机构包括教育部、芬兰艺术委员会等，地方政府中主要是各地的文化办公室等。除了政府来源的资金支持之外，文化产业的业者还可以从形形色色的基金会获得资金支持。所有这些，都为芬兰文化产业的创新和发展提供了必要的保障。

芬兰的文化政策多样且具有民主精神。为避免文化产业随着社会认知的改变而受到商业化的控制，政府部门必须借由下列观点从旁促进文化产

业的发展:①保存传统文化并维持其可利用性;②凝聚社会的力量来维护文化的重要性;③维持就业的水准;④开发新市场;⑤维持经济持续性发展。

此外,政府部门认识到传统文化是未来新兴文化产物的重要资源,因此主要的任务便是维护这些基本的资源,使其不受到破坏。基本方针为:①将文化数据计算机化并提供大众使用;②听从专业意见,实行基本教育训练、职业教育训练及持续性的教育训练;③评估文化的重要性;④发展文化性的企业精神。

在芬兰推动文化产业的最重要计划是 SISU(A broadly - based content creation initiative,简称 SISU 计划),计划的主要精神是文化产业的研究应该更有系统,并应该更积极地保护传统文化,尤其以濒临被破坏的文化遗产、印刷版权、博物馆等文化资产为研究保护重点。SISU 计划首先定义特殊企业对于文化产业的影响,并且从中寻找优良经营的实际模范,目标是希望创造能够适应市场环境的企业关系。另一方面,若想将这项产业国际化,必须加强对各阶层的教育。

SISU 计划是芬兰的“广义范围上的内容创新计划”,自 2000 年开始实施至 2004 年结束,其目标是以内容创作为中心,加强芬兰国内内容创作和服务的竞争力,同时进一步提高信息基础设施的建设水平。

SISU 计划提出的背景是,从长期趋势来看,芬兰政府用于文化产业的公共资金支持逐渐下降,而与此同时,全球对内容产业、创意的需求量在增加,文化创意产业在国民经济中的份额在逐年上升,再加上数字化媒体的普及,带来整个内容生产、分销渠道的根本性改变。芬兰虽然拥有发达的信息基础设施,但在信息内容生产和服务上却落后于英国和瑞典等国。为此,芬兰的教育部(芬兰的文化政策属教育部管辖)和贸工部以及交通部合作,共同提出并推动促进内容创新的 SISU 计划。主要推进措施包括:①协调。协调投资和项目,协调政府评估。②促进企业家精神。为文化产业化创造良好的外部环境。③资金支持。设立风险基金,并且研究指导项目资金的运作。④教育、培训。确定教育培训需求,与教育机构积极合作。⑤研究。积极推进创意产业的应用研究以及对研究方向的持续掌控与引导。⑥信息。建立

ContentFinland. com 芬兰内容产业的虚拟社区,促进全球化交流。

三、瑞典的创意实践

瑞典已发展成为当前世界创意强国,正形成强大的产业聚集效应,而且明显向城市集中。据有关统计报道,瑞典大约有 9% 的就业人口从事文化创意产业。从 1994 ~ 1999 年瑞典就业人口的统计数据来观察,瑞典文化创意产业中增长最快的是设计业(124%)和多媒体产业(112%),其次是增长 71% 的精致艺术(包括表演艺术、平面艺术、文学等)。

瑞典的文化产业发展明显向都市集中,尤其以斯德哥尔摩最为明显。拥有全国 1/5 就业人口的斯德哥尔摩,竟然占有全瑞典 1/3 的文化产业人口,在文化密集区文化人口占了 73%,甚至在非文化密集区也有 53% 是文化人。

瑞典最具有国家代表性的文化创意产业是电影与音乐。因为瑞典是全球第三大音乐输出国,电影产业更是成功,数十年来产生了许多经典名片和电影奇才。

瑞典的汽车与建筑业能在国际市场上大获成功,除了顶尖的高科技人才外,工艺设计也是关键性的因素,它已经成为一种足以代表瑞典文化特色的国宝级产业。

瑞典促进创意产业发展的政策与措施有以下几方面:

瑞典文化部统筹一切文化领域的事项,其下设立 25 个事务会分别执掌各领域文化事务,另有 35 个机构、基金会和 4 个公司(纯国营或部分国营)。

瑞典文化事务会(National Council for Cultural Affairs)负责统筹与协调所有文化事务的执行,并由其隶属的若干机关司职各项艺术政策。政府设有各式文化补贴经费及创意基金,赞助艺术创作者(艺术家、作家、作曲家),并设有完备的辅导就业与社会福利政策,增进各项艺术创作者的生存空间。

全瑞典境内设有 10 家艺术中心,并设立调解委员会负责协调资金分配事项。

瑞典政府发现"直接补贴"的效果有限,将有发展潜力的艺术创作推向

市场，才是政府应致力的目标。但瑞典文化政策并不刻意强调产业化，而是提供政策工具使文化创意生产者能够有效地发挥其创意特长。

瑞典文化机关(构)在承办各项展演活动上十分积极，在瑞典800万人口中，专业的视觉艺术家约有5 000人。另外，瑞典文化俱乐部联盟和瑞典艺术促进会(The Swedish Popular Movement for Promotion of ART)与3 000个艺术协会共同展售艺术品，并从中获益1.28亿瑞典克朗。艺术家借由参展获得权利金。展演权利金制度一方面使视觉艺术家可从作品参展中获得合理的报酬以维持生计，另一方面可弥补补助制度之不足。

还有一项促进艺术家投入市场的计划——1997年瑞典政府的“艺术家计划”，该计划综合三项任务，包括艺术家就业问题、一般性补贴、音乐创作补贴。该计划的重点在于刺激艺术家投入就业市场，获得更多工作机会与收入。该项计划分为视觉艺术与设计、音乐、戏剧电影、文学四大类执行。

瑞典政府在促进电影产业的政策上表现尤为突出。20世纪60年代，刚刚兴起的电视热导致电影院失去大量观众，许多电影院濒临破产，瑞典电影业几乎遭到灭顶之灾，危急时刻，瑞典政府果断介入。1963年，政府与电影界代表签署了一份文化政策协议，这就是影响深远的瑞典“电影改革”的开始。从此瑞典政府开始定期为扶持瑞典电影拨款，并宣布免征电影院票房收入的娱乐业税(原为票价的25%)，电影院的股东承诺把票房收入的10%拨入新建立的电影基金会——瑞典电影学会中。

为联合各方力量共同发展电影业，瑞典政府将与电影有关的社会各方都纳入到电影学会的理事会中，并每4年签署一份协议，为未来几年瑞典电影业的发展制定总的规划。另外，瑞典对于版权的重视，也是值得效法的。如，以瑞典工会团体(STIM)的力量去保护音乐创作者的权益，并由政府帮助这些团体组织的建构与运作，如此才能延续音乐创意生产者创作好音乐的动力。

第七章 中国的创意产业实践

21世纪不只是知识经济的时代,也是创意经济的时代。在这个时代,创意不再是一种单纯的理念,而是一种高附加值的经济元素,开始引领各国经济的发展。正如英国学者约翰·霍金斯在《创意经济》一书中指出,1999年全世界创意经济每天创造价值220亿美元,且以5%的速度逐年递增。在创意呈现给我们如此美好的图景面前,世界各国都把发展创意经济提上议程:日本人提出"独创力关系到国家兴亡";韩国人的口号是"资源有限,创意无限";新加坡政府早把"下一个繁荣"寄托于创意产业,加紧与香港争夺"亚洲创意中心"的地位;英国国会在1998年就指出"人民的想象力是国家的最大资源"。在全球智慧和劳动力合作无间的"碾平"世界,谁控制了"制创权"谁就能站在全球化产业链的顶点。

各国的创意实践进行得如火如荼,中国自然也不甘落后。作为一个有着五千年深厚历史文明的泱泱大国,中国从来不缺乏创造力,引领世界文明进程的四大发明就是最好的证明,雄伟的万里长城更是中国人民智慧的结晶。中国人的创造力是毋庸置疑的。过去,这种创造力更多的只是体现在审美或实际的需要,没有作为一种能够带来巨大价值的经济元素被看待。而今,作为"一个民族发展的不竭动力",创新开始统领经济发展的各个领域。

第一节 中国创意产业发展概况

2005年中国政府把"提高自主创新能力、建设创新型国家"视为未来5年的国家任务。2006年《国家"十一五"时期文化发展规划纲要》更是明确提出"逐步完善有利于文化创意群体创业发展的市场环境和政策环境,培育

文化创意群体和内容提供商”,“重点培育广播影视、动漫、音像、传媒、视觉艺术、表演艺术、工艺与设计、广告装潢、服装设计、软件和计算机服务等方面的创意群体。支持经济较为发达的城市以文化创意产业园区的形式,集聚各类文化创意人才”。

在政府的大力倡导下,创意产业正在成长为中国经济发展的新引擎。以创新为基础的创意实践,也不再是一个个单打独斗、偶然天成的天才+作坊式个案,而是在经济的洗练中愈成规模,愈成产业,出现了一大批诸如北京798艺术园区、杭州Loft49等知名的创意聚集地和一批以深圳文博会、湖南超级女声等为代表的创意活动品牌。

从产业规模来看,2008年联合国贸发会议(UNCTAD)的报告显示,中国已成为电影、音乐、传统工业、设计与建筑等创意产品的出口大国。从1996年至2005年,中国创意产业出现前所未有的迅猛增长,中国内地的创意产品出口额从184亿美元增至614亿美元。早在1996年香港就已经是创意产品的主要出口地,十年间出口额从244亿美元增至277亿美元。因此,2005年中国创意产品总额达到891亿美元,占到全球的20%以上。

从企业角度来看,据《2008中国创意产业高成长企业发展报告》显示,我国创意企业的主营业务收入增长率先是从2005年的49.51%飞升到2006年的110.33%,2007年的63.47%,2008年根据前三季度预测为79.23%。虽然增长率有下降后回升的过程,但考虑到这一时期的产业结构调整,可以说创意产业发展是平稳的。在平均利润率方面,创意产业高成长企业为2005年21.46%,2006和2007年持续走强,分别为22.38%和26.59%,2008年预测利润率更是达到31%。在金融危机影响持续扩大的情况下,这一数值却保持了高速增长,充分表明我国创意产业,尤其是其中的高成长企业具有巨大潜能。

从区域发展角度来看,我国创意产业发展的地区相对集中,长三角、珠三角和京津冀经济圈的创意产业已经取得长足的发展,三大经济圈的中心城市上海、深圳、北京等都积极推动创意经济的发展,将该产业作为现代服务业的核心内容,并建立一批具有开创意义的创意经济园区。此外,长沙、

广州、杭州、重庆、成都、大连等地的创意产业也具有一定规模，并形成相应特色。

创意浪潮风起云涌，国内新锐杂志《新周刊》甚至提出“创意立国”的口号。创意产业对于国家发展的战略意义由此可以略见一斑。

第二节 中国各地的创意实践

中国的文化创意实践更多的是以城市和地区为载体热热闹闹地四处开花。经济活跃、资源基础较好的一些城市和地区，纷纷开始挖掘创意的金矿，争着打造“创意之都”。北京、上海利用各自独特的优势条件，高举中国文化创意产业大旗，成为创意第一梯队；深圳、广州、长沙、杭州等城市紧随其后。此外，中国香港、中国台湾地区的创意产业也发展得如火如荼，各有优势，各具特色。

一、北京的文化创意产业

2003 年，北京首度入选美国《新闻周刊》评选的 12 大世界城市，其首要理由是 798 艺术区的发展证明北京作为世界之都的能力和未来潜力。作为最负盛名的创意集聚区，798 艺术区不仅是北京的一个文化符号，它更彰显了北京文化创意产业的勃勃生机。

国际经验表明，大多数大城市在实现工业化后都把发展文化创意产业作为催化经济转型的重要战略举措，因为文化创意产业在增强城市综合竞争力、促进产业升级和转变经济增长方式上有着巨大的作用。发达的创意产业体现着一个城市的创新能力，而这种创新能力正是国际大城市的比较优势所在。作为中国政治中心、文化中心的北京，要想在全球城市的高端竞争中建立新的基点，大力发展创意产业乃是一条最为有效的途径。

（一）北京发展文化创意产业的条件

1. 历史文化资源丰厚。创意离不开文化，文化是滋生创意的土壤，也是

蕴含创意的宝藏。北京有着3 000多年建城史、850多年建都史，在悠久漫长的历史进程中，积淀了丰富璀璨的文化遗产，文物古迹达3 500多处。这些文化资源种类繁多，可开发度高，与经济的可渗透性强，都是可供保护、利用的宝贵资源。与此同时，作为全国的文化中心，北京也是传统文化与现代文化、中国文化与世界文化相交融的地方。这里既有历史文化的底蕴，又不乏开放、多元的现代文化的熏陶，正是这种独特的环境造就了北京文化产业首屈一指的地位。

2. 人才荟萃，有强大的智力支持。创意产业是知识密集型产业，它以强大的创新能力作为后盾。创意是创意产业的灵魂，创意人才是产业发展的核心和主体，特别是高素质、复合型的新型人才。北京是我国最大的专门人才和高层次人才培养基地，有77所高等院校，其中重点高校占全国的1/4，研究生院占全国的1/3。这些教育机构培养和造就了大批专业人才和复合型人才，为创意产业发展提供了重要的智力资源。同时首都和文化中心的优势地位使北京汇集了大批优秀文化人才，不仅包括享誉全国的文化名人、文学家、艺术家和学者，而且还有众多的领导人才、管理人才、创作人才和表演人才，成为首都文化创意产业发展的重要资源。

3. 科技创新实力全国遥遥领先。科技是创意产业的根本支撑，科技的进步提供了创意产业发展所需的不竭动力，没有科技，创意产业就没有了表现方式。北京是我国的科技中心，积聚了全国科学技术的顶尖人才。《2005年中国城市竞争力报告》中的数据表明，在申请专利及科研成果方面，北京名列全国第一。北京高新科技方面的优势尤其明显，家喻户晓的中关村高新科技园区汇集了大量的高新科技企业，为北京市高新科技的发展提供动力。

4. 文化市场潜力巨大。北京有着1 500多万常住人口、300多万流动人口，每年大约有1亿国内外旅游者来京参观游览，如此庞大的人口规模，既是文化的消费者，又是文化的传播者，使北京对各地文化建设和文化消费具有很强的示范带动作用。这是北京文化创意产业做大做强的重要条件。同时北京具有巨大的文化需求，形成庞大的文化消费市场。发展经济学研究表明，当人均GDP达到1 000美元左右，居民的文化消费会出现较大的增

长,占到人均消费支出的18%。目前,北京人均GDP已突破5 000美元,居民的文化需求不断增强,文化消费扩大已是必然趋势[①]。因此,创意产业发展具有十分广阔的市场前景。

5. 奥运带来新契机。1984年美国洛杉矶奥运会创造了一种新的奥运会运作模式,改变了以往举办奥运会赔本赚吆喝的场面,从此,"奥运经济"越来越受关注。奥运经济是注意力经济,它是由注意力资源的相对集中而给举办城市和国家带来的一种阶段性加速发展的经济现象。奥运经济同时也是借势经济,奥运会的举办将对所在城市和国家的经济、社会发展产生强大的推动力量,从而产生一种加速器或催化剂的作用。奥运经济离不开创意的支撑,奥运会与创意产业之间有着天然的联系,奥运会被认为本质上属于文化创意产业。因为当代的奥运正好碰到了当代文化产业体验经济、内容产业、创意生产力、注意力经济高度发展的重要时期,所以奥运产业就是以创意为核心,以体验为基础,以注意力为目标的一种文化内容产业。它是依托当代高科技和传播媒介在文化方面的一种实践方式。2008年北京奥运会的理念是人文奥运,人文奥运的概念是以文化为基础的一种创造性活动的战略实践,它有着强烈的实践意义。奥运会的举办为创意产业的发展完善了环境,积聚了人才,培育了市场,举办奥运会给北京带来的发展契机是其他城市所无法比拟的。

(二)北京的文化创意实践

2006年,北京市统计局出台了《北京市文化创意产业分类标准》,这是中国内地首个文化创意产业分类标准。根据文化创意活动的特点,北京市文化创意产业主要包括9个大类:文化艺术,新闻出版,广播、电视、电影,软件、网络及计算机服务,广告会展,艺术品交易,设计服务,旅游、休闲娱乐,其他辅助服务。

1. 文化创意产业概况。为促进文化创意产业的大发展、大繁荣,北京市加大政策支持力度,在政策保障、资金支持、融资服务、人才支撑等几个方面

① 刘绍坚:《创意北京》,《时代经贸》,2006(3)。

构建起了比较完备的支持体系。"十一五"期间,北京市设立了文化创意产业发展专项资金,每年安排5亿元专项资金支持文化创意产业发展,5年来共支持项目近600个。另外,北京还积极促进文化与金融对接,构建文化创意产业投融资服务体系,加速产业集聚和项目落地,深化文化体制改革,助推文化创意产业发展。

在各项政策的大力支持下,北京文化创意产业发展势头迅猛。"十一五"期间,北京文化创意产业增加值年均增速达到20%,远远高出其他产业的增长速度。目前,北京市文化创意产业增加值仅次于金融业,在第三产业中位居第二,圆满实现《北京市"十一五"时期文化创意产业发展规划》制定的到2010年文化创意产业实现增加值占全市GDP超过12%的战略目标。2010年,北京市文化创意产业实现增加值1 692.2亿元,占全市GDP比重达到12.3%。文化创意产业在北京经济中的支柱地位日益明确,已经成为拉动北京经济发展的重要力量。具体见表1。

表1 "十一五"期间北京市文化创意产业总体发展概况

年度	2006	2007	2008	2009	2010
增加值(亿元)	812.1	992.6	1000	1497.7	1692.2
占全市GDP比重	10.1%	10.6%	11%	12.6%	12.3%

在北京文化创意产业整体迅猛发展的同时,部分具体产业门类在全国的领先地位也已确立。在电影产业方面,2010年北京电影票房收入达到11.8亿元,比2009年增长46%,连续四年居全国第一。北京地区影院突破百家,银幕数达到510块。2009年北京地区年产影片230余部,2010年产量有所上升,继续占据全国电影产量的半壁江山。在演出业方面,2010年北京市82家营业性演出场所共演出19 095场,演出票房总收入达10.9亿元。其中,首都体育馆、朝阳公园、工人体育馆、工人体育场、五棵松体育馆、人民大会堂6个大型场馆演出收入达3.83亿元,占全年演出收入的34.8%,比上年增加1.52亿元。在艺术品交易方面,北京目前已经成为全球最大的中国文物艺术品交易中心。截至2010年9月,北京艺术品拍卖企业达到73家,

文物商店61家。过去的2005~2010年,北京市举办各类文物艺术品拍卖会779场,文物艺术品上拍总数47.8万件(套),总成交额394亿元,均居全国首位。在动漫网游方面,2006~2009年,北京动漫网游行业产值一直保持40%的增幅。2010年,北京市动漫游戏行业产值达到了100亿元,北京网游企业出口额占到全国网游出口额的2/3,达到1.53亿美元。目前,全国网游行业排名前十的企业基本都已落户北京,北京企业的网游已经出口到60多个国家和地区,很多企业在日本及欧美进行并购并设立了分公司。

在"十二五"的开局之年,北京市在文化创意产业的发展方面又描绘出了新的发展蓝图。"十二五"期间,北京将全力打造世界出版创意之都、亚太演出中心,并对30个文化创意产业聚集区进行资源整合和功能升级,建立若干个文化产业功能区,提升整个文化创意产业发展的总体水平。

2.文化创意产业园区的发展。为集中打造全国六大文化中心、发展六大文化创意产业,北京市批准建立了一大批文化创意产业集聚区,以中关村创意产业先导基地、北京798艺术区、北京潘家园古玩艺术品交易园区、北京宋庄原创艺术与卡通产业集聚区和中关村软件园等为代表的一批文化创意产业园区正在成为北京文化创意产业的孵化基地。

798艺术区曾被评为全球最有文化标志性的22个城市艺术中心之一。位于北京东北方向朝阳区大山子的798艺术区,是原国营798厂等电子工业的厂区所在地,厂区为典型的包豪斯风格的建筑。2002年起大量艺术家开始进驻这里,自发形成一个聚集区,集画廊、艺术工作室、创意机构、书店和文化店铺于一体。如今,798艺术区已经发展成为时尚的文化创意产业区,这里汇集了绘画、雕塑、环境设计、摄影、精品家居设计、时装等众多当代艺术门类。798艺术区正在形成日臻活跃的文化经济市场,是北京艺术界最热的投资地。2005年,慕名而来的游客约有50多万,境外来访者和国内来访者的比例约为4:6。

以欢乐谷为代表的主题公园成为北京文化创意实践的新亮点。主题公园本来就是一个创意云集的娱乐休闲场所,如迪斯尼主题公园依靠其独特的创意风靡全球。北京欢乐谷作为一个集时尚娱乐与文化创意于一体的休

闲场所，其主题的设定、活动的安排等无不体现着创意的光辉。欢乐谷的招牌表演——我国第一部自主创新的四维电影《超级明星》，被国际四维电影发行商 IWERK 公司看中，主动来接洽，要求成为其国际发行代理商。从引进到出口的转变，创意对文化娱乐产业的贡献有目共睹。

中关村创意产业先导基地是北京首个创意产业基地。中关村是中国知识经济的发源地。该基地利用中关村的科技资源及文化资源，把文化与科技的结合作为发展创意产业的方向。目前基地已有包括腾讯、Yahoo(中国)在内的 200 多家创意企业入驻。

3. 文化创意实践的国际视野。作为中国的政治、文化中心，知名的国际化大城市，北京的文化创意实践肩负着更多的国家使命，也因此具有更为广阔的国际视野。北京不仅是文化创意产业的国际交流基地，还是中国对外文化产品的出口中心和对外文化的传播中心。例如，2006 年起开始举办的北京国际文化创意产业博览会，就为国内的文化创意产业提供了一个很好的展示、交流、推介的国际平台。北京国际图书博览会等一系列行业内的国际知名盛会，以及诸如法国文化年、俄罗斯文化年等友好国家的文化展示活动的举办，也为国家的对外文化贸易及文化传播做出了积极的贡献。

二、上海的创意产业

在席卷整个中国的创意浪潮中，上海凭借全国经济中心的优越地位和国际大都市的城市形象等优势，一举成为创意中国的领头羊。目前，上海的创意产业已初步形成研发设计、建筑设计、文化传媒、咨询策划、时尚消费等五大门类，其中研发设计、建筑设计 2009 年产业增加值分别比上年增长了 23.6% 和 18.9%。集群发展格局日益显现，截至 2009 年年底，上海全市共有 80 个创意产业集聚区，入驻企业 6 110 家，比上年增长 54%。统计数据显示，2009 年上海全市创意产业总产出 3 900 亿元，增加值从 2004 年的 493 亿元增至 1 148 亿元，占全市 GDP 比重从 5.8% 提高到约 7.7%。在"十二五"规划中，创意产业将成为上海新一轮经济增长的支柱。

(一)上海创意产业的发展条件

1. 上海创意产业的兴起是上海市城市发展战略的产物。创意产业是上海经济发展的客观需求。近几年来,上海的经济飞速发展,人均 GDP 已经突破5 000 美元。依照国际经验来看,人均 GDP 超过 5 000 美元以后,经济活动的商务成本和人力成本会不断提高,经济发展将主要依靠自主创新。上海的现代化进程正处于由投资驱动向创新驱动阶段过渡的关键时期。知识创新将是该阶段经济发展的主要动力。创意产业从本质而言正是一种知识创新。像伦敦、纽约、东京这样的大都市,在工业化完成之后,都着力发展创意产业以打造新的城市亮点。正如北京一样,上海要成为世界级城市,提升自身的都市形象和地位,提高城市综合竞争力,发展创意产业是条首选之路。

上海市的产业结构调整和升级是创意产业的最初动因。为大力发展第三产业,在未来几年,上海要"建立由支柱产业、新型产业和都市产业构成的新型产业体系",重点发展先进制造业和现代服务业。创意产业不仅是高附加值的新兴产业,还是清洁、节能的都市产业。此外,为发展都市产业,上海市政府提出"两个优先"发展的方针,即中心城区优先发展现代服务业,郊区优先发展先进制造业①。随着中心城区的老工业向外转移,空置的老工业建筑为创意产业的发展提供了绝好的滋生空间。

2. 发展创意产业,上海具备不可多得的优势条件。上海是全国的经济中心、国际知名的金融中心,发达的经济能够为创意产业的壮大提供必要的支持。况且,一直以来,上海都是以开放、多元的国际都市形象呈现在人们面前,在这里,西方文化、海派文化、弄堂文化色彩纷呈,中西交融的文化氛围有利于创意的孕育和滋生。2010 年上海世界博览会(以下简称"世博会")的举办,也为创意产业的发展带来新的机遇。世博会不仅带来会展业的繁盛,还将带动娱乐、传媒、广告、设计等各创意行业的发展。

---

① 张京程主编:《中国创意产业发展报告(2006)》,中国经济出版社,2006 年版,第 248 页。

(二)创意实践概况

1. 上海创意实践的历史脉络。上海是中国创意产业的先发之地。早在20世纪二三十年代起，上海在电影、动画、时尚消费等方面的创意实践一直领先其他地方。20年代，这里诞生了中国最早的一批动画作品；三四十年代，电影业在上海的发展已具备相当的规模，许多脍炙人口的影片，如《马路天使》、《一江春水向东流》等都是由上海的电影公司拍摄，著名的明星影片公司在16年间拍摄了200多部电影，因此有人说“新中国成立前的中国电影史在相当程度上约等于上海电影史”；而在时尚设计与消费方面，有着“时尚之都”美誉的上海，一直是全国时尚的风向标。

时至今日，在创意蜂起的新一轮竞争中，上海创意产业的发展仍走在全国的前列。盛大、上海文广(SMG)、“8号桥”、上海国际电影电视节等一个个响当当的文化创意品牌，都昭示着上海强大的创意潜力。

2. 创意产业的发展概况。上海创意产业具体是指以创新思想、技巧和先进技术等知识和智力密集型要素为核心，通过一系列创造活动，引起生产和消费环节的价值增值，为社会创造财富和提供广泛就业机会的产业，主要包括研发设计、建筑设计、文化艺术、咨询策划和时尚消费等几大类，并涉及诸多行业。

网络游戏业是上海创意产业的龙头行业。截至2009年底，上海共有96家取得《网络文化经营许可证》从事网络游戏运营资质的企业，占全国499家的20%，上海网游运营企业总注册资本为16亿元，从业人员1万多人。2009年上海网游产业的市场规模(仅包括面向玩家的游戏运营收入，不包括海外出口收入和通过其他赢利模式获得的收入)为100.3亿元，与2004年的16亿元相比，五年间增长了5倍多，文化部发布的《2009年中国网络游戏市场白皮书》中的有关数据显示，上海网游产业占据全国近40%的市场份额。如今，上海已成为全国网络游戏出版、运营的产业高地。

上海市的会展业吸引了越来越多的眼光。近年来在上海举行的会展数量以每年25%的速度递增。2005年，上海会展直接收入达到全国总量的

45%,交易额达550亿元;2006年,上海在上海展览中心等七大展馆共举办了349个展览会,直接效益172亿元,展业规模居全国前列。据上海展览业协会统计,目前上海会展业的行业带动比值约为1:9。作为迅速崛起的“亚洲会展之都”,上海已成为中国会展业的强大引擎,吸引了国际展览业巨头纷至沓来:德国汉诺威展览公司、意大利米兰展览公司、德国法兰克福展览公司等十多家“外字号”已在上海设立分支机构,并将许多国际品牌展导入中国展览市场。2010年的世博会,成为上海会展业的一场高规格盛宴。目前,上海市已将会展业列入今后5~10年重点扶持和发展的都市性服务业。上海会展业的众多知名品牌中,上海国际电影电视节已成为上海重要的文化交流活动品牌,《国家“十一五”时期文化发展规划纲要》中提出将上海国际电影电视节列为国家重点支持的文化会展项目之一。

此外,上海的影视、演出、艺术品经营等优势行业的发展在全国也居于前列。在优先发展重点行业的指导方针下,上海市的创意产业发展飞速,其实力、规模在全国也是首屈一指。

3.创意产业集聚区的发展。集聚化发展是上海创意产业的一大特色。为促进创意产业的发展,上海市政府规划了一大批产业集聚区作为创意产业的载体和孵化器:普陀区莫干山路50号(M50)、卢湾区“8号桥”、泰康路艺术街、张江文化科技创意产业基地等成为著名的创意产业平台。

有意思的是,上海的创意集聚区不同于其他城市的创意园区。如果说早年自发形成的创意产业集聚区中孕育了上海创意产业的萌芽,那么上海的创意产业就是诞生在老工业建筑间的新绿。

作为中国近代产业的发源地,上海具有丰富的工业文化和大量珍贵的工业历史建筑。这些老工业建筑,见证了上海作为中国最重要的工业基地之一的经济发展历程,它们或具有历史价值,或承载着上海深厚的文化底蕴。早在20世纪90年代起,上海一些从事艺术、设计的创意者们开始自发地聚集到莫干山路、泰康路、昌平路、福佑路的老厂房和仓库,从事文化创意活动。闸北区沿苏州河畔的四行仓库,新中国成立前四家银行的仓库,如今被赋予新的内涵——创意仓库,吸引了众多的设计公司入驻;静安区的同乐

坊，昔日的“弄堂工厂”集中区域，如今摇身一变成为主打酒吧餐饮的时尚娱乐社区；卢湾区的“八号桥”，其前身为上汽集团所属的“上海汽车制动器公司”，如今这里已经成了建筑、家居、艺术、广告、软件、电影、出版、时装设计等新兴产业的聚集中心。

三、云南的文化创意产业

当大型原生态民族歌舞《云南映象》巡演于世界各地、轰动国内外的时候，云南的文化魅力让人为之折服；当《云南映象》的商演成为一个响当当的文化创意品牌的时候，人们的目光越来越多地集中到云南的文化创意产业之上。在这个地处西南边陲、经济欠发达的西部地区，独具特色的文化创意产业正焕发着勃勃生机。2009 年云南省文化创意产业产值近 600 亿，占 GDP 比重 5.9%，还有巨大潜力可挖掘。这种地区文化创意产业发展中的“云南现象”，吸引了众多的关注。

“云南现象”的出现，恰好印证了在经济社会发展滞后的地方，文化创意产业可以先行的规律。据此规律，不只北京、上海、香港这样经济发达的大都市才能发展文化创意产业，像云南这样经济欠发达但自身文化资源丰富的地区，只要找到自己的特色，文化创意产业照样可以发展得很好。

（一）云南文化创意产业的先天优势

文化是一个民族凝聚力的最根本保障，也是一个民族创造力的最精炼体现。不同民族，文化特色迥异，各具特色的民族文化给我们的文化生活带来多样性的体验。在文化经济化、经济文化化的今天，文化资源本身就具备了一定的经济属性。云南的文化创意产业正在民族文化的大旗下昂首向前，获得了斐然成绩。

云南是我国少数民族最多的省份，境内有 25 个少数民族。各民族在漫长的历史发展中，形成了各具特色的歌舞、风俗、工艺品、服饰、建筑、饮食、节祭等，构成了云南特有的民族风情。多姿多彩的民族文化使得云南当之无愧地成为“民族文化的聚宝盆”。仅就民族歌舞资源而言，云南现已收集

到的各种民歌民曲2万多首，舞蹈6 718套，戏剧2 000多个，器乐200多种，叙事长诗50多部。以《云南映象》、《丽水金沙》、纳西古乐等为代表的一批优秀的音乐舞蹈已然成为云南的文化标志，甚至成为云南走向世界文化殿堂的先遣力量。

此外，自然条件的得天独厚已使云南成为“美术摄影的殿堂”、“影视拍摄的基地”。云南素有“天然摄影棚”之称，在这片土地上，既有不同类型的气候、多样性的地形地貌，又有丰富的生物物种。优美的自然环境加上清新的人居环境，使云南吸引了影视界的关注，众多影视作品或在云南取景拍摄，或题材直接反映云南的社会文化面貌。《千里走单骑》、《无极》、《玉观音》、《一米阳光》等影视作品的拍摄，使得云南的魅力为更多的人所知晓，不仅带动了云南影视产业发展，还为云南的旅游业搭建了宣传平台。

自然资源及民族文化资源的丰富，使得云南成为公认的“音乐舞蹈的海洋、美术摄影的殿堂、影视拍摄的基地、文学创作的源泉、民族文化的金矿”。

（二）云南现象

任何一个地区要想获得经济的长足发展，必然要寻求自己的比较优势。比如北京的政治中心、文化中心的地位，比如上海雄厚的工业设计基础、国际化都市的形象等，都可以称之为两地发展文化创意产业的比较优势。同样，丰厚的民族文化正是云南的比较优势。在经济社会发展相对滞后的阶段，瑰丽的民族文化的宝藏使得云南的文化创意产业走出了一条独具特色的发展之路，“云南模式”成为很多省市争相研究和学习的对象。

由于经济社会发展的相对滞后，诸如发达地区建立创意产业聚集区、培养孵化器的模式并不适合于云南文化创意产业的发展实况。云南走的是一条以社会投资为主体，以项目带产业的特色道路。社会资本的注入，不仅促成了文化资源的市场化开发及运营管理，还改变了国有文化单位一成不变的生产经营模式，盘活了国有存量文化生产资源。由民营资本启动的《云南映象》，完全采取市场化运作，商演轰动国内外，创造了巨大的效益。

在文化创意产业的众多门类中，云南的演出、影视、文化旅游等产业的

创意实践独具特色。

1. 影视。由于自然条件的优越,云南启动了全国唯一的省级影视实验区——“中国云南影视产业实验区”的建设工作,着力打造以昆明为中心的滇中文化产业圈、以蒙自为中心的滇南文化产业圈以及云南—东盟文化产业合作圈,重点建设云南影视拍摄基地、文化信息服务基地、民族民间工艺品生产基地、高原体育训练基地。

为此,云南先后建立了昆明玉龙湾影视城、曲靖翠山影视城、大理天龙八部影视城等影视拍摄基地,每年吸引近百个影视剧组来云南拍摄外景。云南摄制完成的电影、电视片《好大一对羊》、《婼玛的十七岁》、《花腰新娘》、《高原女人》等频频在国际上获取大奖。

2. 演出。丰厚的民族文化资源使云南的歌舞演出独具魅力。纳西古乐、《云南映象》、《印象丽江》等演出活动为云南带来巨大的经济收益和社会效益。

纳西古乐自元代以来便流传在丽江纳西族民间,被音乐界专家称为中国幸存的少数大型古典乐种之一,经由丽江中国大研纳西古乐会创作的“纳西古乐”,先后到英、美、法、意、德、日、挪威等 10 多个国家演出,成为打造“世界的丽江”的品牌标志之一。

大型实景演出《印象 · 丽江》雪山篇在海拔 3 100 米、世界上最高的实景演出剧场公演,演员均是来自纳西族、彝族、普米族、藏族、苗族等 10 个少数民族的 500 名普通农民——实景演出、文化与旅游相结合的演出形式本身就是一个优秀的创意。

《云南映象》把云南的文化形象带向了世界。在 2004 年中国专业舞蹈最高奖项——第四届中国舞蹈“荷花奖”的比赛中,《云南映象》一举赢得十项大奖中的五个奖项:舞蹈诗金奖、最佳编导奖、最佳女主角奖、最佳服装设计奖、优秀表演(打鼓设计)奖。截至 2006 年,《云南映象》已经在国内巡演 300 场,其上座率和购票率高达 100%,创造了中国舞台阵容最大、巡演时间最长、所到城市最广、演出场次最多、上座率最高、票房收入最好的 6 个第一。

3. 文化旅游。文化旅游隶属于文化创意产业中的休闲娱乐类产业。在

旅游中融入文化,这本身就需要创意的支撑。文化旅游是人文与自然交相辉映的休闲方式。“文化是旅游的灵魂,旅游是文化的载体”。在这种理念的支撑下,云南开发了一批诸如丽江、大理等国内外知名的文化旅游资源。其中,丽江的文化旅游资源最为丰富:丽江古城、纳西古乐、摩梭风情、茶马古道等文化旅游精品的开发,使丽江成为中国西部极具魅力的文化旅游城市。而天龙八部影视城、鹤庆新华村的白族银铜手工艺品、《蝴蝶之梦》大型舞台剧等文化旅游热点的开发,吸引了更多的国内外游客,也给大理的文化旅游产业带来新的发展契机。据统计,2010 年云南接待国内游客 1.2 亿人次,比上年增长 17.3%,实现国内旅游收入 730 亿余元,增长 22.9%;接待海外入境游客 577.8 万人次,增长 13.1%,旅游外汇收入 11.7 亿美元,增长 16.9%。全省旅游总收入实现 810.7 亿元,比上年增长 22.2%。

四、中国港台地区的文化创意产业

我国的香港、台湾地区,同海外的文化产业交流更加频繁,其创意实践起步较早,一部分创意产业已经具备相当突出的区域特色,比如香港电影、台湾广告。近年来,港台地区创意产业的发展已经颇具规模。

(一)亚洲创意中心——中国香港

中国香港一直被公认为亚洲的创意中心。高度发达的商业文化孕育了香港创意实践的领先潜质——香港的电影、流行音乐、广告等在国际上都享有盛名,其中,香港电影更是为香港赢得“东方好莱坞”的美称。此外,依托国际金融、贸易中心的商业地位以及自身完善的建制,香港的资讯科技服务、建筑、设计、出版等行业也具备相当的竞争实力。香港的创意实践成为亚洲各国的借鉴对象。

作为亚洲的创意中心,香港具备许多其他地区无法企及的先天优势:中西文化的交汇以及文化艺术创作的高度自由为香港的创意实践提供了适宜的土壤;国际金融中心、贸易中心的商业地位为香港创意工业的发展提供了雄厚的资金、技术保障和国际化的市场空间;完善的建制尤其是自由市场经

济体度及健全的法律法规,为香港创意工业的健康发展提供了必要保障;而良好的城市环境下汇集的各类创意人才则为香港创意工业的发展提供了不竭动力。

2009年6月,香港特区政府专门成立"创意香港"办公室,负责管理"电影发展基金"、"电影贷款保证基金"和3亿港元的"创意智优计划"。文化创意产业现已成为香港整体经济的重要组成部分,年增加值超过600亿港元,约占香港本地生产总值的4%,与文化创意产业有关的机构达3.2万家,从业人员超过17万人。香港文化创意产业已形成相当规模,在电影、电视、设计、动漫和数码娱乐等领域具有较大的国际影响力。

在已经界定的13类创意行业之中,就创意产值和就业人数而言,广告、资讯科技服务和出版可谓香港的三大创意行业。

广告是香港输出服务的主要行业,香港素有亚洲广告之都的美称。资讯自由流通、商业文化高度发达、城市经济国际化、创意人才聚集等得天独厚的优势条件使得香港的广告业发展得较为成熟。2000年,香港广告服务出口达64亿港元,输出服务主要包括广告制作、媒体购买、直接市场推广、平面设计、市场调研以及研究数据销售等类型。2001年,香港广告开支总额达294亿港元,人均广告开支居区内第一位。尼尔森媒介研究数据表明,2005年亚太广告开支达686亿美元,香港占7%,达到48亿美元。国际视野与优质服务并存的香港广告业,吸引了不少国际广告公司以此为基地管理其地区业务,尤其是通过香港办事处进军中国内地广告市场。香港广告业市场基本由4A级跨国企业控制,本地公司则主要面向中小客户,而跨国公司普遍将香港作为运营中国及亚太市场的基地。特别是随着《内地与香港关于建立更紧密经贸关系的安排》(CEPA)的实施,香港广告的地位越发重要。

软件及资讯科技服务是香港创意工业中产值附加值最大、就业人数最多的行业,该行业主要的业务范围是软件的开发与维护。作为国际商业枢纽,香港拥有世界级的通信网络,为网上应用、电子商贸、多媒体等软件开发活动提供了有利的环境。早在2002年,香港就拥有800多家独立软件供应商、180多家互联网内容供应商。

出版业是香港的又一强势产业，发达的印刷行业促使香港成为亚太地区的出版中心。目前，香港约有50多家报纸、700多家期刊、500多家出版社。香港是世界三大华文出版中心之一，除去香港本地的出版市场之外，在内地及海外华文出版市场中香港出版业也占据了很大的比重，香港出版业作为一支生力军已在国际出版市场崭露头角。此外，相对低廉的印刷成本、发达的资讯及充分的言论自由等特有优势，吸引了许多国际知名的报刊、杂志、图书出版商来此设立亚洲总部，如美国的《华尔街日报》亚洲版、英国的《金融时报》亚洲版、德国贝塔斯曼集团亚洲出版公司等均选择在香港设立亚洲总部。

电影业在香港的创意工业之中占据着显要的位置。在电影业的鼎盛时期，香港电影出口曾高居全球第二位，仅次于美国好莱坞，香港也因此获得“亚洲梦工厂”、“东方好莱坞”的美称。港产电影，不只是香港创意实践的一个橱窗，它已经成为香港文化的一个重要标志，香港电影尤其是港产动作片享誉全球。2009年香港全年上映252部新片，累积票房大约11.47亿港元。其中华语片74部，票房收入2.58亿港元，占年度总票房的大约22%。

总体而言，香港的创意工业起步较早，基础良好，创意工业不仅为香港的整体经济发展做出贡献，而且还提升了香港的国际竞争力，使其在国际竞争格局之中更具优势。不过目前，香港创意工业的发展尚存在诸多不尽如人意的地方，同英国、澳大利亚等地相比，其总体规模、GDP贡献率等相对偏小，但香港的创意工业刚刚起步，还有很大的成长空间。同时，近些年来，新加坡、中国内地及中国台湾地区等都在大力发展创意产业，新加坡甚至提出要做“新的亚洲创意中心”，香港的创意工业面临着激烈的挑战。

香港特区政府除了资金支持外，在创意产业相关的设施基础建设方面也予以投入与扶持。2002年中至2007年分阶段，香港特区政府投资兴建资讯科技旗舰——数码港，项目耗资约20亿美元，为约百家科技资讯公司及过万的专业人才营造一个富启发性及促进创意交流的平台。尽管建设过程中，由于互联网泡沫的破灭，再加上“非典”事件的影响，“数码港计划”一度受阻，年度亏损数亿港元，但经过5年的努力，数码港最近的年度赢利接近1

亿港元，由“高新技术园区”变成“高新技术社区”符合数码创意产业园区发展潮流。影视娱乐产业方面，政府通过 CEPA 为香港电影打开了内地市场；2009 年成立了电影发展基金，投资中小型电影；举办“香港影视娱乐博览”，整合香港国际电影节、香港国际影视展、香港电影金像奖颁奖典礼、数码娱乐领袖论坛等多项活动于一身，打造综合影视展览交易盛事，巩固香港“亚洲影视娱乐之都”的地位。

此外，特区政府尤为重视加强知识产权保护，为创意工业创造良好的生存空间。创意转换的关键是知识产权的开发与运用。如果知识产权不能适当地得到保护，那么观念和信息的创造者们就不能公平地得到他们在研究和生产过程中的投资回报，这将严重挫伤创意工业知识产品健康发展的积极性。因此，重视并保护知识产权对创意工业的持续发展和繁荣至关重要。香港知识产权保护的范围主要包括贸易市场、专利、设计、版权、集成电路的设计和植物品种等。目前有关知识财产的主要国际公约如《文学与艺术作品伯尔尼公约》、《保护工业产权巴黎公约》、《与贸易相关的知识产权协议》(TRIPS)等均适用于香港，香港在保护知识产权方面拥有良好的国际信誉。以音乐唱片业为例，从 20 世纪 90 代中期开始，低廉的复制技术导致大面积的 CD 盗版，一度威胁到了香港音乐唱片业的生死存亡，香港政府通过调节 CD 复制的新立法和增加执法力度等手段及时控制了这种情况①。健全的法制环境为创意工业的进一步发展提供了可靠保障。

(二)中国台湾的文化创意产业

在中国台湾面临着产业转型的今天，创意活动及在此基础上形成的创意产业，被寄予了前所未有的厚望。曾经，台湾地区的制造优势创造了全球瞩目的“台湾经济奇迹”；而今，台湾地区经济的下一个繁荣将由文化创意产业来造就。

2002 年台湾在“挑战 2008 重点发展计划”中，提出“文化创意产业”发展计划，并将文化创意产业作为核心产业，把创意产业作为继高科技产业后

---

① 香港大学文化政策研究中心，《香港：创意工业新攻略》，《艺术与设计》，2006。

另一项全力扶持的产业。希望到2008年,文化创意产业之直接就业机会提升1.5倍,文化创意产业附加价值须达1.6万亿元①。

1.台湾文化创意产业整体概况。根据"经济部工业局"《2005年台湾文化创意产业发展年报》(以下简称《年报》)统计显示,2004年台湾地区的文化创意产业发展概况如下:

2004年台湾文化创意产业企业数共有50 111家(不含设计品牌时尚业及创意生活产业),其中以广告业的企业数最多达11 175家;营业额共有5 565.49亿元(不含设计品牌时尚业),其中广告业的营业额最多达1 404.04亿元,其次为广播电视产业的970.44亿元;产业附加价值达2 954.30亿元(不含设计品牌时尚业),较2003年成长10.80%;就业人数共有185 758人(不含设计品牌时尚业),广告业的就业人数最多达42 162人。

为提升文化创意产业的发展空间,台湾主要从5个方向着手努力:整备文化创意产业发展机制;设置文化创意产业资源中心;发展艺术产业;发展重点媒体文化产业;设计产业起飞。其中,重点媒体文化产业在台湾整体文化创意产业中已形成显著的规模,台湾的重点媒体文化产业主要包括电影产业、广播电视产业、出版产业、音乐产业、数字休闲娱乐产业。2003年台湾媒体产业及其周边广告产业的总产值,约占文化创意产业的1/2,当之无愧地成为台湾文化创意产业的火车头。台湾的广告、文艺电影、华文图书、网络游戏等在东亚、东南亚等地区拥有广阔的市场和很高的知名度。

在台湾经济发展过程中,广告业发挥着难以替代的积极作用。作为带动台湾媒体发展的动力,台湾广告无论产值还是就业人数,均在文化创意产业中居于首位,堪称台湾文化创意第一大产业。2004年,台湾广告公司共计11 175家,营业总额达1 404.04亿元,就业人数多达42 162人。台湾广告业在经历了20世纪60年代的创始时期,70年代的过渡阶段,80年代的发展阶段,90年代的转型阶段之后,现今进入较为稳定的时期。随着台湾经济的自由化、国际化,世界广告商也介入台湾广告市场,台湾广告开始步入国际化。

---

① 计量货币为台币。

迄今,台湾广告市场除“联广”这样个别的大型本土广告公司以外,主要均为中外合资或跨国广告公司的分支机构。《动脑》杂志调查的“2004 年台湾广告公司毛收入前十名”的公司,毛收入已占台湾广告公司总和的 55.42% ,占据了半壁江山。

近年来,台湾出版业发展较快。20 世纪末,台湾的图书出版社达到了 6 000多家,年出书 2 万多种,杂志数量超过 6 000 种,台湾、香港同内地一起占据了世界华文出版的绝大部分市场。企业化的经营管理方式也使台湾出版业建立了比较发达的书刊经销网络,出现了一大批诸如金石堂、诚品、皇冠等在世界华人圈中很有影响的书店和出版社。20 世纪 90 年代开始,台湾出版市场全面对外开放,美国麦格劳・希尔等出版公司纷纷在台设立中文出版公司。台湾出版业的繁荣一方面是由于台湾经济的高速发展所促成的出版业外部环境的改善,另一方面是由于海峡两岸的文化交流日益频繁,台湾出版社同祖国大陆出版社合作出版的项目增多①。

流行音乐产业是台湾文化创意产业的一个橱窗,“被期待成为华文音乐平台,更作为台湾文化创意产业中最可能成功的产业之一②”。“挑战 2008 重点发展计划”提及的台湾的发展优势之一,就是亚洲第三的音乐市场。音乐市场有 1.55 亿美元,唱片销售量达 1 860 万张。台湾流行音乐的崛起始于 20 世纪 70 年代的民歌运动,1997 年达到历来最高的 123 亿台币,在全球唱片市场排名由第 21 位上升到第 13 位,居于亚洲第二,仅次于日本。台湾的音乐市场由六家大型唱片公司形成寡占,包括全球五大跨国公司与本土的滚石音乐集团。

五、其他地区的文化创意产业

(一)深圳的文化创意产业

作为一个活力四射的年轻都市,2004 年深圳提出建设“设计之都”的发

① 于友先:《现代出版论集》,中国书籍出版社,2004 年版。

② 施韵茹:《论台湾流行音乐产业的竞争优势》,《传播与管理研究》,2004(1)。

展目标。深圳的创意产业主要包括由设计带来的系列相关产业构成，包括印刷、动漫、建筑设计、装饰设计、服装设计等多个产业。

深圳的设计产业在全国乃至亚洲都具有领先优势，这里的工业设计占到全国近一半的市场份额。设计人才的聚集正创造着深圳的设计神话——到2005年，深圳的设计人才已达2万人，位居全国前列。近10年来，在世界顶级设计赛事和国际展览中深圳设计师频频获奖，而深圳设计师的作品更是遍及全国的大型企业集团和文化机构，如“世界建筑师大会”申办标志（龙兆曙设计）、“2008北京申奥”标志（陈绍华设计）。亚洲最大规模的创意、设计、品牌盛会——中国（深圳）国际品牌、设计商年展在深圳的举办，更是把深圳的设计推向了世界。

作为深圳市重点扶持产业的动漫产业，也在迅速崛起。深圳是全国最早的动画制作基地之一，优越的地理位置一度吸引了众多香港、欧美动画公司来此进行动画加工，国外很多著名的动画片都曾在深圳进行中期制作，如迪斯尼的《狮子王》、《人猿泰山》等。近些年来，深圳的动漫产业正在由以加工制作为主向原创动漫方向转变。为促进原创动漫的发展，国家级动漫画产业基地——怡景国家动漫画产业基地在深圳创立。

以大芬油画村为代表的一批创意产业基地的建立使得深圳的创意实践更加集中化、规模化。其中，大芬油画村是深圳最具特色的创意产业基地之一。被称为“中国油画第一村”的大芬油画村，从一个并不起眼的客家人聚居村落，在短短的十年时间里创造了占领全世界60%的油画市场的奇迹。2006年大芬村销售额高达3.4亿元。2007年深圳文博会期间，大芬油画村的油画商们，与来自6个国家的外商签订了1 300多万美元的油画生产订单。

此外，怡景国家动漫画产业基地、罗湖“创意文化广场”、田面设计之都创意设计产业园等，也都成为当地发展创意产业的辐射力量。2005年，中国（深圳）国际文化产业博览交易会落户深圳，使深圳成为中国文化产品“走出去”的重要交易平台。作为深圳创意产业的展示舞台，文博会成为深圳创意产业繁荣兴旺的最好见证。

(二)广州的文化创意产业

作为南方的标志性城市,广州一直以新潮、开放、务实而闻名。广州网络游戏开发和运营能力、动画制作和发行能力、漫画杂志发行量以及衍生物的生产能力和交易量在全国都名列前茅,文化创意产业已逐渐成为广州国民经济新的重要增长点。

“十一五”期间,广州将软件和动漫产业列为广州高新技术产业发展的突破口,并出台了一系列专门政策扶持网游动漫产业的发展,确定从2007年起5年内,每年安排1.5亿元资金设立广州市软件和动漫产业发展资金。

软件产业一直是广州高新技术产业中的领先产业。广州软件产业的丰硕成果集中在天河软件园等地。天河软件园是广州乃至华南地区软件企业最密集的国家软件产业基地。2009年天河软件园实现技工贸总收入541.88亿元,同比增长30.3%,软件园累计认定软件企业548家,占全市的63%;新登记软件产品145个,占全市67.85%。园区被命名为“广东省现代信息服务业重点园区”。

广州是国家网络游戏和动漫产业的四大发展基地之一,其动漫网游产业在全国一直位居前列。2008年广州网游动漫产业产值超过了100亿元,占全国动漫产值的1/5左右。据了解,广州市目前从事网络游戏动漫产业的公司有140家,从业人员逾1.5万人。全市动画制作产量占全国动画片时间和部数总量的25%左右,居全国城市第三位。

在原创漫画领域,广州拥有国内领先的龙头企业——漫友文化,占据漫画书刊市场超过30%的市场份额。此外,漫友文化联合海内外多家权威动漫机构,打造了面向全球华语原创动漫的“金龙奖”。目前金龙奖的评选已经成为国内原创动漫的顶级盛事,为广州原创动漫产业的升级提供了一个良好的平台。

(三)杭州的文化创意产业

提起杭州的创意实践,人们往往会很自然地联想到一个符号——LOFT49。

LOFT49 是杭州最大的设计联盟，但它的意义绝非仅限于此。如同 798 之于北京一样，LOFT49 已经成为杭州文化创意产业勃兴的一个标志。LOFT49 位于杭州市拱野区杭印路 49 号，是一个由废旧工厂改建的艺术仓库。20 世纪 90 年代，随着经济结构的调整，运河边的 10 多家大型国有工厂开始衰落，厂房闲置。2003 年 9 月，美国 DI 设计公司入驻该区，随后一大批设计公司纷纷进入，LOFT49 逐渐形成创意型企业集聚区。如今，这片运河边近万平方米的旧厂房汇聚了多家艺术机构，涉及工业设计、室内装饰设计、广告策划、服装设计、环境艺术设计、商业摄影、雕塑、绘画等多个创意领域。2004 年，LOFT49 已有从业人员 360 多人，总产值达到 1.6 亿元。这里常常举办各种艺术聚会和展览，俨然已成为杭州的文化地标之一。

动漫，是杭州创意产业的又一关键词，"动漫之都"成为杭州创意产业的一大亮点。杭州是浙江省动漫产业的最大集聚地，把杭州打造为中国的"动漫之都"已成为浙江建设文化大省的重要举措之一。为推进杭州动漫产业的发展，2004 年 12 月，国家广电总局正式批准杭州高新技术开发区为国家动画产业基地，中国美术学院为国家动画教学研究基地。其中，国家动画产业基地聚集了 40 家动画企业，拥有中南卡通、盛大边锋、中国创网等为代表的国内动画原创及制作、网络游戏自主研发、动漫游戏衍生产品开发的龙头企业。中国(杭州)国际动漫节的承办，为杭州打造"动漫之都"营造了巨大的声势。

此外，杭州休闲产业的潜力也不容小觑。杭州素有旅游天堂之称，蓬勃的旅游业正带动杭州整个休闲产业的发展。2006 年(杭州)世界休闲博览会充分展示了杭州休闲产业的巨大发展空间。

(四)长沙的文化创意产业

地处中国腹地的长沙，是一个有着浓厚的娱乐氛围的历史名城。近年来，依托电视娱乐及原创动漫的优势，长沙迅速成长为我国的又一创意高地，"超级女声"、"蓝猫"等先后成为全国知名的创意典范。2006 年，长沙入选中国十大创意城市。

长沙的创意产业主要包括以动漫产业为首的数字产业、文化娱乐产业、各类设计产业及 IT 业。2005 年长沙创意产业增加值达到 147.25 亿元，占 GDP 的比重达 9.7%，占全省创意产业增加值的比重高达 54.3 %。到 2010 年，全市创意产业增加值占全市 GDP 的比重将达 12% 以上。

长沙的文化娱乐产业全国闻名。湖南的电视娱乐一直全国领先，“电视湘军”享誉全国，而这种优势主要集中在省会长沙。一个“想唱就唱”的“超级女声”红透大江南北。以湖南卫视、湖南经视为首的电视广播方阵所带来的不仅仅是大众娱乐的潮流，发达的电视娱乐还带动了上游制作的创意产业链。此外，长沙的演艺歌厅现象闻名全国。在制造明星和流行文化方面，长沙的实力令人望其项背。

长沙的动漫产业独树一帜。随着“蓝猫”在不太景气的国产动漫中脱颖而出，长沙的动漫产业异军突起，原创动漫成为长沙创意产业的一大支柱。2005 年，长沙生产原创卡通动画节目 20 492 分钟，增长达 33%，占全国总产量 60% 左右，出口 4 400 分钟，创汇 1 630 万美元，衍生产品种类近 18 000 种，产值达 53.7 亿元。

其中，三辰卡通制作的《蓝猫淘气 3000 问》成为国产动画的一个里程碑。利用“蓝猫”的大获成功，三辰卡通组建了一个“蓝猫”衍生品的产业集群及全国连锁专卖体系，以版权产品为核心，拓展研发音像、图书、服装、玩具等 16 个行业的系列衍生品 6 600 多种。蓝猫系列品牌还先后向韩国、美国、印尼等 15 国家地区输出版权。而由宏梦卡通制作的 108 集大型武侠动画片《红猫蓝兔七侠传》在全国 800 家电视台同步热播，短短数月同名配套图书销量达到 1 500 万册。以“蓝猫”、“红猫蓝兔”等为代表的系列动漫的成功，使长沙无可厚非地成为中国原创动漫的高地。

目前，长沙聚集了“宏梦”、“三辰”、“哆咪七彩”、“山猫”等十多家各具特色、实力强劲的动画公司，卡通生产集群正在迅速形成规模。由湖南金鹰卡通卫视、宏梦卡通集团、三辰卡通集团、世界动漫交易网等动漫企业和传媒所形成的强势产业链，也为长沙成为中国动漫产业中心奠定了坚实的基础。

此外，像成都、西安、青岛等城市的创意实践也都颇具特色，它们共同点

缀着中国的创意地图。

第三节 中国创意产业的问题及建议

中国的创意产业,是在发达国家和地区的影响下形成和发展起来的。目前国内的创意实践正处于起步阶段,由于市场体制不够完善,各方面的基础条件薄弱,所以我国创意产业采取的仍是以地方政府为主导的发展模式,产业发展速度很快,但存在着泡沫成分,人才、技术和资金三要素远不能满足当前我国创意产业发展的需要,发展过程中出现的一些普遍性问题值得我们关注和思考。

一、创意产业发展中的一些问题

(一)我国对创意产业缺乏统一而明确的界定

国务院在 2006 年颁布的《国家"十一五"时期文化发展规划纲要》中,第一次采用了"文化创意产业"的概念,并将其归为文化产业范畴。大部分省市也将创意产业视同于文化产业给予扶持和发展,忽视了创意产业最基本的特征——创意。没有创意的文化产业不能称之为创意产业,强调文化元素的创意产业才是文化创意产业,文化产业与创意产业两者有着本质的区别。

(二)国内创意企业和产品缺乏有效的知识产权保护

国内知识产权保护法律体系不完善,创意产品被盗用或模仿的现象日益泛滥,创意企业进行技术创新和文化创意的积极性受到打击。全社会对知识产权的经济、社会价值认识不足,知识产权的法律意识淡薄,侵害他人版权和忽视自我保护的现象同时存在,并十分普遍。

(三)非企业自发形成的创意产业集聚区问题较多

创意产业并不等同于创意产业园区建设。西方创意产业集聚区多数在市场作用下自然形成,总体集聚的程度比较高,行政配置和政绩驱动的痕迹

较淡;而我国创意产业聚集区的建设大多以各级地方政府为主导,缺乏产业界的参与,缺少与企业的沟通和对话,集聚区的建筑设计和基础设施很到位,但集聚区的定位、商业模式和发展方向没有深入研究和细化,难以形成产业特色。匆匆上马的创意产业园区,各种政策,包括税收、支持等配套系统不够完善,会导致创意企业发展缓慢,缺少后续资金的支持也是更现实的难题。还有很多建好的创意产业集聚区由于租金昂贵,招不来真正的创意企业,集聚区内文化企业和服务企业冒充创意企业的情况已成普遍现象。相当多的产业集聚区实际上有其名无其实。

此外,我国科技、文化、教育体制机制改革进展缓慢,由此造成的创意资源被部门和行业条块分割和政出多门的现象,已经成为创意产业发展的制约因素。同时,企业融资困难、人才结构性短缺、创意产品消费需求不足等也是当前发展创意产业中面临的现实问题。

二、发展创意产业的一些建议

借鉴发达国家和地区发展创意产业的经验,中国创意产业若想获得长足发展,需要从以下几个方面寻求答案。

一是国家对创意产业进行科学定位,鼓励有条件的省市优先发展。创意产业,从根本上讲是一种"嫌贫爱富"的产业,是经济发展到一定阶段之后的产物,国际知名的创意产业中心,如伦敦、纽约等无不是经济、文化发达的大都市。具体到我国,国家在制定创意产业发展规划和政策的时候,要鼓励有条件的省市根据当地优势集中力量发展创意产业,培育知名品牌。经济欠发达地区要慎提发展创意产业,建议其结合当地经济发展水平和特点,选择适合本地区发展的产业,防止国内省市不切实际发展创意产业。

二是加快体制机制改革步伐,为创意产业营造宽松的发展环境。加快科技、文化、教育及相关领域体制机制的改革步伐,尽早打破行政壁垒,促进社会资源自由流动,建立创意产业发展基金,重点扶持特色品牌,为融资困难的企业提供资金支持和贷款优惠政策。革新教育培训机制,加大对创意人群的培养力度,特别要加强对高端人才、复合型人才、营销人才的培养,为

我国的创意产业发展提供高素质的知识型和技术型创意设计人才。不断完善和优化有利于构建、吸引和持有人才、技术和资金的商业环境。

三是搭建公共服务平台,优化配置创意产业社会资源。创意企业大部分是中小企业,普遍缺乏资金、信息、管理经验和业务渠道,独立生存能力不强。可以借鉴英国的经验,政府委托非政府组织建立一个庞大的公共服务网络,帮助中小创意企业抵御市场风险,推动协调创意产业的发展。这个网络包括一系列非营利性的中介服务机构和金融、法律、建筑、产业等各个方面的资深专家。各机构负责建立创意产业项目评估网络,吸引境内外的风险投资基金;建立知识产权交易平台促进创意的批量化生产。为全国的创意企业物色风险资金,争取政府基金支持,进行项目策划和评价,组织参加境内外展览,进行人才培训等有效的服务。

四是加强知识产权保护,完善相关法律法规。有关部门要抓紧时间制定、公布和实施国家知识产权战略,进一步完善相应的法律法规,建立银行对表演、设计、广告、影视等创意产业产品无形资产的评估体系,加大对版权、专利、商标和设计等知识产权的保护力度,保护创意企业的创作价值和合法利益,营造良好的商业和法律环境,从而促进创意产业的健康发展①。

① 罗蓉:《中国创意产业面临成长的烦恼》,《中国经济导报》,第1535期。

第八章　创意产业典型案例解析

第一节　迪斯尼：从米老鼠到全球文化产业霸主

一、背景综述：沃尔特·迪斯尼和米老鼠

"He still speaks for me and I still speak for him."

"米老鼠和我仍然是彼此的代言人"——沃尔特·迪斯尼

1923 年的夏天，来自美国中部堪萨斯城的年轻卡通画家沃尔特·迪斯尼带着无数的希望携弟弟偌伊来到加利福尼亚州开创事业。1923 年 10 月 16 日，当纽约发行商温克尔成功地发行了迪斯尼的卡通系列《爱丽丝喜剧》时，沃尔特·迪斯尼和其弟偌伊·迪斯尼以注册资金 3 200 美元创办的迪斯尼兄弟卡通制片厂（Disney Brothers Carton Studio）在同天正式挂牌运营。不久，在偌伊的建议和坚持下，公司更名为沃尔特·迪斯尼制片厂（Walt Disney Studio）。

1927 年，迪斯尼在这四年当中专注于《爱丽斯喜剧》系列的制作，之后，他萌生了创造《幸运兔奥斯瓦德》（Oswald the Lucky Rabbit）的想法，并在不到一年的时间内神速地创造了 26 个奥斯瓦德卡通短片。然而，迪斯尼意外发现他的发行商开始用比迪斯尼制片厂更便宜的价格自己制作幸运兔卡通系列，对迪斯尼取而代之，而仔细阅读与发行商的协议，迪斯尼兄弟才发现，《幸运兔奥斯瓦德》版权归发行商所有而非他的创造者迪斯尼制片厂。这是迪斯尼在现实中得到的最为惨痛的教训。别无选择，迪斯尼必须创造新的版权属于自己的卡通形象。

这个新的卡通形象就是米老鼠（Mickey Mouse）。

1928年11月18日,纽约的克鲁尼剧院(Colony Theater),米老鼠在动画片《蒸汽船威利号》中首次亮相。一个新的卡通明星由此诞生。很快,米老鼠风行全美国,米老鼠卡通短片系列跟风出世。由此,迪斯尼公司走出困境,踏上了迈向未来的成功之路。

二、从一只米老鼠到一个娱乐产业巨无霸:迪斯尼的成长发展轨迹

"It was all started by a mouse."

"一切都源于一只米老鼠"。——沃尔特·迪斯尼

正如沃尔特·迪斯尼一再强调的,迪斯尼公司的生存乃至迪斯尼作为娱乐产业的建立和发展,一切都始于米老鼠,这个由沃尔特·迪斯尼创造,并不断由其卡通制作合作伙伴完善和创新的永远充满生命力的虚拟人物形象,以及以米老鼠为代表的由一批经典虚拟卡通人物如唐老鸭、白雪公主和七个小矮人等构成的系列娱乐和日用消费商品品牌,最终形成了涵盖电影制片与发行业、主题公园与旅游业、专利消费产品业、电视与媒体网络业这些全方位的娱乐文化创意产业 。在20世纪80年的发展中,迪斯尼几经自我调整、自我飞跃,不断全方位发展、创新,始终如一地奉献快乐,创造了财富的奇迹、生命力的奇迹,创造了人类创意史上的奇迹。

(一)米老鼠:从一个虚拟卡通人物到系列娱乐产品和日常应用产品

从1928年11月18日在纽约克鲁尼剧院上演的动画片《蒸汽船威利号》中首次亮相以来,米老鼠"星途"坦荡而持久,相继领衔主演超过120部的卡通片[①]。到1932年,在短短四年的时间当中,已有超过一百万的儿童加入了"米老鼠俱乐部"[②]。

---

① 迪斯尼官方网:Mickey Mouse Archive, http://disney. go. com/vault/archives/characterstandard/mickey/mickey. html。

② Lauren Vanpelt, "Mickey Mouse——A Truly Public Character" http://www. public. asu. edu/~dkarjala/publicdomain/Vanpelt-s99. html。

在米老鼠作为一个畅销的卡通形象通过卡通片变得家喻户晓、深入人心的时候,一个历史的机遇改变了米老鼠的命运。20 世纪 30 年代初,一个来自纽约的商人带着他的“把米老鼠的卡通形象印在铅笔上”的独特创意想法来找迪斯尼,他用 300 美元获得了在其制造的铅笔上印有米老鼠形象的专利使用权①。这个交易,为迪斯尼公司开辟了一个新的商机和拓展了一条新的赢利之路:将米老鼠产品化!从此,米老鼠玩具以及印有米老鼠各类形象造型的餐碟、牙刷、收音机等几乎所有日常生活中需要的产品上随处可见米老鼠可爱的形象。米老鼠的商品化更加广泛而深入地将米老鼠的形象传播到社会,传播到人们的日常生活中。米老鼠商品化的过程又进一步提升了其品牌号召力和市场需求量。哪里有消费需求,哪里有娱乐需求,迪斯尼就发展到哪里。商品化的米老鼠又带动了米老鼠娱乐化的进一步发展。1930 年,第一本“米奇”图书诞生,米老鼠作为图书出版发行,马上成为最受孩子们欢迎的读物。1948 年,《米老鼠》(Mickey Mouse)杂志出版发行。1955 年,电视系列片《米老鼠俱乐部》(Mickey Mouse Club)在电视中一经播出,立即成为最受孩子们欢迎的儿童节目且受欢迎程度经久不衰。至此,米老鼠的形象作为一个娱乐商业品牌,米老鼠本身作为一个系列娱乐和日常应用商品广泛而深入地根植于美国人的日常生活中。

(二)从一只米老鼠到一个娱乐王国:迪斯尼的市场化、产业化、国际化之路

1. 从单纯的卡通片产品到整合产业链的建立。

“I am doing this because I want to do it better.”

“我这样做,是因为我想做得更好”——沃尔特·迪斯尼

沃尔特·迪斯尼的可贵之处,首先在于他的永不满足、不断创新和超越精神。

在米老鼠获得巨大成功之时,迪斯尼没有陶醉在成功的喜悦中,而是马

① 迪斯尼官方网站:About Disney Company, http://corporate.disney.go.com/corporate/complete_history_2.html。

不停蹄带领他的合作同仁积极寻求在米老鼠卡通片的系列制作中不断更新、完善、突破和超越,在创意内容上,迪斯尼通过其系列制作,把一个简单、快乐的米老鼠卡通形象逐渐赋予了一个“人”的丰满的内心情感世界并将其生活和情感放入一个米老鼠的家庭生活环境中。至此,米老鼠不再是一个抽象的卡通形象,米老鼠的故事展示的是生活在虚拟世界中的一群同人类一样有着喜怒哀乐和悲欢离合生活的米老鼠们的真情故事。米老鼠和其家人朋友在卡通片系列生产中不断成长,米老鼠的世界在不断扩大,米老鼠的生命力不断延续。在卡通片的艺术和技术制作上,迪斯尼不断挑战时代的局限,把米老鼠卡通系列从无声到有声,从黑白到彩色,从卡通短片到动画故事片,从动画师笔下画出的动画到由真人演出的舞台剧,迪斯尼从一开始就把卡通片的制作和生产与科学技术的发展紧密地联结在一起,在卡通片的制作中实践应用并促进着新的技术发明。米老鼠，这个快乐简单的卡通形象已经自我发展成为一个米老鼠娱乐产业链。至此,米老鼠变成了一个“不老”的娱乐产业形象的代言人,一个“不老”的奇迹。

在成功开发以米老鼠为品牌的系列卡通电影及与制造商通过转让形象专利使用权使米老鼠形象成功出现在各类日用商品系列产品的同时,迪斯尼积极探索创造新的动画形象,以新的动画形式讲述动画故事,不断创造新的经典,带给观众新的观赏惊喜。从 1937 年奥斯卡特为《白雪公主与七个小矮人》开设最佳动画片奖至今 ,迪斯尼在 80 多年的发展过程中,为世界奉献了如《 爱丽斯漫游仙境》(Alice in Wonderland,1951),《美人鱼》(The Little Mermaid,1989),《狮子王》(The Lion King,1994)等超过 300 部以动画为主的故事片。塑造了一批像唐老鸭、白雪公主、美人鱼等经典动画形象。这些经典的动画形象如同米老鼠一样,由于深受观众的喜爱而迅速由一个单纯动画形象,通过形象专利的特许经营开发,发展成系列娱乐产品和日用消费产品,经过销售的传播,发展成一条条娱乐品牌产业链。

2. 从娱乐产业链到娱乐产业网的建立。1955 年,一个以迪斯尼经典动画人物组成的虚拟世界——迪斯尼乐园在美国加利福尼亚州洛杉矶对公众开放,这是迪斯尼发展的一个新的里程碑。迪斯尼乐园第一次把观众从电

影中看到的虚拟世界变成了可游玩、可感受的崭新的娱乐体验。与此同时，迪斯尼乐园的开放，把旅游业、房地产业、餐饮业等相关产业统统融入迪斯尼的娱乐消费网络。随着迪斯尼动画故事的不断创造，一个个新的经典动画人物在迪斯尼乐园安家。迪斯尼乐园在保持传统吸引力的同时，不断自我更新、自我发展，始终充满新的生命力。随着迪斯尼乐园在美国佛罗里达州的奥兰多、日本的东京、法国的巴黎、中国的香港等地一个个开张，迪斯尼的娱乐消费网全球辐射般延伸开来。迪斯尼成为自我创造、自我更新、自我扩张、不可阻挡、无可匹敌的娱乐巨无霸。

现在迪斯尼娱乐在世界范围内成功铺设了其电影制作网、发行网、电视网、音像图书出版发行网、专利产品制造销售网、主题公园旅游度假网、房地产开发网。哪里有娱乐需要，哪里就有迪斯尼；哪里没有迪斯尼娱乐，迪斯尼就开发到哪里。迪斯尼娱乐产业链链相接，网网相连，四通八达，无所不在，环环相扣，牢不可破，它的发展与时俱进甚至推动引领时代的发展。

迪斯尼带给世界的创造力是一目了然的，迪斯尼的财源滚滚也是一目了然的。它创造了一个长生长胜、自产自销的赢利模式：轮次递进滚动增值收入模式。每年迪斯尼通过故事片的海内外院线发行获得票房的第一轮收入。录像带、DVD、音乐 CD 发行为第二轮收入。接下来，主题公园在加进新的动画人物所带来新卖点的创收构成第三轮收入。第四轮收入是特许产品的开发和经营销售。在美国专利版权法的保护下，迪斯尼通过发放特许形象产品的经营权在全球发展了 4 000 多个拥有迪斯尼特许经营权的商家，产品范围从文具产品、日用产品、电器产品到艺术收藏品应有尽有。迪斯尼的电影发行通过自己的发行渠道，迪斯尼的电视播出通过自己的电视播出平台，迪斯尼的特许专利商品通过自己 4 000 家迪斯尼专利商店直接销售自己的品牌产品。最后，电视和网络媒体再完成第五轮收入。迪斯尼的赢利模式、运作模式都是建立在自产自销的良性循环轨道之中。一个个迪斯尼的产品在市场的投放获得多层、多轮、多面的利益回报，一个个迪斯尼产品的纵横推广上市使迪斯尼的播种获得既稳定又惊喜的可观收获。

三、解析米老鼠——迪斯尼的成功之“道”:迪斯尼的理念

沃尔特·迪斯尼说过:“给所有来到这个快乐之地的人们:欢迎。迪斯尼乐园是你的乐园。在这里过去美好的记忆被唤醒,年轻人面对挑战和承诺未来。迪斯尼乐园给予人们的是充满希望的那些创造美国的理想、梦想和严峻的现实。这个希望将成为全世界快乐和激励的源泉。”(“To all that come to this happy place: welcome. Disneyland is your land. Here age relives fond memories of the past, and here youth may savor the challenge and promise of the future. Disneyland is dedicated to the ideals, the dreams, and the hard facts that have created America... with hope that it will be a source of joy and inspiration to all the world.”)

由此可见,迪斯尼的成功是天才创意的成功,是传播的成功,更是理念的成功。

(一)带给大众崭新的娱乐体验

从米老鼠到迪斯尼乐园,迪斯尼所带给人们的是一种全新的快乐体验。迪斯尼开创了一种以卡通人物拟人化来构筑一种虚拟世界的娱乐方式。这种虚拟的人物、虚拟的世界给人以幻想、梦想、理想。这种体验在生理、心理和心灵三个层面让人体验快乐。迪斯尼的快乐体验同时是一种分享的快乐体验,他让孩子和家人,不分年龄、不分身份、不分种族、不分语言、什么都不分地去分享同一种天真、美好、新奇、难忘的快乐。它是超越现实生活的童话般的虚拟世界的快乐,在这里人们可以忘记现实,真切地体验快乐的真实。迪斯尼让人梦想成真。

迪斯尼的快乐是简单的快乐,然而它的创意的实现和传播让所有人对人类的智慧和科学技术的发明肃然起敬。它在带给人们特别是孩子们快乐体验的同时,把一份激励、一个目标,以及梦想和理想一并赠与了快乐的体验者。妈妈,我要像迪斯尼一样成为一个发明家!(“Mom, I want to be an inventor, like Disney!”)当一个成年人站在巨大的银球‘EPCOT’(Experi-

mental Prototype Community of Tomorrow，明日试验社区）前所亲耳听到一个可爱的小男童的神圣誓言时,大人心中荡漾的是同样的热血激情:做生活的创造者、奉献者,无愧人生!

迪斯尼在给予人们快乐的同时,赢得了人心,征服了人心,激励了人心。迪斯尼的快乐体验是最成功的理想主义教育。它没有一句说教,却深入人心。

（二）体现格式化的价值观

电影产业根植于大众文化。大众的认同感是其成功与否的最基本因素。认同感决定着市场化。什么是市场化？市场化就是大众化。对电影来说,观众就是市场。观众喜欢,就有市场;否则,就无市场。什么是观众喜欢的呢？成功的迪斯尼电影似乎为我们找到了观众“喜欢”的基本点:用符合大众价值观的道德标准和审美视觉讲述大众喜欢的故事和人物。这个“喜欢”的定义很简单:能让人轻松愉快,或能给人带来积极乐观的力量或人生的启迪，比如米老鼠。

以米老鼠为代表的迪斯尼电影乃至美国的主流电影讲述的都是一个个关于符合大众价值观的大众喜欢的故事和人。因而迪斯尼电影所传递的文化信息基本都是统一在这个大的价值观的基调上的。所以以迪斯尼为代表的美国流行文化的市场化、产业化、国际化的成功决不仅是依靠其完善的运作机制和雄厚的资本这些物质条件的外因而取得的,其依靠的是在长期的探索中找到的内因,即抓准了人类共有的价值观所在。这个格式化了的标准价值观有:

- 真善美战胜假丑恶。
- 家庭第一。亲情、爱情、友情为人生最宝贵的财富。
- 忠诚、善良、努力是一个人应有的品质。
- 个人奋斗,有志者事竟成。

这个价值观不再仅仅是美国的价值观,而是人类共同认可的价值观,是价值观的积极传播为迪斯尼电影注入了文化精神内涵,从而获得大众的认同。所有优越的外因都是通过这一内因而积极地发挥作用。为什么米老鼠

受欢迎？因为米老鼠身上展示了以上格式化了的价值观，因为米老鼠就是生活中的我们，是我们喜欢和信任的人，是我们希望成为的人，是我们愿意成为朋友的人。简单地说，如果迪斯尼电影没有观众的认同感，就不会有成功的票房；没有成功的票房作保障，就不能吸引大资本的投资；而没有资金的支持，一个行业就不可能形成产业规模去发展；而没有规模的产业是不可能形成市场化的，也就更不可能国际化。迪斯尼从一只米老鼠起家发展成今天的娱乐产业王国，其市场化、产业化、国际化之路其实展现给我们的是一个关于哲学的思维逻辑关系的命题，这个命题在假设、推断、论证着什么是娱乐业的立足根本、什么是娱乐业的精神支柱。

（三）消费体验贫富趋同

沃尔特·迪斯尼的最伟大之处就是开创了美国娱乐文化的新的消费传统：在物质层面，让所有的孩子都可以拥有自己的米老鼠，即最富有和最贫穷的消费者的观赏和购买目标趋于一致；在精神层面，让米老鼠的性格和精神渗透，融入孩子们的成长中。

每一种产品都有它特殊的属性、特殊的消费群体。经济收入、生活品位、审美趣味、消费习惯等决定着消费者对产品的选择和钟爱，而这些因素也把消费者从客观上作了分层。如，高端消费让大众望尘莫及，大众消费让富有者不屑为伍。而迪斯尼产品的特征是让消费者的观赏和购买目标趋于一致。迪斯尼的电影是孩子和家长共同喜爱的电影。迪斯尼的产品是大部分阶层共同拥有的产品。富有者可以拥有富有者的迪斯尼，可以拥有特制的迪斯尼汽车和手制手表，价值连城。普通消费者可以拥有普通的迪斯尼产品。而贫穷的消费者同样可以得到自己的迪斯尼，如米老鼠铅笔、米老鼠娃娃等。米老鼠是所有孩子的米老鼠，他可以在每个孩子的生活中带给他们同样的快乐和激励。米老鼠的精神、迪斯尼的精神始终如一地贯穿于产品之中，让迪斯尼的消费者在消费中获得相对平等的满足体验。

一只米老鼠造就了迪斯尼娱乐王国，造就了世界文化产业的奇迹，造就了时代的娱乐神话！

大道至真至简，迪斯尼的成功在于它给人们带来了梦想，为人类创造了快乐。

想象无限，生命力无限，快乐无限……迪斯尼是永远的迪斯尼！

第二节 《超级女声》：娱乐文化演绎创意产业财富神话

2004年，中国传媒界最热闹的话题是关于电视真人秀节目《超级女声》的林林总总。《超级女声》这个翻版自英国《流行偶像》（Pop Idol）和美国《美国偶像》（American Idol）真人秀的娱乐节目开创了中国大众娱乐大众的全新时代。无论从电视的节目形式、商业运作模式、收视率、节目经济收入、社会引起的轰动效应，还是从由一个电视真人秀节目所带动的以"超级女声"为品牌的娱乐文化产业链的迅速建立和推广，《超级女声》在中国娱乐传媒界，甚至在当今中国流行文化中开了大众娱乐大众的先河，引发了中国娱乐商业文化的一场革命。

一、背景综述

2002年，湖南电视台娱乐频道在探索创建一个"更具有市场潜力，有可能产生影响力的栏目"①的策划思想指导下，频道监制夏青和其策划团队受英国电视真人秀节目《流行偶像》（Pop Idol）和美国电视真人秀节目《美国偶像》（American Idol）的启发于2003年策划推出了具有强烈"偶像"风格的《超级男声》。这次在长沙进行的小规模的选秀活动吸引了3 000报名者参加，观众反响非常热烈。这次小范围的市场调研坚定了湖南娱乐频道大胆尝试推出一个全新的整合了美国《美国偶像》和英国《流行偶像》节目的以模仿歌手演唱歌曲、观众参与评选等主要内容元素为基础的真人选秀节目——《超级女声》。

不同于同期中国电视台的一般电视选秀节目，湖南电视台在节目的定

① 张小争：《超女的幕后运作模式》，《经理人》，http://biz.163.com，2006年1月12日。

位上大胆确立了创立节目商业品牌意识和整合商业、科技、媒体优势资源，对节目品牌资源进行市场化运作，把存量资源变成增量资源，将“超级”效果拓展成一条“超级品牌”的娱乐文化产业链，随着产业的滚动发展让“超级品牌”衍生出源源不断的娱乐文化产品，让“超级品牌”自身成为财富雪球，越滚越大。

“想唱就唱”！《超级女声》节目利用其电视传媒的独特优势以铺天盖地的传播攻势让其口号家喻户晓，《超级女声》迅速唱响全国。平民制造平民之星，大众娱乐大众自己。2004 年、2005 年、2006 年，湖南卫视连续举办的三届《超级女声》在全国掀起了一场广泛而深入人心的娱乐文化风暴，开辟了大众流行娱乐文化的新天地，并由此推动娱乐文化进入了一个产业化的新时代。

二、超女奇迹

（一）收视率

根据央视索福瑞媒介研究公司公布的 2005 年《超级女声》及节目收视数据显示，在北京、上海、长沙等 12 个城市的“收视率”调查中，超女平均收视率为 8.54%，平均收视份额为 26.22%，决赛期间平均收视率均超过 11%，居同时段播出节目全国省级卫视收视率第一、收视份额第一，其平均收视率甚至超过中央电视台。根据央视索福瑞提供的 31 城市调查数据，在那段时间里，每 100 个坐在电视机前的观众中就有 10 人在收看超级女声。而超女三强对决的收视份额更最高达收视市场份额 49%。按央视索福瑞全国范围内平均一个点的收视市场份额为 580 万观众来计算，49% 的份额为 2.8 亿观众，即在超女决赛当晚，每 5 个中国人当中就有一个人在收看“超女”。

（二）超女赢，我赢！

《超级女声》节目开创了中国电视节目商业运作的新模式。从节目策划、节目制作、播放、市场运营到品牌运作与衍生产品开发，《超级女声》整合

了节目制作商、节目品牌运营商、冠名企业赞助商、广告代理商、电信运营商、短信增值服务提供商、娱乐包装公司、网络公司等各个商业领域的可利用和可再造资源，随着节目的热播，各行业之间为了一个共同利益目标相互配合、联动运作、各尽其职其责，架构了一个以“超级女声”为商业品牌的系列产业链。依托这一商业品牌，处于这一产业链中的各类商业参与者，都从这个娱乐文化的巨型蛋糕中分享了自己的份额收益。

据《中国青年报》报道，中国社科院发布的《文化蓝皮书》估算2005年《超级女生》节目各利益方直接总收益约7.66亿元。湖南卫视作为节目制作商获取利益6 800万元，其中冠名赞助费2 000万元，贴片广告费1 800万元，短信收入3 000万元。节目品牌运营商上海天娱传媒有限公司，拥有“超级女声”品牌所有权，在艺人经济方面收入约2 750万元。赞助商蒙牛集团获得《超级女声》比赛冠名权，投入2 000万元，2005上半年营业额高达47.54亿元，销售收入25亿元，纯利润较上年增长33.9%。其为《超级女声》冠名产品“酸酸乳”全年销售毛利润为5.5亿元。湖南卫视广告业务的独家代理湖南电广传媒股份有限公司从超女广告业务代理中获得广告收入约1 200万元。电信运营商通过短信投票获利约900万元。为节目的短信参与者提供相关咨询服务的短信增值服务提供商从超女节目中获得的直接服务收益约2 100万元。众多的娱乐包装公司从艺人经纪活动中获益7 700万元。网络公司从注册的超级女声民间网站中获得网络广告收入100万元①。

各个参与方的共同倾心打造成就了超女的成功。而超女的成功成就了各个参与方的名利双收。《超级女声》的创意和营销实践不仅为娱乐文化摸索出了一条市场化、产业化之路，更证明了娱乐文化可以通过共同打造商业品牌在商业化运作过程中实现多赢的理想合作经营模式。看超女的人越多，超女节目的各参与方收益就越大；各参与方收益越大，说明看超女节目的人越多。由此而形成了一个滚雪球传播效应。

① 张小争：《超女的幕后运作模式》，《经理人》，http://biz.163.com，2006年1月12日。

《超级女声》创造了中国传媒史上最佳收视纪录、最佳收入纪录，更是中国传播学上最成功的经典营销传播案例。

（三）从一档娱乐节目到一个娱乐文化产业

《超级女声》从节目的内容策划到营销策划再到商业运作，每个环节从最初的定位就是借鉴英美的“偶像”品牌理念打造“超女品牌”，做“超女”产业。为此，湖南电视台从节目策划之初就特别为“超女”的诞生成立了上海天娱传媒有限公司，其目标就是做节目品牌的创新研发，探索建立传媒营销和运营商业模式，打造娱乐消费品牌，推动“超女”产业化发展。

中国的传媒品牌商业化运作正处于起步阶段。而在国际市场，媒体品牌的产业化运作已经非常成熟，有一批成功的经典案例。比如，《美国偶像》系列授权产品的全球累计销售额已经高达10亿美元，产品涵盖了玩具、糖果、商业卡、电子游戏、杂志、图书等35个大类①。在中国，当时文化产业还是一个全新的概念，我们对待文化产品，特别是流行娱乐产品价值的认识和市场对其需求的认识还在扫盲阶段。上海天娱传媒有限公司将《超级女声》系列品牌及其衍生产品的开发与运作作为其公司的主要赢利模式的大胆定位和尝试，为中国的娱乐文化产业化作了探索的先行者。在品牌打造上，天娱以点带面进行全方位产业化发展，这个点就是以手中掌握的《超级女声》的优胜女生们作为“超级”品牌的专利“超级”形象，公司负责全权代理其作为艺人在全国的所有“超级”系列巡演、影视剧及唱片制作等各类演艺、公关、宣传等活动，同时积极拓展“超级”系列衍生产品的生产和发行。“超女”服装旗舰店计划在全国各大城市同时开张。以2005年超女十强为授权形象代言人的文具，已由文具制造商获得授权“超级”系列专利文具产品的制造。随着“超级”系列直接的娱乐文化产品和衍生产品的问世，《超级女声》品牌将成为真正的娱乐文化产业，随时间的发展而不断向前发展，深入人们的日常生活，成为人们生活不可或缺的部分。

---

① 段东、邓斌：《盘点超级女声》，《2006中国文化产业发展报告——个案研究》，中国网，2006年2月14日。

三、解读超女奇迹

（一）超女为什么如此火

《超级女声》满足了大众的表达欲望。

只要你是18岁以上的女性，不论你是何种唱法，不论你唱好唱坏，有无演唱经验，只要你报名，就在这个节目里有30秒的演唱展示机会。因此《超级女声》是一场“想唱就唱”的大众歌会。它的“无门槛”进入吸引了成千上万的参赛者走进节目、走进电视的荧屏。《超级女声》在选手“想唱就唱”的基础上，还引入观众作为大众评委“实话实说”的大胆尝试。和演唱选手自愿报名参赛一样，观众评委可自愿报名参加。观众评委有权表达自己的喜好，对参赛选手有真正的选举权。这使得评选结果出现意想不到的现场戏剧甚至喜剧效果，让节目本身更具有娱乐的功能，更加贴近观众、代表观众。同时，场外短信的参与，让比赛结果更加充满动人心弦的刺激效果。短信让关注赛事的观众有了表达欲望的工具。

（二）《超级女声》满足了大众自我娱乐和观赏好奇心

《超级女声》满足了大众自我娱乐和观赏好奇心等多重娱乐需要和心理诉求。因为参赛者来自大众，观众评委来自大众，这就决定了《超级女声》节目从一开始播出就受到庞大的节目参与者的家人、朋友、同事等的积极关注，而短信的支持优势又使这种积极关注变成参与结果的直接互动。因此，《超级女声》的观众基数从一开始就出现了滚雪球现象，随着比赛的发展，观众越来越多地在参与中投入了自己的真情实感，而这种真情实感就是观众对节目忠诚度的建立。《超级女声》培养了一大批忠实的“超女迷”。是“超女迷”的出现，让《超级女声》成为一个流行娱乐文化的现象。这个现象所呈现的是一个巨大的娱乐消费需求市场。为满足这个市场的需求，一个娱乐文化产业应时应运而生。

（三）《超级女声》是大众释缓压力的出口

《超级女声》的参赛者都是18岁以上的女性。事实上，参赛选手基本上

是18~25岁的年轻女学生。然而,超女的观众却涵盖了从中学生到中学生退休的爷爷奶奶们,且不分年龄职业、经济收入、受教育程度等消费者或观众分层的基本常规定义。就如《哈利·波特》的读者或观众,迪斯尼主题公园的观光者一样,《超级女声》在中国能够拥有最大的观众群体是因为它首先带给人的是一种轻松的娱乐,这是种能把自己从生活压力和烦恼暂时剥离出去的感觉,这种在观看这些天真单纯的女孩子自然而多彩的自我表现所发出的事不关己无所顾忌的微笑的感觉,恰是调节身心疲劳和压力的最佳途径,因为它除了花费一些观赏时间而外,再不需任何花费。

四、超女未来的路

《超级女声》的全面火爆,在全国掀起了一股超级海选真人秀电视节目风潮。全国各个电视台迅速出台了一个个"类超女"的真人秀节目,如上海东方卫视的《我型我秀》、《好男儿》,重庆卫视的《第一次心动》,等等。一时间,唱歌的、跳舞的、时装的、表演的,各类娱乐节目都以海选真人秀的形式在全国开展"圈地运动",电视频道拉开了一场场海选的全民总动员。《超级女声》在一片娱乐真人秀的百花齐放中,靠什么继续火下去?

《超级女声》的巨大经济效益,让一些跟风节目盲目而又急功近利地把目标锁定在短平快的获利目标上,由此而导致节目的低俗化倾向。借《超级女声》的流行风,一些节目在开始之初,赢得了观众好奇心的支持,但随着时间的推移,千篇一律的节目形态在带给观众视觉审美疲劳的同时,节目的一味急功近利通过哗众取宠追求收视的低俗化倾向,断送了节目与观众相互依存的缘分。至此,通过《超级女声》建立的流行娱乐文化现象以非自然、非规律的面貌搅局刚刚应运而生、应时而立的新娱乐文化游戏规则。《超级女声》今后的路首先就是一条"拨乱反正"的路。

《超级女声》过去的成功是因满足和顺应了大众表达自己、娱乐自己的诉求,《超级女声》未来的成功依靠的将是什么呢?

《超级女声》首先需要找出如下两个问题的答案:娱乐文化以什么为本?娱乐文化是否有其道德底线?

娱乐文化其实就是大众流行文化,它首先根植于大众认同的人类美好的价值观之中。这个价值观是被格式化、标准化了的。成功的好莱坞电影讲着千篇一律的关于真善美战胜假丑恶、家庭、亲情、友情、爱情、自我奋斗、不屈不挠、助人为乐等体现人类美好价值观的故事。超女品牌需要注入一种精神,每个优胜者都需要展示其独特的符合美好价值观的精神。"想唱就唱",顺应了参赛者和观众的表达愿望,是生理和心理需求的层面。作为娱乐文化的品牌和由此发展的一个娱乐产业,《超级女声》需要一个更聚焦的符合大众认同的格式化的美好价值观的精神理念。找到了这个理念就找到了品牌的灵魂。有灵魂的品牌才有生命力,产业化之路才能久远。

第三节 哈利·波特:创意的产业链延伸

一、创意创造财富

(一)背景综述:灰姑娘的传说

1990年的一天,年轻的单亲母亲卡洛琳·罗琳(J. K. Rowling)坐在从曼彻斯特出发前往伦敦国王狮子车站的误点火车上,在这漫长的无奈与无聊的等待中,哈里波特,一个带着小眼镜、手拿魔棒的少年小巫师透过车窗向她微笑,进而诱导着她跟随着他的魔棒进入了一个神奇的天马行空、无所不能的魔幻世界。从此,哈利·波特附体罗琳,哈利·波特的魔杖变成了罗琳手中的魔笔,关于哈利·波特的魔幻世界跃然纸上。哈利·波特的故事诞生了。哈利·波特在罗琳的魔笔下活了。

在奇迹般地与哈利·波特"相遇"之前,那个曾经靠每周70英镑艰难生活的罗琳生活窘迫。她用哈利·波特的魔棒,让自己穿上了水晶鞋,走上了创造世界、成就自己的精彩的富于魔幻色彩的财富人生。如今,她是英国最富有的亿万富婆,是全球畅销作家第一人。许多统计数据计算、报道着她以美元为单位的财富身价。罗琳到底通过哈利·波特获得多少身价?罗琳身

价将因哈利·波特还能达到什么高度？有数据说，哈利·波特让罗琳获利2亿英镑。还有数据说，罗琳系列小说发行至第五部，其身价已经达10亿美元。更有粗略的统计表明，哈利·波特7部系列小说和电影全部问世的时候，其带动的相关产业的后产品经济规模将超过2 000亿美元①。

数字是有形的，是可以计算的，哪怕是天文数字。而罗琳创造的哈利·波特的价值却不是数字可以简单计算的，因为哈利·波特带给人们的身心感受是一份无价的财富。罗琳的水晶鞋不是上帝恩赐的按时要收回的礼物。她创造的哈利·波特的魔棒让她拥有了自己的水晶鞋，让大众拥有了属于每个人自己的神奇世界。

（二）哈利·波特和他创造的财富王国

罗琳没有想到，哈利·波特的魔杖在点出一个奇特的魔幻世界的同时，变戏法一样点出了一组奇特的魔幻数字和由数字构建的财富王国。

从1997年哈利·波特第一本书《哈利·波特与魔法石》到第五部《哈利·波特与凤凰令》，哈利·波特系列已经被译成60多种语言文字，销售至200多个国家，累计销售量超过2.5亿册书（印刷量仅次于圣经25亿册，毛主席语录8亿册），市场价值突破50亿美元（以平均每册20美元计算）②，称为出版业有史以来获得最大利益的出版物。哈利·波特系列的出版发行，开创了出版史的新纪元。

相比于图书出版，哈利·波特电影的系列放映，更把哈利·波特创造财富的神话推向了一个新的奇迹巅峰。仅头四部电影的全球票房累计纯利润就已经超过了35亿美元③。据华尔街分析师预测，待到7部哈利·波特系列电影全部完成，其票房总收入可望超过100亿美元④。见表8－1所示。

---

① 张楠：《哈利·波特现象：一个文化产品畅销的背后》，《工人日报》，2005年11月28日。

② 《哈利·波特：J. K. 罗琳的赚钱经》，2005年12月9日。

③ Bob Tourtellotte："Hollywood's Hope for Record Summer Fades"，CRIENGLISH. com，2007年6月27日。

④ 张楠：《哈利·波特现象：一个文化产品畅销的背后》，《工人日报》，2005年11月28日。

表 8-1 哈利·波特电影系列的票房纪录 单元:美元

首映日	电影名	第一周末票房	美国收入	全球收入	拍摄预算	纯利润
11/16/01	哈利·波特与魔法石	90 294 621	317 557 891	974 557 891	125 000 000	849 557 891
11/15/02	哈利·波特与密室	88 357 488	261 987 880	878 987 880	100 000 000	778 987 880
6/4/04	哈利·波特与阿兹卡班的逃犯	93 687 367	249 538 952	792 538 952	130 000 000	662 538 952
11/18/05	哈利·波特与火焰杯	102 335 066	290 013 036	892 213 036	150 000 000	742 213 036
7/11/07	哈利·波特与凤凰令				150 000 000	
11/21/08	哈利·波特与混血王子					
12/31/10	哈利·波特和死亡谷					
	总计:		1 119 097 759	3 538 297 759	655 000 000	2 832 317 759
	平均:		279 744 440	884 574 440	131 000 000	708 079 439.8

* 数据来源:The Number, Box Office Dates, Movie Star, Idle Speculation, July 1, 2007。

在电影创造魔幻数字财富的同时,电影的后续产品,如哈利·波特网站、哈利·波特许经营产品、音像制品、各类玩具、纪念品、电子网络游戏等等衍生产品相继问世。这些后续产品所创造的市场价值超过电影票房收入的5~6倍左右。随着《哈利·波特》系列小说、电影及其后续衍生产品的全球热卖,哈利·波特产品的经济规模超过2 000亿美元①。随着2009年第一个哈利·波特主题公园在美国佛罗里达州奥兰多落成开放,哈利·波特的

① 《哈利·波特:J. K. 罗琳的赚钱经》,2005年12月9日。

魔棒将点出财富数字的新魔幻世界！

二、哈利·波特现象催生哈利·波特产业

哈利·波特系列小说、电影的迅猛传播和财富神话的创造，让哈利·波特反映出空前绝后的流行文化现象、市场营销现象、大众心理现象等多重社会现象。

（一）流行文化现象

哈利·波特系列小说的迅速流行首先来自于口口相传，“我告诉许多我的朋友哈利·波特引人入胜的故事，让他们也去读。然后，他们在读过之后又会介绍给他们的朋友去读”，一个叫伊文的来自美国佛罗里达的12岁小朋友非常骄傲地说：“我喜欢与朋友分享小说的人物和情节，并预测故事的发展。”伊文的行为和体会是非常富有普遍性的。哈利·波特系列小说迅速流行的主要原因之一就在于把孩子和他们的家长、老师、朋友变成了一个特殊的阅读交流互动的读者群。读者们从猎奇开始，通过分享交流阅读的快乐体验，使阅读成为一种生活方式、一种需要。哈利·波特的读者们建立自己的网站、俱乐部，交流自己的读后感想，甚至对人物和故事的发展提出自己的设想和建议。网站上哈利·波特的演绎版就有15万本之多[①]。哈迷们给哈利·波特写信，表达自己的感受。通过交流互动，读者的数量呈滚雪球式递增。读者的忠诚度是传播中最深入人心的依托，口口相传是一切流行文化的重要根基。

哈利·波特系列故事自身就如书中的魔术学校，培养了一批又一批自己的读者，他们与哈利·波特系列小说一起成长。

哈利·波特系列小说不是任何一个特殊年龄段读者的独享品，而是每个人的哈利·波特。从7岁的学童到学童70岁的爷爷奶奶，哈利·波特带给多年龄段、多种族语言背景读者的是同样的新奇刺激和动人的内心感受。哈利·波特让人们找到共同的兴奋点、共同的关注话题、共同的疑问和思

① 《哈利·波特，J. K. 罗琳的赚钱经》，2005年12月9日。

考,他自身有着非凡的魔力,成为大众持久的“情人”,并让大众有一种自发驱动力去关注、研究的魔力。哈利·波特已经成为一种流行学,在大众的共同参与中迅速发展建立。

当哈利·波特成为大众生活中的一种需要的时候,他已经在需求中市场化了。

(二)市场营销现象

从哈利·波特微笑的脸在误点的火车上以一个幻觉形象奇迹般闪进失业的单亲母亲罗琳的脑海中,到为了给自己的女儿写一本让她喜欢的书作为单纯写作目的而在漫长的七年中将其变成文字,并历经周折得以将其成书出版,直到小说出版后一系列的小说销售、电影放映、后续特许专利产品的投放市场,以及第一座哈利·波特主题公园的开张,哈利·波特在一连串的魔幻数字中奇迹般地成为有史以来继迪斯尼之后最成功、最巨大且最充满无穷开发潜力的综合娱乐创意产业。在一次次接受媒体采访被问到为何哈利·波特的营销如此成功时,罗琳始终坦诚地说:“这个问题我答不上来,因为我做梦也没有想到会这么成功。”

事实上,哈利·波特的市场营销是在一个巨大的看不见的市场需求和满足市场需求的利益驱动力推动下,由一整套完善的商业营销机制在法律的保护下整体规划操作和管理的。

哈利·波特第一部小说营销成功之后,哈利·波特系列小说马上成为文化消费领域的一只生财鸡,并且占尽天时地利人和的幸运。它的幸运首先就在于英国特别是美国的专利和版权法的保护政策,使所有想借鸡生财的人,必须“付费”才能获得这个财富鸡的蛋。在哈利·波特小说的第一部发行之后,最先发现自己可以借哈利·波特小说这个“鸡”去孵自己电影财富蛋的是美国时代华纳电影公司,通过获得独家买断哈利·波特系列头四部的电影版权,时代华纳将哈利·波特电影这只财富鸡养得比小说还要大,下的财富蛋比小说还要多。接下来,全球最大的玩具制造商乐高(Lego)和美泰(Mattel)等分别通过购买玩具与文具、游戏等的特许经营权在第一部电

影《哈利·波特与魔法石》上映之后，马上推出其系列哈利·波特万花筒、铅笔盒、魔法帽、飞天扫帚等超过500种的文具与玩具①。网络游戏紧随上市。如此每个付费买哈里波特这只财富“鸡”的“蛋”并孵出自己“小鸡”的人都获得了源源不断的财富。鸡生蛋，蛋生鸡，哈利·波特在符合生命自然循环的良性发展中从小说扩大到电影，再扩大到文化娱乐日用消费产品的各个领域。小说、电影、后续衍生产品在各自领域自我良性滚动发展的同时，彼此之间也建立了良性互动的合作相助关系。比如，电影的放映促进了小说的销售，而小说的热卖又为电影作了免费的宣传，彼此互惠互利，而小说和电影的流行又促进了其后续衍生产品的销售。互利共赢让哈利·波特形成了一个井然有序又无边无际开放发展的成功的娱乐文化创意产业链。

哈利·波特系列产品的营销记录的一组组财富数字，骄傲地告诉人们哈利·波特的营销成功是至今为止最为持久的成功。在哈利·波特小说的第一部、第二部、第三部……不断呈现在读者眼前，在电影一部接一部不断带给观众视听上强大冲击力和满足感的时候，在后续衍生产品源源不断渗透在消费者生活中的时候，哈利·波特带给人们的新奇还能维持多久，视觉、听觉疲劳是否在所难免？

“饥饿营销”战略让哈利·波特系列产品的命运脱离了周期宿命和瓶颈危机。一反好莱坞传统经典“闪电式”营销手法，时代华纳公司给哈利·波特的品牌定位是“与众不同的有着长期潜力的品牌商业资产”②。因而，在营销宣传上，保持理性的神秘，避免过度的宣传广告给消费者带来心理和视觉反感，有节制地控制因过度宣传而激起的影迷反文化情绪。有节制的商品开发是哈利·波特“饥饿营销”的一个主要方面。好莱坞电影的后续产品多在“闪电式营销”中自我毁灭。电影《星球大战》就是因为过度开发后续产品而导致相关产品的大量积压，最终让消费者因为对其热情降温而使产品“死”在市场饱和中。哈利·波特坚持严格审核产品的生产许可特许，对授

① 张楠：《哈利·波特现象：一个文化产品畅销的背后》，《工人日报》，2005年11月28日。
② 王长隆：《哈利·波特奇迹》，《经济观察报》，2003年7月16日。

权产品、商家、生产质量和市场需求作严谨和保守的评估验证,使产品对市场的投放处于消费者对产品需求的“饥饿”状态,使供永远小于求。

生灵在饥饿的状态下思维会保持高度的警觉。哈利·波特的“饥饿营销”战略同时利用人们对喜好事物的期待和渴望心理,让其受到得吸引,却不能轻易得到满足。在故事内容、人物命运这些读者和观众最热切注视和渴望揭秘的关键点上,哈利·波特宣传的口径始终用理性引吊读者和观众的胃口,让其在渴望的“饥饿”中始终获得一个即将得到的信心却又得不到真正的满足。在这一渴望中读者和观众获得的是新的心理满足和建立新的渴望。经过长期对读者和观众心理上期望承受力的培养和锻炼,读者和观众在长期被吊胃口的过程中享受到了一个个新的刺激、新的兴奋点。哈利·波特系列小说的每一部发布会都在充满神秘和兴奋的午夜12点举行,全球无数哈书粉丝无怨无悔地等待,这都告诉我们一个事实:忍耐的结果是甜的。对不付出就得到的身心享受,人们是不会珍惜和忠诚的。面对千呼万唤不出来的哈利·波特,在等待中哈迷变得更加忠诚和坚定。哈利·波特系列小说和电影在其发展过程中培养了读者和观众与其一同成长,并建立了彼此忠诚专一的供销关系。

(三)大众心理现象

为什么哈利·波特如此流行畅销且经久不衰?为什么哈利·波特获得从少年到老年不分年龄、语言和一切背景差异的读者和观众的一至喜爱?

其实哈利·波特现象反映的是大众的心理需求和渴望。有读者这样描述:“我喜欢哈利·波特的原因是因为它能把我引入到一个梦幻世界,放松身心,同主人公一同经历冒险,一同享受珍贵的友情、亲情。”①

现代人生活在工作、学习、感情、疾病等各种压力中。孩子们有孩子们的压力,成年人有成年人的压力。而哈利·波特的魔幻世界把人们带到了一个远离现实压力和烦恼的充满魔幻色彩的虚拟世界。孩子们相信,魔术可以消除哈利·波特每天的麻烦和问题。当身临其境地感受着哈利·波特

---

① 张楠:《哈利·波特:一个文化产品畅销的背后》,《工人日报》,2005年11月28日

的魔幻世界，感受着哈利·波特的麻烦被消除的时候，幻觉让自己觉得自己面临的麻烦也迎刃而解不存在了，正如美国明尼苏达大学德文系儿童文学研究专家杰克·辛普斯(Jack Zipes)教授所说："它让孩子们没有危险地走过带给他们困扰的麻烦。"[①]这种感觉不仅是孩子们的感觉，同样是成年人的感受。在繁忙的工作和学习之后，看哈里波特会在不知不觉中让各种压力得到缓解释放。哈利·波特的魔幻世界和现实世界有着太多的相似，这种虚拟的魔幻世界和现实世界真假难辨，让人们产生真实感、亲切感、信任感和寄托感。哈利·波特让人们进入一个充满惊奇历险的想象故事世界，摆脱现实束缚和压力的同时又能真切体验现实生活中的友情、亲情和爱。特别是对于成年读者和观众，哈利·波特有强烈的心理"补偿"功能，他让走过童真岁月的人们在享受魔幻世界的奇特经历的同时，回归童心，补偿童年错失的对幻想的体验。这里不忘感谢高科技的发展让文字表述的画面通过视听画面的真实再现，带给人们身临其境、梦想成真的身心体验。

三、哈利·波特创意产业链的延伸带给我们的启示和思考

哈利·波特产业是一个通过读书、看电影而读出、看出的娱乐文化创意产业。这个产业因偶然而创造，因必然而成功，是商业营销学上最经典的范例。

哪里有需要，哪里就有市场；哪里有市场，哪里就有符合、满足需求的产品诞生。一部哈利·波特系列小说引发的阅读热潮，让出版商、发行商、印刷商及所有出版发行销售一条龙环节上的相关行业都积极投入到顺应、满足读者需求的市场游戏圈中，积极参与游戏互动。电影带着满足观众想象的新的视觉、听觉的创造点参与到一个扩大了的新的更大的消费市场，与此同时，其后续衍生产品各自带着能满足大众消费需求的创造点加入到一个全球化的消费市场，在专利版权法制定的游戏规则下，一环一环，一链一链，使哈利·波特成为最有生命力的创意产业。这个产业让哈利·波特的创造

① Kate Taylor, "The Greatest Story Ever Sold", Saturday's Globe & Mail, 2007年7月6日。

者,J. K. 罗琳从默默无闻到世界畅销书第一作家,从身无分文到英国第一富婆;这个产业,让电影中扮演哈利·波特的少年丹尼尔成为家喻户晓的明星,成为英国最富有的儿童;这个产业让图书出版业在被影视网络的挤压推搡中重新开辟出与时俱进、与影视网络同行的财富大道;时代华纳影业公司更是独具慧眼地发掘栽培了哈利·波特这颗摇钱树,美国电影史上最卖座的5部影片中,哈利·波特系列剧占了4部。其电影和小说的后续衍生产品,如玩具业、文具业、餐饮业、电子游戏业等更是通过哈利·波特的魔棒点石成金。随着2009年哈利·波特主题公园的开张,旅游业、房地产开发等,更会将哈利·波特的财富滚雪球般地滚大、再滚大……

哈利·波特产业的兴起,为产业建设的创造者创造了财富,也让产业的参与者分享财富,为社会创造了就业机会,最为重要的是,为大众带来了生活中身心需求的满足。

找到大众的需要,就找到了市场;满足了大众的需要,就获得了真金白银的财富。

哈利·波特的成功是创意的成功,是创意营销的成功,是市场化、产业化、国际化的成功。而这一切成功都归功于一个简单的事实:大众的生活中需要哈利·波特。因为哈利·波特能够给予大众,不论是孩子还是老人、不论生活在什么环境以同样的感受:轻松、愉快、忘记烦恼和压力。人们对压力的逃避、对轻松和充满幻想的单纯生活的向往让哈利·波特成为大众的所爱。

哈利·波特的创意源于平凡中的偶然,而哈利·波特的成功奇迹却是偶然中的必然,因为,他赢得的不是市场,而是人心。

第四节 环球嘉年华:虚拟创意赚得真金白银

环球嘉年华(World Carnival)是与迪斯尼、环球影城齐名的世界三大娱乐品牌之一。它源自欧洲历史最久的游乐园经营家族Stevens,是世界上最大的巡回移动游乐活动品牌。环球嘉年华公司以其独特的创意理念所创造

的内容模式、运营模式、消费模式和赢利模式使其成为传播营销学上最成功的经典案例之一。

一、内容模式

(一)创意理念

嘉年华(Carnival)意为狂欢节,最早起源于古埃及,后来演化成古罗马农神节的庆祝活动,近代风行欧美各国。各国不同的风土人情和民族文化赋予了各具其文化特色的狂欢节。环球嘉年华的创意理念就是把狂欢节的狂欢和文化的多元刺激、新奇和快乐的体验通过巡回式移动游乐让人获得精神享受和压力释放,从而尽情狂欢。巡回移动游乐园走到哪里,哪里就是狂欢节。嘉年华让狂欢节成为周游于世界的活动的天天狂欢节、处处狂欢节。

(二)主要内容

环球嘉年华活动是基于大型民间传统游艺的狂欢盛会,主要活动内容为四个组成部分:机动乘骑项目、竞技项目、文化娱乐项目、美食与购物项目。这些活动项目都是在一种刺激、新奇、快乐的氛围中进行的。游玩者在通过灯光、音乐、色彩和歌舞升平的运动中感受着独一无二的环球嘉年华的快乐体验。这些项目从具有极具刺激的乘骑游玩项目到具有强烈吸引力和流行奖品奖励刺激的竞技项目,到观赏具有多元国际文化的娱乐表演,再到品尝国际不同文化特色的饮食,环球嘉年华提供给游乐者的是一种适合于公众参与的民间文化活动,游乐者可以自由选择所希望参加的任何一项活动。狂欢的概念就是让人感受刺激、新奇和快乐,放松身心,并在刺激的体验中挑战身体和心理的极限。

二、经营模式

(一)经营战略

1. 游动租借。作为世界上最大型的巡回移动式游乐场,环球嘉年华的运营形式不同于迪斯尼和环球影城。环球嘉年华的场地一般是向当地政府

租借使用，使用期限即为活动时间，大致在一个月到两个月之间。因而，嘉年华不需要固定场地。另外，环球嘉年华中的大型游艺机均向欧洲各大游艺机家族公司租借，其游艺机的机械性能、安全性能得到保障，并且嘉年华可随时租借最新游艺机产品，给游乐者带来不断的新鲜刺激、惊奇和快乐。

2. 精兵简政。除场地和设备是在当地租用外，嘉年华巡回游乐园一般只带20名左右的公司正式职工，其他大部分游乐园现场工作人员都是在当地雇请的临时工作人员。

3. 制造旺季。游乐业如同旅游业是受淡旺季影响的。对于固定游乐园来说，旅游分为淡旺季，投资回报因淡旺季影响相差很大。淡季里设施空置，维护成本很高，投入大、产出少，造成资源浪费。作为一家巡回移动游乐园，环球嘉年华在空间上是移动的。因而不存在淡季的问题。环球嘉年华走到哪里，哪里就是旺季。环球嘉年华自主制造持续的旺季。如此，环球嘉年华规避了淡季的维护支出成本，使设备始终能得到充分利用，并因此而获得最大的投资回报。

尽管游戏设施在运往全球各大城市时要付出相当高的运输和保险费用，但环球嘉年华依靠不断更新的游戏项目，令每一处所到之地都能掀起一股股无可比拟、不可复制的欢乐旋风，不断创新的游戏节目加上永远的刺激、惊奇和快乐的体验让环球嘉年华不断制造旺季，不断获得旺季的投资回报。

环球嘉年华的移动概念带给人们一种"过时不候，不容错失"的感觉，这种感觉在心理上促使人们抓紧时间及时玩乐。简单地说，环球嘉年华的经营模式的特点就是：通过移动性和多元化把投资成本最小化和投资回报最大化。

三、消费模式

（一）地点选择

环球嘉年华是一种运营成本较高的娱乐形式，要确保赢利，首先就需要选择一个具有消费能力的市场。这个市场的特征是：相对收入高，消费力

强,且这个消费群体接受外来文化或具备多元文化的特征,同时最重要的是,这个群体能够接受环球嘉年华的游乐理念和方式。

(二)消费门槛

不像迪斯尼和环球影城,入场门票首先选择了游玩者。环球嘉年华在美国不收门票,在其他地方,入场门票只有20~50元左右。入场门槛低吸引了尽可能多的消费者。

把消费者请进游乐园,让消费者自主自愿地消费是环球嘉年华的消费定位。然而,在环球嘉年华精心营造的特殊狂欢的氛围之中,消费者消费支配权在不知不觉中发生支配易位,即理性的消费意识被感官刺激所驱动,消费者在心理和生理的兴奋刺激状态下出现瞬间类似“上瘾”的状态,从而主动自主地无意识消费。“进来容易,出去难”是环球嘉年华的消费特点。一个好奇心就可以带消费者进入游乐园,而要走出游乐园,消费者却要经受环球嘉年华的种种刺激、新奇和快乐的诱惑。“尽情狂欢吧”——在环球嘉年华狂欢的感染和激励下,消费者会暂时失去消费理智,或将消费注意力从手中钱的概念偷换到消费身心体验的概念上。

(三)代货币

环球嘉年华是通过使用代用币来刺激消费者消费的。代用币当然是用钱去兑换的。然而,当游乐者在支付代用币去获得刺激、新奇和快乐的游戏体验时,其心理几乎不与钱发生关系,因为付出的是代用币。代用币偷换了钱的概念,是对消费者一种合法、合理、合情的“欺骗”。

四、赢利模式

环球嘉年华有着“想不赚钱都很难”的赢利模式①。

(一)巡回移动生钱

环球嘉年华巡回移动的特性使它自我制造持续旺季。对每一个新的落

---

① 刘韬:《环球嘉年华靠四招赚钱》,《环球时报》,人民网,http://finance.tom.com,2004年7月9日。

脚点，环球嘉年华的到来是一阵狂欢旋风，来得快、猛，体验刻骨铭心，一走了无痕迹，让人有“机不可失，时不再来”、“过了这个村就没了这个店”、“过时不候”的紧迫参与感。移动生出旺季，旺季生出旺季回报。

（二）低成本省钱

环球嘉年华的移动特性决定了其打一枪换一个地方。公司营运的主要成本是设备运输费、游乐场地租金、临时工作人员工资和购买大量特别定制低价奖品玩具。相对于迪斯尼和环球影城等固定游乐园来说，其游乐场地投资成本或长期租用成本、维持费、运营管理费等都要低廉得多，省钱就是一种挣钱。

特别是低价定购的特别品牌玩具奖品在市场上是无法买到的。虽然幸运的游乐者获得的只是一个低价的奖品，然而这个低价却是市场上高价也卖不到的品牌产品，同时，小奖品带来的“战绩”成就感让游乐者在心理上提升了其特殊价值。如此，大批低价购进的玩具奖品为环球嘉年华带来了高额利润。

（三）代用币刺激花钱

在嘉年华游乐场里，代用币是唯一的使用“货币”。代用币会带给人们认知错位，即花代用币不是在花钱，从而刺激游乐者多消费、快消费。多消费就是多为嘉年华的利润做贡献。

（四）品牌效应等于钱

环球嘉年华是一块金字品牌。这块品牌吸引了众多商家参与到其活动中来，比如可口可乐垄断了嘉年华所有游乐场的碳酸饮料市场。每个活动的冠名权更是被各大相关商家所争抢。嘉年华每次在现场提供各类食品摊位，每个摊位的租金更是嘉年华每次活动中固定的小金库收入。

环球嘉年华的成功是创意理念的成功。独特的内容模式，独特的经营模式，独特的消费模式，独特的赢利模式，充满刺激、新奇、快乐的身心体验让环球嘉年华成为一种流行文化，成为一种消费时尚。一个虚拟的创意让环球嘉年华赚得实实在在的真金白银。

五、新模式:走进中国

2001 年,环球嘉年华第三代掌门人 William Stevens 和在商界具有丰富经验的 Hanslodders 与香港金海岸有限公司一起,合作成立了香港汇翔有限公司,注册商标"环球嘉年华"[①],专业经营巡回移动式游乐场。迄今为止,环球嘉年华已先后在中国香港、上海、北京、青岛、武汉等大城市成功掀起嘉年华狂欢之风。

2003 年环球嘉年华首次登陆上海就创下了 220 万人次 2 亿元人民币收入的好成绩。2004 年嘉年华首次走进北京创下了 100 万人次 1.2 亿元人民币的收入[②]。

环球嘉年华从一进入中国,就把视野和雄心定位在了一个更高、更大的中国大舞台上。"5 万平方米以上的场地,100 多个游乐项目,这是人口最多不过几百万的欧洲城市所无力消受的,而人口在千万以上的城市在亚洲却为数不少。环球嘉年华的大规模经营模式决定了亚洲城市才是首选。"北京环球嘉年华投资公司总经理张淑华说。2004 年,环球嘉年华(北京)公司将总部安家在北京。目前,在中国举办的环球嘉年华活动,从内容上加入了中国本土文化和适合中国人游乐习惯的一些项目。环球嘉年华带给中国游乐者一种全新的快乐狂欢的体验,带给中国游乐业对经营模式、消费模式、赢利模式的借鉴和思考。而中国的大舞台为环球嘉年华带来了可遇不可求的发展新机遇。抓住这个机遇,环球嘉年华将走向新的辉煌!

第五节　盛大:打造世界互动娱乐传媒王国

"我们的长远目标是构建一个属于中国自己的网络迪斯尼,立足中国,依托亚洲,成为在世界居于领先地位的互动娱乐传媒企业。"

——陈天桥

① 费溢群:《环球嘉年华给我们带来了什么?》,央视国际,www.cctv.com,2005 年 7 月 9 日。

② 《100 万狂热游客乐此不疲》,《北京晚报》,http://finance.sina.com.cn,2004 年 8 月 23 日。

一、背景综述:陈天桥和盛大

说到盛大,首先就要说到其创始人陈天桥,因为没有陈天桥就没有盛大。

1994年,陈天桥毕业于上海复旦大学经济系。在大多数高材生走进令人羡慕的外企工作之时,他选择了来到求贤若渴的国企上海陆家嘴集团。在这里,陈天桥很快得到其领导的赏识和重用。1973年出生的他,24岁就以"乘火箭"般的速度升任陆家嘴集团的总经理助理。26岁,他毅然放弃被众人看好的仕途下海创业。1999年11月用筹措的50万元资金在上海注册,盛大悄然诞生。仅用11个月,陈天桥创立的社区游戏网站就吸引了100万的注册用户,并进而获得了中华网300万美金的投资。后来中华网因发展理念不同而撤资,在公司资金不足维持三个月运营的危难关头,陈天桥倾其所能,将仅有的30万美元孤注一掷压在了一纸代理韩国二流网络游戏《传奇》的中国独家代理协议上。从此,陈天桥带领着盛大踏上了一条一个勇敢的创业者义无反顾的披荆斩棘的创业征途。一款虚拟的《传奇》游戏,一个梦想家带着一群平均年龄25岁的年轻执著的追梦者,硬是在无路的现实中闯出了一条创业者实现梦想的传奇之路。2004年5月,成立不到5年的盛大在美国纳斯达克成功上市,陈天桥凭借65%的公司股份坐拥88亿人民币的财富,登上了2004胡润IT富豪榜的榜首①。在财富、荣誉和权力面前,陈天桥和盛大没有停下来陶醉或喘气,而是一鼓作气,实行战略发展大转型,对内实现组织结构的大变革,对外利用资本的优势,打通上下游销售渠道,并通过大举兼并收购搭建互动传媒帝国的架构。从脑中闪现的一个把握时代发展需求的网站灵感创意到盛大互动娱乐传媒帝国雏形的建立,不足8年,陈天桥带领的盛大创造了高科技时代的一个又一个神话传奇。这一个个神话传奇成就了陈天桥,成就了盛大,成就了中国游戏娱乐业的蓬勃兴起和中

① 《盛大公司总裁陈天桥:没有眼光就没有一切》,http://www.zjsr.com,浙商网,2005年2月21日。

国互动娱乐传媒产业化的发展。

二、从50万元创业到互动娱乐传媒新帝国的崛起：盛大的成长之路

（一）第一阶段（1999～2001年）：从.com公司到网络游戏代理运营商

“你需要不断地找到企业中所存在的问题并尽快解决这个瓶颈”。

——陈天桥

在2000年及2001年公司建立之初的大部分时间里，盛大是按照一个标准的.com公司在发展。它首先购买了《黑猫警长》的版权，在网上开始拍摄《黑猫警长》续集，并渐渐开拓为奥迪、飘柔等厂商做网上动画广告的业务。随后，盛大获得中华网300万美元的投资，为中华网带来约有300多万的浏览量，但运营收入每月只有几十万元人民币①，与中华网的期望相距甚远。

2001年是网络泡沫破灭的一年，许多网站随着破灭的泡沫而消失。此时，盛大已经将中华网投资的300万美元烧掉了200万。最后的100万美元能够让公司坚持多久？公司将何去何从？陈天桥开始反思盛大的商业模式，并最终决定将公司转型做网络游戏。恰巧此时韩国上市公司ACTOZ正在寻找其开发的网络游戏《传奇》在中国的代理运营商。因盛大做过的虚拟社区正是网络游戏的雏形，因此盛大和ACTOZ一拍即合，达成合作意向。然而，中华网作为盛大的大股东不赞同盛大的转型，为此他们撤出在盛大的投资，留下30万美元放盛大单飞。30万美元正好是《传奇》在中国的独家代理权的入场门票费。倾其所有，孤注一掷，拿着用30万美元换取的一张《传奇》游戏在中国市场的独家代理协议，陈天桥把盛大带上了华山天险一条路。雪上加霜的是，ACOOZ的网络游戏《传奇》在韩国只是一个最多同时在线不足万人的二流游戏，而盛大，作为一个.com网络公司，自身没有销售渠道，因而，陈天桥所获得的《传奇》在中国市场的独家发行销售代理协议，事

① 司马平安：《盛大启示录：陈天桥其人其事》，《大中软件》，IT.SOHU.COM，2003年2月10日。

实上把没有资金的盛大一下子逼到了一个从.com公司转型到网络游戏营运商的历险征途。网络游戏的主体是游戏本身而不是网络,它需要通过销售渠道把其送放到市场的柜台上成为可销售产品并通过销售获得价值。盛大在没有销售渠道的前提下孤注一掷、铤而走险的转型行为被当时业界看做是“盲目的自杀性行为”①。

没有资金,没有销售渠道。盛大如何绝路逢生?

借!

借路,借势,借运,狐假虎威,逢凶化吉!

陈天桥找到享誉世界的游戏公司上海育碧,与其联手,借其多年游戏销售代理的经验和其全国销售渠道网来包装推销《传奇》。

终于,“10天内突破万人同时在线”②的业绩使得《传奇》迅速扬名游戏市场。来不及庆贺《传奇》的开门红,育碧与盛大道不相谋,分道扬镳。盛大被其畅通的传统游戏销售渠道清理出局。找销售出路再次成为盛大别无选择的选择。

如何开辟出路?

再借!

这次,盛大借用的是天府热线的网吧联盟,把《传奇》成功安装在网吧联盟的营业机中,同时把《传奇》的“点卡”(即时收费卡)顺势推上了网吧的销售柜台上。至此,盛大开辟了一个网络游戏销售的全新渠道,化险为夷,改写了中国游戏销售的历史。2001年,凭借一款《传奇》网络游戏,盛大的营运收入达到1.6亿元③,一跃成为网络经济的暴发户。作为一个网络游戏运营商,盛大最终开辟了一个虚拟《传奇》市场,建立了成功的营销品牌,成就了创业初期的盛大传奇。

在成长初期,一个公司的资源、财力和实力是极其有限的。借势、借路、

---

① 司马平安:《盛大启示录:陈天桥其人其事》,IT. SOHU. COM,2003年2月10日。

② 司马平安:《盛大启示录:陈天桥其人其事》,IT. SOHU. COM,2003年2月10日。

③ 崔鹏:《盛大能否再造奇迹?》,《商务周刊》,2003年12月1日。

结成战略同盟使盛大一次次绝路逢生,搭车快速发展。"不奢望天长地久,只在乎曾经拥有"这句歌词最恰当地反映了盛大在这个阶段的合作同盟战略。

然而,一个游戏的成功只说明一个阶段的成功。盛大的未来之路怎么走?盛大未来的发展靠什么?

(二)第二阶段(2001~2003年):从单一网络游戏产品代理运营商到建立自主网络游戏产业链

"盛大不是一个希望存活的公司,盛大是一个希望成功的公司"。

——陈天桥

通过运营销售《传奇》,盛大摸索出了一套全新的销售运营模式:与中国电信合作,成功地通过电信的网络迅速把《传奇》输送到全国;与网吧合作,使其成为《传奇》的销售终端。到2003年,全国已经有15万家网吧成为盛大的零售商,每天都有3万家左右的网吧为盛大卖其点卡①。至此,盛大通过运营《传奇》,创造了一个虚拟网络游戏市场,开发了一个庞大的"玩主"客户群,开辟了一个靠"玩"赢利的新兴娱乐行业。

然而,由于盛大在运营《传奇》的大获成功而导致其和《传奇》的开发商,即版权拥有者韩国的ACTOZ公司对簿公堂。ACTOZ决议中断与盛大的合作,将升级版《传奇3》授予第三方代理。如果不能取得升级版《传奇3》,盛大苦拼几年打下的市场江山顷刻就会土崩瓦解。盛大与ACTOZ的这场因利益纠纷而引发的诉讼官司让盛大面对了一个最残酷的现实:没有自己自主开发的内容产品,一旦被内容商抛弃或背叛,自己将一无所有。在公司存亡的危难面前,果断、迅速摆脱做一个单一的代理运营商,专注投入产品开发,把自己拓展成为一个上游有自主游戏开发、制作权,下游有畅通经销网络渠道,可直接将其开发的网络游戏送入用户手中的网络游戏互动传媒实体,架构自己的网络游戏产业链又成为盛大刻不容缓和别无选择的选择。

破釜沉舟,背水一战。盛大在陈天桥的带领下,再次坚守信念,勇敢地

① 崔鹏:《盛大能否再造奇迹?》,《商务周刊》,2003年12月1日。

迎接了命运的再一次生死挑战。

2003年7月,盛大自主研发的第一款网络游戏《传奇世界》公开测试,同年9月,正式商业化运营。至此,盛大劫后重生。盛大也从摸着石子过河到明确选择自己的发展道路。在短短的两年时间内历经多次致死地而后生的蜕变,盛大迅速成熟,也更加坚定了自己的发展方向:做网络的迪斯尼。只有做成网络迪斯尼,盛大才会立于不败之地,盛大才会实现自己的梦想。

(三)第三阶段(2004年至今):建立互动娱乐传媒帝国

"我的目标是把盛大打造成一个互动娱乐媒体公司,就像迪斯尼那样多元化的媒体帝国"。

——陈天桥

2004年对盛大来说,意义非凡。因为它是盛大打造互动娱乐传媒帝国的里程碑年。

2004年,对新兴的网络游戏市场来说是热闹非凡的一年。游戏市场由2003年38家公司开发的57个游戏分享的领地,一下激增到2004年由77家公司136款游戏同时竞技争夺的战场①。同时,游戏运营商的阵营也发生了巨大的变化,绝大多数的门户网站和一些传统行业公司带着雄厚的资金和对市场占有的企图心,纷纷开始涉猎网络游戏市场。游戏公司数量的迅速膨胀造成竞争日益激烈,行业的平均利润开始降低。面对客观上竞争更加激烈的外在环境,陈天桥清醒地认识到,盛大在其发展5年的历史中,始终还没有解决其市场上下游渠道的畅通问题。在资金、技术和人力、物力综合限制下,盛大的每一步发展都是在偶然的契机中扬长避短,在借势、借路中靠坚定的信念、正确的方向判断、非凡的勇气和运气杀出一条冲出绝境的血路。但回首自己的足迹,路是走过来了,而这条血路却不属于盛大。在竞争环境越来越残酷激烈的大环境下,盛大未来的生存和发展靠什么?如何才能迅速摆脱上下游的制约?做强做大,做成网络的迪斯尼,才能成就盛大的鸿鹄之志。于是,2004年盛大实施战略大转型。

---

① Zhou Yingqi,《盛大2004年发展战略回顾与展望》,博客中国,2004年12月4日。

战略上，盛大制定了几个层面的转型方针。

1. 企业组织管理结构的转型与重建。盛大成立之初是依靠以陈天桥家族为核心的运作管理机制。随着公司在短短几年的高速成长和扩张，为适应国际现代化竞争的需要，盛大的组织管理结构以迪斯尼、时代华纳等现代西方成功的传媒企业制度为样板进行改革。管理制度上实施职业经理人制。通过聘请原微软中国总裁唐骏为盛大总裁等举措，吸纳一批高端国际化专业人才来加强健全公司的组织结构。公司组织管理结构由行政管理中心、媒体中心、财务管理中心、投资与海外中心、客户服务中心、业务发展中心、产品管理中心、研发中心和技术保障九个中心构成。创始人陈天桥辞去盛大总裁职务，作为盛大董事长从宏观上掌舵公司的长远发展战略、全球市场资本运作和盛大企业文化建设。

2. 建立多样化产品销售渠道和服务平台。通过大规模收购从游戏开发生产到发行的游戏上下游终端进出口公司，盛大的网络游戏内容覆盖了7岁~70岁用户的多样化产品。基于已有的用户基础，推广VIP俱乐部，建立客户关系管理平台。

(1)整合产业价值链。推进开发适合中国市场的优秀网络游戏新产品，开放已有的综合销售平台，开发周边产品和媒体资源，开发游戏相关的周边产品，促进网络游戏文化的形成，挖掘网络游戏自身的媒体资源，发展相关的媒体和广告业务。

(2)实现企业跨平台、跨媒体发展。开发移动终端、数字电视等新平台上的互动娱乐内容，促进网络游戏、平面媒体、电视媒体的融合，实现多媒体、超媒体的发展。

战术上，盛大于2004年5月在纳斯达克上市，成功融资1.5亿美元。凭借资金的优势，盛大开始明确地朝着互动娱乐传媒帝国的框架结构目标迈进，迅速实施全球范围收购和兼并。

2004年7月至9月，盛大成功收购浩方、边锋、数位红和起点等多家实力雄厚的网络领军公司。浩方在线是拥有4 000万注册用户、超过40万同时在线用户的中国最大的竞技游戏平台。边锋是排名第三的休闲棋牌类游

戏网站，提供超过50种不同的游戏，最高同时在线人数超过20万人，拥有3 000万的庞大注册用户群[①]。收购浩方和边锋，为盛大拓展了竞技游戏和休闲游戏两大新的游戏板块，扩大了用户群，同时通过优化整合三家的技术优势和运营平台，在网络市场确立了其主导市场的霸权地位。盛大进一步收购移动游戏商北京数位红。数位红是国内知名的无线游戏开发商，至2004年，其成功开发的移动游戏已经超过200余款，其种类包括为全球移动电话制造商开发的内置游戏和为中国移动无线游戏下载平台开发的K－Java游戏等。其游戏玩家遍布世界各地。收购数位红使其移动游戏开发平台与盛大的游戏运营平台和社区服务平台相结合，让盛大在无线互动娱乐这个新兴市场上取得绝对优势地位。

成功收购浩方、边锋和数位红，使盛大初步架构了一个由大型网络游戏、休闲游戏、无线手机游戏为主体的互动娱乐网络帝国的雏形。在此基础上，盛大收购了原创文学门户网站——起点中文网。起点是供独立作家发布原创文学作品的一个论坛网，该网站的文学作品涵盖了科幻、魔幻和根据网络游戏创作的一些原创文学作品。该网站每天的网页浏览次数接近3 000万，Alexa中国网站访问量排名第35位[②]。收购起点，盛大就拥有了其网站原创文学的版权，其故事情节即可为盛大自主开发的游戏提供独一无二的内容，更可使盛大开拓多元化媒体经营，将其独创的优秀故事制作成游戏、电影、电视、图书等各类音像产品。至此，盛大以4.5亿美元的资本运作，大刀阔斧地完成了系列收购和兼并，完善了自身的内容供应链，使自己从一个游戏运营商在一年内成功地完成了一个互动娱乐传媒帝国的雏形架构。

与此同时，盛大大力建设健全互动产业链上的各个网络结构体系。互动娱乐产品研发体系、运营体系、销售体系、物流和资金流自动循环交易体系、技术保障支持体系、客户服务体系，所有体系的良性互动运营像人体的

① Zhou Yingqi：《盛大2004年发展战略回顾与展望》，博客中国，2004年12月4日。
② Zhou Yingqi：《盛大2004年发展战略回顾与展望》，博客中国，2004年12月4日。

各功能器官保障了盛大互动娱乐网络产业的健康发展。

在实施完成一系列收购和兼并的同时,盛大已经把目光聚焦到未来更大的舞蹈平台上。盛大的下一步战略目标是进军家庭数字娱乐,把原来只是在 PC 显示器上的内容利用宽带技术复制到电视上。为了实现这一更大的目标,盛大在 2005 年开始以迅雷不及掩耳的速度,收购新浪门户网站 19.5% 的股份,成为其最大的股东,开始更大规模地资本运作和跨平台整合建设。就在媒体一片哗然,纷纷猜测盛大入股新浪的真正动机之时,盛大已经"胆大包天地整合进英特尔、微软、环球、长虹等近百家行业领先企业,打通家庭数字娱乐产业的产业链"①。

盛大已经与长虹联手共同构建新型家庭娱乐中心。2005 年,陈天桥更远赴美国会见微软的盖茨、软银的孙正义共商合作开发网络电视 IPTV 的战略计划。

盛大互动娱乐传媒帝国的建立,世界顶级网络、电讯传媒集团的强强联手合作必将给世界带来一场更大的互动娱乐传媒革命。至此,盛大已经足够强大。对于未来,盛大成竹在胸。

三、传奇盛大的启示

"陈天桥成功的意义不在于做网络游戏,而在于他证明了机会在每一个时候都存在,只要你努力,就可以发现"。

——陈天桥

从 50 万元起家到连续每年利润超过 100% 增长的超速发展,从一个默默无闻的. com 小家族公司成长为今天拥有先进的集团化科学管理体系、畅通的上下游销售体系、超强的内容开发体系和资金吸纳整合的资本运作体系的全球互动娱乐传媒的新兴帝国,盛大的创业发展之路、盛大创造的一个个奇迹带给当今国际网络游戏行业、互动娱乐传媒行业,带给中国企业国际化之路,带给创业者追求梦想的启示具有多层面、多方位的意义。

---

① 君临:《盛大转型期的痛苦对中国企业发展的启示》,《中国经营报》,2006 年 2 月 2 日。

是什么成就了盛大的成功？回顾盛大的发展之路，两行足迹简单清晰。

（一）创意与创新

盛大的创意来自发现。

玩儿，是人与生俱来的本能活动和有意识的个体或集体行为。敏锐地把握高科技带来的网络平台，把人对玩儿的本能、玩的愿望、玩儿的兴趣和爱好结合起来，再循循善诱地引导，开发其玩儿的潜能需求、欲望，让其上瘾，成为生活中的基本内容，成为一种生活方式，并为这种方式理单，是陈天桥和盛大最伟大的发现。正如日本发明了卡拉 OK，满足人与生俱来的歌唱的欲望和通过歌唱与人分享心情、增进交流的愿望一样，盛大发现了如何让人们通过上网，通过一个虚拟的网上世界尽情尽兴地在玩儿中扮演各种角色，享受不同的人生，并在虚拟的世界中与网友互动。正如迪斯尼的米老鼠创造了一个童话娱乐世界，哈里波特的魔棒创造了一个魔幻世界，盛大通过网络游戏创造了一个虚拟世界。盛大真正理解了“玩”字的含义，“玩”出了财源滚滚的超级财富，成就了“玩主”的王者霸业。

盛大的创新在于懂得“拿来主义”的价值和发展出一套对拿来主义的应用体系。借势、借路、借钱、借名、借前车之鉴，盛大从游戏内容开发到经营管理方针政策、到发展战略规划，“拿来”别人的成功果实，壮大自己的核心竞争力。借鉴迪斯尼的娱乐经验和理念，借鉴迪斯尼的发展模式，借光线电缆的宽带传送，盛大站在科技发明的成果之上，站在成功企业几十年发展突破的成功模式之上，站在巨人们的肩膀之上平步青云、鹏程万里。

然而，“拿来”是一个最为残酷痛苦的化蝶过程。盛大在一次次“拿”的过程中选择一次次地自我舍弃：舍弃 30 万美元的盛大命根钱去换取一纸不知含金量有多少的《传奇》独家代理协议，实现由. com 公司向网络游戏运营商转型；舍弃《传奇》带来的暴利，实现由单一地受制于内容的运营商向内容开发商和运营商一条龙产业链转型；舍弃家族式管理模式，吸纳国际顶级管理、技术、资本人才，带领公司在美国纳斯达克上市，实现集团化科学透明管理；舍弃网络游戏金字招牌，建构互动娱乐传媒帝国的雏形。可以说，盛大

的每一“得”，都是建立在“舍”的基础上的。在既得利益面前，“舍”是人间的最难。盛大始终使自己站在一个创业者的起跑点上，充满勇气激情；始终把自己放在一个背水一战、破釜沉舟的绝境上使自己致死地而后生；始终以最敏锐的触觉和博大的胸怀吸收、融化、整合一切信息资源、渠道资源、资本资源为我所用。

“以生求生则亡，以死求生则存”这则简单的辩证法反映了事物发展的客观规律。

虽然，盛大的发展之路有无数偶然的契机因素，但盛大的成功是偶然中的必然。因为盛大的发展轨迹符合事物发展的客观规律。

（二）理念与信念

盛大是多变的。时时变，事事变，永远都是新的创意和创新。

然而，盛大又是不变的，是以不变应万变的。不变的是盛大的理念和信念。

“做网络迪斯尼”是陈天桥和盛大自始至终没有动摇过的理念和信念。在一次次面临灭顶之灾的危难之际，在一次次获取巨额利益的财富面前，盛大始终如一地选择自我挑战、自我超越。

理念是一种对理想、梦想的追求，而信念则是对理念坚持的行为准则。

如果从个人抱负和企业成就的角度来说，今天的陈天桥和盛大已经通过信念把理念变成了现实，梦想成真了。

是什么样的动力让功成名就的陈天桥和盛大不但没有放慢放松脚下的步伐，而是更加全力以赴地去实施并实现其下一个家庭数字娱乐的宏伟目标呢？

2004 年 IDC 互联网数据中心进行的调查结果显示，在网络游戏的用户群体中，网吧用户的比例是 82%，家庭用户的比例是 64%（部分有重合），网游用户家庭化的趋势已经越来越明显①。如果，盛大开发的机顶盒（安装在家用电视上的 PC）可以如愿地与全国 3.7 亿台电视机连接起来，那么，宽带就能把电脑和电视连接起来，这将带来家庭娱乐休闲生活的划时代革命。

① 君临：《盛大转型期的痛苦对中国企业发展的启示》，《中国经营报》，2006 年 2 月 2 日。

当今的世界是一个国际化的时代，与其被逼着走国际化的道路，不如自主自觉地国际化。在电影、电视这些传统娱乐行业，美国和日本已经走得很远很远；而网络电视是一个完全崭新的领域，大家在同一起跑线上赛跑，谁赢得赛跑，谁将引领行业，这是中国企业崛起于世界的天赐良机。此时的陈天桥和盛大已经不仅仅代表一个个体，盛大的开拓之路已经承载着中国民族工业的希望，承载着把中国品牌乃至中国文化推向世界亿万个家庭的使命。错失了这个千载难逢的历史机遇，不仅是陈天桥和盛大的遗憾，更是中国的遗憾。至此，盛大再次选择了踏上义无反顾向前进的不归途。

（三）盛大面临价值观的定位和理念的升华

每一个技术的出现，都可能催生一个巨大的产业。网络游戏的产业优势在于不需要传统物流的环节，消费者即玩家直接购买的是娱乐消费欲望和时间。互联网技术真正将现实生活和虚拟世界随着宽带超越时空合二为一。陈天桥对市场的需求有着透彻的了解和把握。现代人面临多重生活、工作、学习的压力，通过网络游戏、聊天等互动交流可以获得身心的放松和平衡。特别是在虚拟的世界，人们可以营造并感受另外一种人生。因此，互动娱乐传媒是潜力最大的朝阳产业。

然而，创造市场并不等于真正赢得市场。

什么是真正的消费者需求？赢得市场靠什么？

当年，鸦片进入中国，很快占领了市场。英国的鸦片贩子在中国发了鸦片财。然而，最终鸦片被抵制了，鸦片市场崩溃瓦解了。虽然鸦片满足了中国消费者的享受需求，但它在满足消费者短暂的消费享受的同时，导致消费者丧失身心健康，乃至导致一个民族濒于沦落为“东亚病夫”。这是中国近代史留给我们民族的惨痛教训。

“玩”是有度的。过度，就会玩物丧志。作为“玩”的制造者、销售者、传播者，提供、倡导什么样的玩儿法，用什么样道德价值标准去规范产品内容、宣传产品的方式，对市场的培育意义深远。

盛大志在打造网络迪斯尼。盛大成功地借鉴了迪斯尼的组织结构、制

度管理、经营理念和发展战略。盛大更是在短短几年内完成了迪斯尼几十年完成的转型与整合。迪斯尼娱乐产品长盛不衰的“道”是它紧紧抓住了一个核心：在带给人们快乐体验的同时向人们灌输、渗透一种美好、善良、乐观、向上的积极生活方式。

通过玩儿，让人在获得轻松愉快感受、化解精神压力的同时开发人的智力潜能，提升人的生活品质，激发人的创造力和对生活的积极追求，促进人与人，人与社会的良性互动，那么，这样的玩儿赢得的是人心，引导的是一种积极健康的生活方式，对个人、对家庭、对社会都是有益而无害的。盛大已经拥有一个智慧的头脑、巨人的身躯、有力的翅膀，再培育一颗美丽的心灵，盛大将会像迪斯尼一样成为人们生活中的天使，带给人们的生活更多的快乐和意义。

附盛大记事摘要①：

1999 年 11 月，盛大成立，推出中国第一个图形化网络虚拟社区游戏——“网络硅谷”。

2001 年 9 月，盛大正式进军在线游戏运营市场，开启大型网络游戏《传奇》公开测试序幕，同年 11 月，《传奇》正式上市，并迅速登上各软件销售排行榜首。

2002 年 10 月，盛大运营的《传奇》最高同时在线人数突破 60 万人。

2003 年 3 月，盛大与软银亚洲签订战略融资 4 000 万美元协议。

2003 年 5 月，盛大正式开通电子支付业务，促进了互动娱乐电子商务的新发展。

2003 年 7 月，盛大自主研发的第一款网络游戏《传奇世界》公开测试，同年 9 月，正式商业化运营。

2004 年 1 月，盛大参股中国 Nokia Symbian OS 平台，J2ME 平台最大的游戏软件供应商——北京数位红软件技术应用有限公司，同月，收购全球领先网络游戏引擎核心技术开发企业之一美国 ZONA 公司。

---

① Yang Hua, PCGames. com, 2007 年 8 月 8 日。

2004 年 5 月，盛大在美国纳斯达克股票市场成功上市。

2004 年 7 月，盛大战略投资中国最大的在线对战游戏平台运营商——上海浩方在线信息技术有限公司，盛大收购中国领先的棋牌休闲游戏开发运营商——杭州边锋软件技术有限公司。

2004 年 10 月，盛大收购中国领先原创娱乐文学门户网站——起点中文网。盛大运营的《泡泡堂》最高同时在线用户突破 70 万，创造世界大型休闲网游运营新纪录。

2004 年 11 月，盛大宣布收购韩国 Actoz 公司控股权。

2005 年 2 月，盛大宣布持有新浪(NASDAQ:SINA)19.5%股份。

2005 年 7 月，南京盛大网络发展有限公司正式揭牌成立，打造中国第一专业游戏、软件测评基地。

2005 年 11 月，盛大宣布旗下游戏全面采用 CSP 模式。

2005 年 12 月，盛大宣布收购国内领先休闲游戏平台"游戏茶苑"。

2005 年 12 月，盛大家庭战略系列产品之一"盛大易宝"(EZ Pod)正式发售。

2006 年 5 月，盛大与迪斯尼互联网部门合作，共同把迪斯尼娱乐内容引入中国网游市场。

2007 年 3 月，盛大网络向旗下起点中文网增资 1 亿元，打造全球最大原创文学平台。

2007 年 5 月，盛大网络宣布售完持有的所有新浪公司的股票。

参考文献

[1] 厉无畏. 创意产业导论[M]. 北京:学林出版社,2006.

[2] 贺寿昌. 创意学概论[M]. 上海:上海人民出版社,2006.

[3] 陈放,武力. 创意学[M]. 上海:金城出版社,2007.

[4] 郭辉勤. 创意经济学[M]. 重庆:重庆出版社,2007.

[5] 刘汉太. 打开创意经济的魔盒[M]. 北京:中国铁道出版社,2007.

[6] 理查德·佛罗里达. 创意经济[M]. 北京:中国人民大学出版社,2006.

[7] 赖声川. 赖声川的创意学[M]. 北京:中信出版社,2006.

[8] 理查德 E 凯夫斯. 创意产业经济学——艺术的商业之道[M]. 北京:新华出版社,2004.

[9] 张京成. 中国创意产业发展报告(2006)[M]. 北京:中国经济出版社,2006.

[10] 约翰·哈特利. 创意产业读本[M]. 北京:清华大学出版社,2007.

[11] 珍妮特·瓦斯科. 浮华的盛宴——好莱坞电影产业揭秘[M]. 北京:中信出版社,2006.

[12] 埃尔·李伯曼,帕特丽夏·埃斯盖特. 娱乐营销革命[M]. 北京:中国人民大学出版社,2003.

[13] 中野晴行. 动漫创意产业论[M]. 北京:国际文化出版公司,中国传媒大学出版社,2007.

[14] 江蓝生,谢绳武. 文化蓝皮书:2001~2002 年中国文化产业发展报告[M]. 北京:社会科学文献出版社,2002.

[15] 张晓明,胡惠林,章建刚. 2006 年中国文化产业发展报告[M]. 北京:社会科学文献出版社,2006.

[16] 张晓明,胡惠林,章建刚. 2007 年中国文化产业发展报告[M]. 北京:社会科学文献出版社,2007.

[17] 张京成. 中国创意产业发展报告(2006)[M]. 北京:中国经济出版社,2006.

[18] 张京成. 中国创意产业发展报告(2007)[M]. 北京:中国经济出版社,2007.

[19] 刘牧雨. 北京文化创意产业发展理论与实践探索[M]. 北京:中国经济出版社,2007.

[20] 刘玉珠. WTO 与我国文化产业[M]. 北京:文化艺术出版社,2001.

[21] 文化部文化产业司. 聚焦文化产业[M]. 北京:北京图书馆出版社(内部资料).

[22] 端木义万. 美国传媒文化[M]. 北京:北京大学出版社,2001.

[23] 范中汇. 英国文化管理[M]. 北京:文化艺术出版社,2001.

[24] 徐耀魁. 世界传媒概览[M]. 重庆:重庆出版社,2000.

[25] 陈小萌. 全球话题,产业经验[M]. 北京:学林出版社,2005.

[26] 徐建华. 版权贸易新论[M]. 苏州:苏州大学出版社,2005.

[27] 孟建,李亦中,Stefan Friedrich. 冲突 · 和谐:全球化与亚洲影视[M]. 上海:复旦大学出版社 2003.

[28] 李怀亮. 当代国际文化贸易与文化竞争[M]. 广州:广东人民出版社,2005.

[29] 李怀亮. 国际文化贸易概论[M]. 北京:高等教育出版社,2006.

后 记

创意,本身是灵光一闪,充满了难以把握的非确定性因素,而所谓“学”,似乎又必须有大家公认的理论框架可以遵循。于是乎,“创意”与“学”之间,便形成了一种难以平衡的矛盾。在“创意”与“学”的平衡中,本书显得似乎有点捉襟见肘,因为创意本身太难捕捉,因为创意之学难有让人满意的框架可循,更因为作者水平的参差与不足!

李怀亮教授拟定了本书的框架,并在写作过程中给予了建设性的指导意见。本书具体分工为:第一章、第二章由王雪野撰写;第三章由闫玉刚撰写;第四、五章由和磊撰写(其中第四章第四节由闫玉刚撰写);第五章由唐莉撰写;第六章由孙静撰写;第七章由钟蕾撰写。文责由撰写者自负。闫玉刚副教授对各章节提出了具体的修改意见。

冗务缠身,本书的书稿一拖再拖,在此,对首都经济贸易大学出版社王玉荣编辑的耐心与敦促深表感谢!

由于水平有限,书中还有很多不足之处,欢迎大家指正!

图书在版编目(CIP)数据

创意学概论/丁俊杰,李怀亮,闫玉刚主编. —北京:首都经济贸易大学出版社,2011.7

(文化创意产业系列丛书)

ISBN 978-7-5638-1623-1

Ⅰ.①创… Ⅱ.①丁… ②李… ③闫… Ⅲ.①创造学 Ⅳ.①G305

中国版本图书馆 CIP 数据核字(2011)第 127904 号

创意学概论

丁俊杰 李怀亮 闫玉刚 主编

出版发行 首都经济贸易大学出版社
地　　址 北京市朝阳区红庙(邮编 100026)
电　　话 (010)65976483 65065761 65071505(传真)
网　　址 http://www.sjmcb.com
E-mail publish@cueb.edu.cn
经　　销 全国新华书店
照　　排 北京砚祥志远激光照排技术有限公司
印　　刷 北京九州迅驰传媒文化有限公司
成品尺寸 160 毫米×230 毫米 1/16
字　　数 312 千字
印　　张 17.75
版　　次 2011 年 7 月第 1 版 2024 年 7 月第 7 次印刷
书　　号 ISBN 978-7-5638-1623-1
定　　价 29.00 元

文化创意产业系列丛书

创意学概论

CHUANGYIXUE GAILUN

丁俊杰　李怀亮　闫玉刚 ◎ 主编

首都经济贸易大学出版社
Capital University of Economics and Business Press
· 北京 ·